破损山体生态修复及石漠化治理技术理论研究与实践

王西平　白世强　商真平　闫红山　宁立波　莫德国
任洪涛　张　刚　陈　阳　许海峰　林培忠　王鹏宇　著

黄河水利出版社

· 郑　州 ·

内 容 提 要

本书以太行山南麓卫辉-凤泉-辉县一带的破损山体及石漠化区域为研究对象,基于生态地质学理论,开展了破损山体裂隙内水分分布规律、动态变化、水汽界面分布及转化规律、地境再造法的物种多样性构建、生态修复的生态地质学机理等研究,完善了破损山体一体化生态修复和石漠化治理的植物地境再造技术理论,并进行了试验验证,总结了使用地境复绿技术在破损山体一体化修复和石漠化地区进行生态修复的技术参数、施工工艺、设计要求、施工要求等,为高陡边坡生态修复提供了一种新技术。

本书可供矿山地质环境治理、地质灾害防治、石漠化生态修复等方面的研究、教学、科研工作者学习参考。

图书在版编目(CIP)数据

破损山体生态修复及石漠化治理技术理论研究与实践/
王西平等著. --郑州:黄河水利出版社,2023.12
　　ISBN 978-7-5509-3787-1

　　Ⅰ.①破…　Ⅱ.①王…　Ⅲ.①山-生态恢复-研究-中国 ②沙漠化-沙漠治理-研究-中国　Ⅳ.①X171.4
②S288

中国国家版本馆 CIP 数据核字(2023)第 210916 号

组稿编辑:王路平　电话:0371-66022212　E-mail:hhslwlp@126.com
　　　　　田丽萍　　　　　　66025553　　　　　912810592@qq.com

责任编辑:周倩　责任校对:王单飞　封面设计:张心怡　责任监制:常红昕
出版发行:黄河水利出版社
　　　　地址:河南省郑州市顺河路49号　邮政编码:450003
　　　　网址:www.yrcp.com　E-mail:hhslcbs@126.com
　　　　发行部电话:0371-66020550、66028024
承印单位:广东虎彩云印刷有限公司
开本:787 mm×1 092 mm　1/16
印张:17.5
字数:420 千字
版次:2023 年 12 月第 1 版　　　印次:2023 年 12 月第 1 次印刷

定价:160.00 元

《破损山体生态修复及石漠化治理技术理论研究与实践》编委会

编委会主任：闫红山

编委会副主任：白世强　朱中道

编委会委员：王继华　樊　雷　商真平　王西平　宁立波
　　　　　　高　鹏　袁　华　刘新峰　李会群　丁　峰
　　　　　　莫德国　徐郅杰　段　豫　周　敏　张冬冬
　　　　　　杜明超　赵振杰　李　华　董　伟　张　刚
　　　　　　申浩君　郭玉娟　陈　阳　任洪涛　许海峰
　　　　　　林培忠　王鹏宇

前　言　————————>>

　　河南省南太行地区横跨黄河与海河两大流域,地处我国第二阶梯和第三阶梯的过渡地带,是黄土高原和华北平原的分水岭,是我国中部地区的生态屏障,是构建国家生态安全战略格局的关键节点,是海河支流卫河、淇河及黄河支流沁河、丹河的源头区,是《全国生态功能区划》划定的太行山区水源涵养与水土保持重要生态功能区的重要组成部分,南水北调中线干渠穿境而过。该区域分布省级以上自然保护地 19 处,总面积 2 614.41 km²,是国家煤炭、钢铁、有色金属、建材工业的重要原材料基地之一。该区域土地资源稀缺,人地关系紧张,人水矛盾突出。在自然及人类工程经济活动等因素影响下,石漠化严重、生物多样性减少、山体破损、地貌景观碎片化、植被退化等地质环境及生态环境问题突出,成为制约该区域生态文明建设与可持续发展的主要因素之一。牢固树立习近平生态文明思想,坚持"山水林田湖草是生命共同体"的系统理念,是治理和恢复生态的根本思路,积极探索生态修复新技术和治理新模式成为推进南太行地区生态文明建设和实现经济社会与人口、资源、环境全面协调发展的迫切需要和必然要求。

　　卫辉-凤泉-辉县是南太行地区山体破损、土壤侵蚀、水土流失、石漠化较严重的地区,也是南太行地区建筑材料矿山开采活动最强烈的地区之一。在该区域选择典型区段,以生态地质学理论为基础,以再造植物地境为技术突破口,通过环境地质问题调查、生态系统调查、石漠化时序轨迹分析、非饱和带水分时空分布及运动规律研究、地境再造法的物种多样性构建、生态修复的生态地质学机理研究等,进行破损山体一体化生态修复和石漠化治理的植物地境再造关键技术研究,并进行试验验证,为治理南太行地区乃至全省及全国其他地区存在的高陡岩质边坡与石漠化生态问题提供新的技术思路和方法。

　　通过卫辉-凤泉-辉县破损山体及石漠化生态修复机理和关键技术研究,进一步完善破损山体地境复绿技术体系,探索破损山体裂隙内水分分布规律、动态变化、水汽界面分布及转化规律等,开展地境复绿技术在石漠化地区生态修复中的应用,在进行试点示范的基础上,系统总结使用地境复绿技术在破损山体一体化修复和石漠化地区进行生态修复的技术参数、施工工艺、设计要求、施工要求等,优化地境复绿技术的相关参数,为解决矿山高陡边坡生态恢复提供一种新技术,实现绿水青山、实现人与自然和谐发展。

　　本书在裂隙岩体非饱和带内水分含量的计算方法、北方石漠化的认识及治理技术等方面取得一些新的认识。在研究过程中得到河南省自然资源厅领导的大力支持,得到新乡市自然资源和规划局及凤泉区分局、辉县市自然资源局、卫辉市自然资源局的协助,在此表示诚挚的感谢! 同时,项目组成员黄景春、陈阳、甄娜、张冬冬、褚加计、易珍莲、王全荣、侯新东、钱雨薇等,以及中国地质大学(武汉)硕士研究生李昂、胡闯、张赛、刘英娟、史起飞、梁婉茹、翟子轩、杨文裕等也参与了项目的调查研究工作,试验场种植孔和监测孔施工由河南省豫龙岩土工程有限责任公司施工完成,植物培育、栽植及养护施工由卫辉市兴众苗木种植专业合作社负责完成,在此向他们付出的辛勤劳动表示感谢!此外,部分章节脱胎于王全荣、侯新东所作的专题报告和刘英娟、史起飞、张赛的硕士学位论文,向他们表示诚挚的谢意!

由于作者水平有限,书中存在的不妥之处,敬请读者批评指正。

作 者

2023 年 9 月

目　录 ————————— >>

1 绪 论

1.1 破损山体与生态修复

破损山体是社会经济高速发展的产物,并非我国独有,任何国家在发展过程中都会引发此现象。对于破损山体的认识迄今并不一致,有的认为破损山体是人为活动或自然灾害造成自然山体的地形、地貌和植被的突变,形成以裸露边坡为主体的特殊水土流失形态。有的认为以经济效益为目的,长期无序开山采石,山体形态遭到破损,经过长时间水侵及风化,表层土壤严重流失或土壤物理生物结构改变,导致植物无法生长,区域内形成极端小气候,丧失保持植物生长用水的功能,从人的感受层面上概括为视觉及空间感受差,视觉上形成无规则大面积的裸露崖壁及坡地,并且没有物质载体来延续区域内的历史文化,称之为破损山体。对于破损山体的概念、定义或名称,学者和专家都有不同的表述,但核心表述及概念的定义都是对采石坑、临空面、不稳定山体及边坡、堆料场地及废石料堆等所形成的大面积破损山体的表述。本书所指的破损山体主要是指由于人为因素而形成的各种矿坑、临空面、山体边坡、废石(土)堆等。破损山体并不是单一的物质层面上的破损,更是人的精神层面上的破损,修复时也必须考虑到"人"的感受,两者是紧密联系在一起的。

一般而言,破损山体具有以下特点:

(1)山体地貌形态的破坏。与原有地貌形态相比,产生极大的变形或破坏。

(2)生态系统的破坏。原有的山体生态系统被大面积、大幅度破坏,原有的生态平衡被打破,植被基本消失或者植被群落被破坏至仅剩余个别植物个体,生态系统的结构与功能均遭到破坏。

(3)土壤的破坏。水土流失严重,原有的土壤层基本不复存在。

(4)遗留的地貌形态多以裸露的岩体为主,坡度陡峻,多在40°以上。

据统计,我国破损山体面积已经达到 40 000 km²,曾以每年 300~400 km² 的速度增加,复垦率不足 2%。

党的十八大以来,随着生态文明建设的推进,山体破损的恶化趋势基本得到遏制,对破损山体进行生态修复成为改善居住及投资环境急需解决的问题。山体生态修复是指破损区域内过度受损的山体,无法依靠自身生态系统恢复到破损以前的生态环境、自然环境,通过人为干预的手段使其修复到与其周围自然生态环境相协调的状态。成功的山体生态修复是感受不到任何人工的痕迹的,与周围的大自然完美地契合在一起。生态系统一般来说具有较强的自我修复能力及群落逆向演替能力,使得其受到完全破坏的情况下都有自我修复的可能。但是,破损山体极端恶劣的土壤地质环境,使得受损的植被很难自我修复或者修复时间十分漫长,往往需要数百年的时间,因此通过相应的人工植被修复技术加快破损山体生态修复进程显得十分必要。破损山体生态系统结构与功能的破坏已超越非生物阈值,单纯利用生物措施无法进行有效的修复,应先对其地质环境进行修复。

生态修复的目标不是要种植尽可能多的物种,而是创造良好的条件(Pinto. V,2002)。山体生态修复的核心是生态环境的恢复与重建,是生态系统结构与功能的修复,应该包括两个方面的内容:一是地形改造,二是生态修复。地形改造的目的是营造有利于生态恢复的生境条件,比如削坡变缓、推平覆土等;生态修复的前提是植被修复,植被修复是生态修复的核心内容,是运用生态学原理,通过对现有植被的保护、封山育林或人工乔、灌、草植被的营造,修复或重建被毁坏或被破坏的森林自然生态系统,修复其生态结构及其生态系统功能(宋永昌,001)。修复生态学是研究生态系统退化的原因、退化生态系统修复与重建的技术和方法及其生态学过程和机理的学科。修复生态学涵盖较为广泛,其主要研究包含两个方面:一是研究生态系统退化与修复的过程;二是通过生态工程技术对已被破坏的生态系统进行修复与重建的模型研究。国际恢复生态学学会认为,生态恢复是帮助研究生态整合性的恢复和管理过程(management process)的科学;美国自然资源委员会认为,生态修复就是使一个受损区域内的生态系统恢复到接近其未遭到破坏前的状态;我国彭少麟、余作岳等学者认为,生态修复是研究生态系统遭到破坏后,自然生态环境退化的过程与原因,是修复与重建自然环境生态修复技术与方法的科学。

美国在 1918 年即开始进行破损山体的山体修复,已经形成一套完整而系统的工程体系。截至 1971 年,美国采矿工业用地修复率达到 80%。20 世纪 80 年代,英国的废弃矿业用地修复率达到 87.6%。在 19 世纪 30 年代,学界开始将生态修复作为生态学的一个分支进行系统研究,1980 年 Cairns 主编的《受损生态系统的恢复过程》一书是其主要标志。我国的破损山体生态修复工作在 20 世纪 80 年代开始,矿区土地生态修复率也由 20 世纪 50 年代的 5%上升为目前的 12%。破损山体生态修复技术随着认识的深入和科技水平的提高也不断得到创新,现在常用的技术方法主要是挂网基质喷播法、台阶法、鱼鳞坑法、生态袋法、飘台法、植被混凝土技术、植被地境再造等,需要注意的是,每一种技术都有自己的适用条件,不可盲目使用。

1.2　北方石漠化与治理技术

对于石漠化的认识,如果抛开教科书,大部分人都认为石漠化仅限于我国西南地区,北方地区不存在石漠化问题,或者其程度轻到不足以引起注意,这从很多石漠化的定义即可看出,即首先界定石漠化发生的地区是炎热、潮湿气候区。石漠化研究的科研机构和重心都在西南地区,如中国地质科学院岩溶地质研究所、中国科学院地球化学研究所等,其中尤以袁道先院士为主的科研团队做了大量工作,对我国西南地区石漠化的发育特征、分布区域、内外驱动力、治理模式等均进行了系统研究和实践,取得了一系列的科研成果。

但是,从本质上来说,石漠化是一种地质现象,是内外地质营力协同作用的结果,是在土壤流失后产生的一种石质荒漠化。这种地质现象的出现,起决定性作用的内因是岩体的自身特征与裂隙发育,外因则是剧烈的人类活动,如对植被的破坏、造成的水土流失等。这些因素不仅仅在我国西南地区出现,在任何地区都可以发生。我国北方地区与西南地区有着明显的气候差别,降雨量明显偏低,但是其降雨的特点在于集中在夏季,每年降雨量的50%~80%集中在这个季节,所以在植被破坏严重地区同样造成水土大面积急剧流失,使得大量的岩体裸露,形成石质荒漠化,即石漠化。

我国北方地区也存在石漠化现象,但我国北方地区与西南地区的石漠化有着明显的不同,主要表现在以下几个方面:

(1)分布区域具斑块化特征,即以斑块状零星分布在不同的地区,难以像西南地区那样大面积的面状分布。

(2)石漠化程度相对较低,多以"卧羊石"的形态展布,不像西南地区那样裂隙非常发育,形成石芽、石锥等尖利的形态。

(3)整体地貌形态相对低缓,无法形成西南地区那种峰丛洼地的地貌形态。

(4)治理难度大。我国关于石漠化治理的多种模式均是在西南地区探索、总结出来的,对于北方地区石漠化的治理目前还较少有成功的案例,这与我国北方地区石漠化治理难度较大有关。北方地区不像西南地区那样降水量大,而且年内分布不均,在局部月份可能降水量接近于零,对植物生存造成极大的威胁。

石漠化治理是一项系统、长期的工程,基础是生态的恢复和植被的生长,石漠化区域生态环境脆弱,立地条件恶劣,一旦破坏后形成石漠化,土地生态恢复难度极大。目前,比较成熟的几种治理模式如下:

(1)峰丛洼地水源林+水土保持林+经济林模式。山顶地段采取封山育林措施;山坡地段将石旮旯地实施退耕还林,重点发展以藤本、灌木为主的水土保持林;山麓地段发展以果树、药材为主的高效经济林。树(草)种选择银合欢、青冈栎、华山松、滇柏等。水土保持林选择金银花、刺槐、核桃等。经济林选择柿子、枇杷、金银花、杜仲等。

(2)山区封造结合模式。35°以上采取全面封禁的技术措施,减少人为活动和牲畜破坏。主要选择本地适生,最好是已经广泛栽培的名特优植物,有任豆、香椿、柿子、枇杷、黄皮、漆树、黄柏等。

(3)石漠化区生态移民与封山育林模式。一是移民安置,二是移民迁出地的生态重建。移民迁出地的生态重建需要因地制宜地采取生态重建的模式。全面封山,局部植树造林,逐步恢复石漠化地区的生态环境。

(4)干热河谷乔灌草相结合治理模式。选择适生的具有耐热、耐旱、耐瘠薄、喜钙特点的树种。灌木主要有车桑子、番麻、小桐子、余甘子、花椒等;用于混交的草有蓑草、白魔玉、黑麦草等;主要的乔木树种有新银合欢、巨尾桉、核桃、板栗等。

(5)高山、高原岩溶丘陵林草牧结合模式。以营造水源林和水土保持林为方向,实现乔灌草相结合、生态防护林和经济林相结合、人工造林与封山育林相结合。坡地主要采取灌草相结合、乔草相结合的方式;在山顶和比较平坦的地带,应适当发展草场和牧场。树(草)种选择华山松、云南松等;灌木主要有小桐子、余甘子、车桑子等;牧草主要有黑麦草、白三叶等。

(6)水库上游河谷陡坡地水土保持+防护林模式。江岸地带造林的主要目标是用水土保持林和护岸林来护岸固坡、护堤稳基,减少江河泥沙,保护和改善河流中上游沿江两岸生态环境。树(草)种主要是选择根系发达、萌蘖性强、抗冲性好的树种,如杨树、喜树、枫杨、香椿、大叶桉等。

(7)风景旅游区观光林业模式。生态旅游区及其沿路地带,造林树种在选择上应首先考虑其观赏性和生态效益。在次要公路、偏远地带,营造生态型通道林;在主要公路、人口密集区,营造生态经济型通道林;在旅游区景点附近,有计划地种植景观林:乔木树种选择喜树、枫杨、枫树、银杏等,经济树种可选择猕猴桃、柑橘等,灌木树种可以选择紫穗槐、剑麻等。

这些治理模式是西南地区实践总结出来的,是否适用于北方地区还需要实践证明。

1.3　本书研究的主要内容与取得的新认识

1.3.1　主要研究内容

(1)研究区生态地质问题调查评价及地质环境的生态适宜性评价。依据野外调查,结合收集资料对研究区存在的生态地质问题进行评价,从植物的地上生境、地境等多方面探讨生态地质图应该涵盖的信息及表达方式;构建评价指标体系和评价模型,对研究区地质环境的生态适宜性进行评价,划分不同等级的适宜区,为后期的生态修复提供依据。

(2)北方地区石漠化的再认识及分级评价。界定我国北方地区石漠化的内涵,运用遥感技术,结合现场调查,从植被、基岩、温度、坡度四个方面构建石漠化评价指标,通过主成分分析法确定权重并构建研究区石漠化综合指数(CIRD)模型,对研究区的石漠化进行分级评价;探讨研究区石漠化的时空演变过程和驱动因素。

(3)破损山体生态修复技术与石漠化治理新模式。根据生态地质学理论,以恢复生态系统结构和功能为最终目标,针对研究区破损山体特征和石漠化发育情况,以植物地境再造和苗木柱式培育等新思路为基础,试验破损山体生态修复技术和石漠化治理新模式。

(4)裂隙岩体水汽场内水汽运移规律及模拟。通过施工监测孔、不同时段海量的监测数据统计分析,研究生态修复试验场地内裂隙岩体水汽场内的水汽运移规律;构建裂隙岩体水汽运移数学模型,运用软件模拟水汽场内水汽的运移特征,为岩体内水量的计算奠定基础。

(5)裂隙岩体含水量及植物生态需水量计算。在原有裂隙岩体含水量计算的基础上,探索新的计算方法,以岩壁单元体理念为基础,构建微分方程计算岩体含水量,并依据改进的彭曼公式计算岩壁种植植物的生态需水量,证明裂隙岩体内所含水量能够满足其生存需求。

(6)复绿植物地境微生物群落变化特征。土壤微生物具有指示土壤健康的作用,是土壤质量变化最敏感的指标。复绿植物地境再造首先是土壤的再造,也意味着土壤微生物群落的变化。通过取样测试,分析复绿植物地境再造土壤在植物种植前、刚种植时、种植一段时间后等不同时段土壤微生物群落的变化,证明随着植物适应岩体这一特殊生境,其地境中的微生物群落也在发生变化,更有利于植物的存活与生长。

1.3.2 取得的新认识

(1)北方地区石漠化的内涵及分级评价指标体系。认为石漠化即石质性荒漠化,是指在可溶岩地区特殊的生态地质环境条件下,由于人类不合理社会经济活动导致的土壤侵蚀、植被破坏、基岩裸露、地表呈现类似于荒漠化景观的演变过程和地质现象。通过遥感手段,构建植被、基岩、温度、坡度的石漠化分级评价指标体系。

(2)基于植物地境再造法的柱式植物种苗培育方法。通过选取耐旱、易存活的本地种苗,选用上下贯通的柱形管,其内填充配置的营养土壤,将种苗移栽入柱形管内进行培育,待种苗长出新的根系和叶片时进行移栽;在高陡岩质边坡打与柱形管大小相适配的种植孔,在种植孔中填充一定深度的壤土,用切割工具将柱形管从一端切割到另一端,使侧壁土壤暴露在空气中,将柱形管送至种植孔中,推至填充的土壤处,然后整体压实,再填入壤土直至种植孔被土体填满,并注入活水,完成高陡岩质边坡地境的复绿。

(3)裂隙岩体中二维水–汽–热耦合运移数值模拟。采用二维变饱和带 Richards 方程刻画剖面上的水汽运移过程,并利用 HYDRUS 2D 软件对该过程进行数值模拟,模拟不同季节、不同方位的岩体内水–汽–热耦合运移规律。

(4)复绿植物地境微生物群落变化特征。地境微生物群落改变着土壤的理化性质,土壤理化性质的改变影响着微生物群落的演变和多样性,两者协同作用改变着植物的地境特性,支持着植物的生长。

2 研究区概况 >>

2.1 自然地理

2.1.1 地理位置

研究区地处新乡市北部,主要涉及辉县市和凤泉区北部、卫辉市西部的低山、丘陵,西与焦作市、山西省晋城市相邻,东与鹤壁市相望,北与林州市、山西省长治市相依,南界为新乡市境内的南水北调中线总干渠,总面积约 1 100 km²。新乡市北依太行,南隔黄河与省会郑州相望,辖 12 个县(市、区)、1 个城乡一体化示范区、2 个国家级开发区,总面积 8 249 km²。新乡市是豫北地区国家公路运输枢纽城市,京深、京广、新月、新菏等铁路,京港澳、大广、长济、原焦等高速和 107 国道贯穿全境,交通便利。

2.1.2 气象水文

2.1.2.1 气象

研究区属于暖温带大陆性季风型气候,四季分明。春季干旱少雨,夏季高温多雨,秋季气候凉爽,冬季寒冷少雪。年平均气温 14 ℃;7 月最热,平均气温 27.3 ℃;1 月最冷,平均气温 0.2 ℃;最高气温 42.7 ℃(1951 年 6 月 20 日),最低气温 −21.3 ℃(1951 年 1 月 13 日)。年均湿度 68%,最大冻土深度 280 mm。无霜期西北山区 160~200 d,平原区为 200~240 d。年平均降水量 656.3 mm,最大降水量 1 168.4 mm(1963 年),最小降水量 241.8 mm(1997 年),最大积雪厚度 395 mm(2009 年),年蒸发量 1 748.4 mm。6~9 月多暴雨,降水最多,多年平均为 409.7 mm,占全年降水量的 72%。

全年主风向为东北东风,占比为 17.49%,次多风向为东北风,占比为 12.3%。年平均风速为 2.45 m/s。无霜期 220 d,全年日照时间约 2 400 h。

2.1.2.2 水文

研究区属于海河水系的卫河流域。卫河为海河水系南运河的支流,前身基本上是隋代大运河的永济渠,新乡市称之为母亲河。卫河发源于山西省陵川县夺火镇,流经山西省、河南省、河北省、山东省 4 省,干流河道长 462 km,流域面积 14 970 km²。新乡市河流主要有东孟姜女河、百泉河、刘店干河、黄水河、石门河、峪河、纸坊沟河、沧河等,自西北向东南流入卫河。据卫河干流楚旺水文站 28 年资料,年平均流量为 65.3 m³/s,年均天然径流量为 20.6 亿 m³,年最大径流量为 64.8 亿 m³(1963 年),年最小径流量为 7.26 亿 m³

（1979 年）。南水北调中线干渠在研究区境内长度 77 km,每年可使用水量 3.916 亿 m³。

2.1.3 地形地貌

研究区地貌横跨我国的第二、三阶梯,其地理位置属于西部山地与东部平原的过渡地带,地形自西北向东南倾斜。依据地貌形态划分为山地、丘陵、山间盆地和平原等地貌类型。

河流出山口以上为太行山地,地貌为中山、低山和丘陵,山高谷深,海拔一般为 500~1 000 m;最高峰位于辉县市十字岭,海拔 1 732 m。辉县市的上八里—十字岭一带向西,为中山,海拔在 1 600 m 左右;十字岭以东—南村以南一带向东,为低山,海拔在 600 m 左右;辉县市常村镇北部和卫辉市太公泉镇北部为丘陵,海拔在 400 m 左右。河谷切割较深,两岸陡峭,河道弯曲,以侧向侵蚀为主,河床大量砾石沉积,河槽呈"U"形,有泉水出露。

出山口以下为华北平原,地貌为洪冲积平原,一般海拔 70~80 m。山前一带为洪积扇,海拔 95~200 m,河床宽达 200~300 m,砂卵石堆积较厚,河床下切较深,河道主槽宽仅 2~3 m,坡度较陡,平均比降为 1/300~1/50。洪积扇前缘为山前倾斜平原,河道主槽宽 8~12 m,平均比降为 1/2 000~1/800(见图 2-1)。

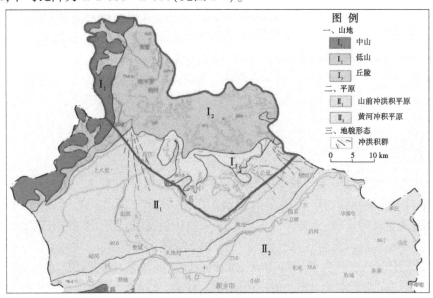

图 2-1　研究区地貌

2.1.4 生物资源

研究区地处暖温带落叶阔叶林植被气候区,北部中低山为太行山猕猴国家自然保护区。野生动物有 480 余种,其中有脊椎动物 174 种,水獭、猕猴和山豹为国家二级保护动物;鸟类 85 种,黑鹳、白尾海雕、斑嘴鹈鹕和丹顶鹤为国家一级保护动物,天鹅、金雕、秃鹫为国家二级保护动物;鱼类 50 种;爬行类 10 种;两栖类 5 种。植物种类属温带类型,主要树种有 79 科 193 属 476 种,其中裸子植物有 8 科 16 属 28 种,被子植物有 71 科 177 属

448种,药用植物999种,淀粉和含糖植物60种,芳香植物40种,纤维植物50种,饲料植物约48科225种及草本植物100种等。野生动植物资源较为丰富。

2.2　地质条件

2.2.1　地层岩性

研究区地层属华北地层区山西分区太行山小区。基底为太古宙林山岩群变质岩系,盖层由中元古界蓟县系云梦山组陆源碎屑岩、寒武系-中奥陶统潮坪-鲕状滩相碳酸盐岩夹泥质岩系、石炭系-二叠系海陆交互相-陆相含煤岩系,以及古近系陆相碎屑岩组成。在山间断陷盆地内和山前地带堆积了新近系-第四系陆相碎屑岩。

古生界(Pz)地层:寒武系(∈)大面积分布,地层出露比较完整,出露面积约880 km²。自下而上划分为下统辛集组、朱砂硐组,下-中统馒头组,中统张夏组,上统崮山组、三山子组。该系与下伏中元古界蓟县系云梦山组石英岩状砂岩呈平行不整合接触。奥陶系(O)广布于低山、丘陵,面积大于300 km²,主要为下统白云岩及中统马家沟组灰岩,总厚度约560 m,整合于寒武系之上。下统(O_1)岩性为暗灰、灰褐色中厚至厚层含燧石结核、燧石团块白云岩,以色暗和表面"刀砍状"构造发育为风化外貌总特征;中统马家沟组(O_{2m})岩性以石灰岩为主,最厚达400 m,由下而上可分5个岩性段,层位稳定,是区内水泥用灰岩矿产的重要赋存层位,为采石场和石漠化的主要分布区域。

新生界地层分布于研究区南部和东部的平原地区,在西北部山区的山间盆地也有出露。根据岩性特征,自下而上分为第四系中更新统、上更新统和全新统粉质黏土、亚黏土和砂土等。

2.2.2　地质构造

研究区在区域上处于新华夏系第三隆起带的东缘,构造位置处于焦作—商丘深断裂以北、青羊口大断裂西侧,其构造形迹以断裂为主,主要分布北北东向、近南北向及北西向断裂。受构造运动的影响,垂直节理发育。区域新构造运动活跃,主要表现为切割强烈,差异性升降明显。区内发育活动性断裂7条,如下所述:

(1)展布于上八里镇北西和寺庵—龙王庙—后庄一线的山前断裂,为东盘下降的正断层,长约20 km,总体走向10°~30°,断面东倾,倾角70°~80°。该断裂在地貌上构成山地与平原的分界。

(2)展布于菊花山—黄石岩—大凹岭的正断层,长约7 km,总体走向280°~300°,断面倾向北东,倾角57°~63°,控制了南村盆地的南部边界。

(3)青羊口断层:南段大致展布于新乡路王坟青羊口,北段为安阳邯郸段京广铁路西侧,走向NNE,倾向SE。南段是组成汤阴地堑的西界断裂,为高角度正断裂,断裂西侧,中生界基岩出露,东侧新生界沉积厚度大于1 000 m,断距大于1 000 m。该断层在卫辉市境内长20 km,走向15°~27°,倾向南东,新近纪有强烈的活动。

(4)汤东断层:在卫辉市境内长21 km,走向25°,倾向北北西,为一正断层,新近纪有较强的活动。

(5)卧羊湾断层:走向310°,倾向南西,倾角60°~83°,长约10 km,为一压扭性正断层,该断层活动性不明显。

(6)汲县断层:走向北北西,倾向南西,为一逆断层,在新生代有较强的活动。

(7)天交岭—下天岭断层:走向300°~310°,倾向南西,倾角65°~80°,长约8 km,断层破碎带宽10~200 m,为一压扭性正断层。

2.2.3 水文地质条件

根据研究区地下水赋存条件、含水介质类型及水文地质特征,将研究区地下水类型分为松散岩类孔隙水、基岩裂隙水、碳酸盐岩裂隙岩溶水三种。

2.2.3.1 松散岩类孔隙水

松散岩类孔隙水广泛分布于黄河及卫河洪冲积平原、南部山前倾斜平原及北部山间盆地,主要岩性为第四系黄色、棕黄色粉质黏土、粉土及砂砾石层,其赋存条件受构造及地貌条件控制,富水性受含水层的岩性、厚度和埋藏条件以及补给条件制约。

(1)浅层水。埋藏深度小于60 m,受大气降水影响较大。卫河、黄河冲积平原浅层含水层岩性主要为中、上更新统与全新统细、中、粗砂,上覆粉土、粉质黏土,局部为粉砂,呈现上细下粗的"二元结构"或粗细相间的"多层结构"。砂层厚度5~25 m,地下水埋深在山前较大,冲积平原区一般为6~20 m。从山前到平原,水量、水质具有较明显的分带性。近山前洪积扇为混杂堆积的弱富水带,单井涌水量一般小于0.28 L/(s·m),水化学类型为HCO_3-Ca·Mg型,矿化度小于1 g/L;冲积扇前缘,单井涌水量一般为2.2~4.8 L/(s·m),矿化度1~3 g/L,水化学类型主要为HCO_3-Ca·Mg、HCO_3-SO_4-Ca·Mg·Na型。山间盆地水质良好。黄河冲积平原为低矿化度的HCO_3型水。

(2)中层水。埋藏深度60~300 m,具承压性质。含水层岩性主要为中、上更新统细、中、粗砂,隔水层为粉质黏土、黏土。其化学特征和分布规律基本与浅层水一致。由山前到平原,地下水水量由小到大,化学类型由简单到复杂,矿化度由低到高,水质由好变差。矿化度由0.3 g/L增加到1.8 g/L。

(3)深层水。埋藏深度大于300 m,含水层岩性主要为下、中更新统砂层,隔水层为粉质黏土、黏土。水化学类型多为HCO_3-SO_4和HCO_3-SO_4-Cl型,仅东部地区为SO_4-Cl型,矿化度小于1 g/L,东部地区矿化度1~3 g/L。

2.2.3.2 基岩裂隙水

基岩裂隙水分布于辉县市和卫辉市西北部的太古宙片麻岩类及侵入岩体的岩石裂隙中,富水性较弱,涌水量一般为50~250 m³/d,矿化度340.8 mg/L,总硬度216 mg/L,水化学类型为HCO_3-Ca·Mg型。

2.2.3.3 碳酸盐岩裂隙岩溶水

碳酸盐岩裂隙岩溶水广泛分布于辉县市北部和卫辉市西部的碳酸盐岩地层区,是区内重要的含水岩组,其中在寒武系中统和奥陶系灰岩、白云质灰岩中,断裂、裂隙、溶洞、溶纹发育,构成降雨和地表水渗入、地下径流通道,单井出水量100~1 000 m³/d。侵蚀基准面以上为透水不含水的缺水地段;侵蚀基准面以下,富水性较好;在寒武系上统薄中层状泥质条带灰岩、细晶白云岩、内碎屑灰岩中,裂隙、溶岩不发育,含水性较弱。矿化度为0.2~0.5 g/L,水化学类型为HCO_3-Ca·Mg型水,水质优良,适宜于饮用及工农业用水。

2.2.4 地下水补给、径流、排泄条件

2.2.4.1 地下水补给

(1)大气降水补给。区内大部分第四系地层岩性颗粒较粗,对降水渗入补给有利,特别是在峪河、卫河上游洪积扇中、上部地区,广泛分布着砂卵石,有利于降水和地表水入渗。北部大面积分布的碳酸盐岩岩溶、断裂和裂隙发育,透水性良好,是大气降水的天然补给区。

(2)地表水补给。区内峪河、石门河、黄水河、百泉河、香泉河、沧河等河道中上游地带为卵砾石层,十分有利于河水的入渗,是地下水重要的补给源。

(3)农业灌溉回渗补给。地表水灌溉区的干、支渠渗漏和农业灌溉回渗也是地下水的重要补给源。

2.2.4.2 地下水径流和排泄

研究区西部和北部的裸露石灰岩等基岩山地,接受大气降水入渗后,形成西北向东南径流的岩溶地下水系统,径流补给平原地下水含水系统或以泉的形式排泄。人工开采、泉和径流是本区地下水的主要排泄方式。

农业灌溉、城镇及广大农村地区的人畜生活、工业生产、生态环境绿化等用水,对地下水的开采也是地下水的主要排泄方式。地下水的过量开采,造成百泉、冲洪积扇边缘王村、小作、重泉一带的泉水消失或间断性消失。

2.3 矿产资源分布与开发利用

2.3.1 矿产资源概况

研究区为新乡市矿产资源集中分布区,主要有4大类28种:煤、石油、天然气、煤层气、地热等5种能源矿产;铁、铜、铅、锌、金等5种金属矿产;水泥用灰岩、水泥配料用黏土、化工灰岩、白云岩、重晶石、泥炭、磷、耐火黏土、石英岩、饰面花岗岩、饰面大理岩、建筑石料、建筑用砂、砖瓦用黏土、水晶、冰洲石等16种非金属矿产;地下水、矿泉水等2种水汽矿产。矿产地为104处,其中地质工作程度达到普查的15处,勘探22处;矿产规模达到大型矿床的10处,中型矿床13处,小型矿床30处,矿点及矿化点51处。查明储量中,水泥用灰岩储量达到40亿t,远景储量达100亿t以上;煤储量达84亿t;大理石储量20亿m^3;白垩土和黏土矿储量均在2亿m^3以上。

研究区矿产资源的主要特点如下所述:

(1)以沉积型为主,能源矿产、非金属矿产丰富,金属矿产、化工原料矿产短缺。探明的水泥用灰岩储量在全省排列第五;泥炭、重晶石储量在全省排列第一;水泥配料用黏土储量在全省排列第二,而探明可利用的金属矿储量不多。

(2)区域分布不均衡,水泥用灰岩、建筑石料用灰岩、花岗岩、大理岩、重晶石等分布

在北部太行山区;煤、泥炭分布于山前地带;水泥配料用黏土、地下水、地热、砖瓦用黏土则分布于广大平原地区。

（3）部分矿产地质勘探程度低,难以开发利用。白云岩、石英砂岩等矿产分布范围广,资源丰富,品位高、质量好,但由于地质工作程度低,储量不明,难以大规模开发利用。

2.3.2　矿产资源开发利用现状

研究区矿产资源开发历史悠久,最早可追溯到六七千年前。辉县市薄壁镇、封丘县留光乡、长垣市出土的陶片,原阳县出土的玉凿和钢刀等,说明当时采矿、冶炼和辨别矿物的能力、找矿技术等都有较高水平。新中国成立前,由于社会制度和落后生产方式的束缚,矿产资源开发程度很低,而且开发的矿种少,规模小,技术落后。新中国成立后,特别是20世纪80年代以来,新乡市的矿业开发有了突飞猛进的发展。

3 主要矿山生态环境问题与评价 >>

⊙ 3.1 矿山地质环境问题

矿山地质环境问题是指矿产资源开发活动产生或加剧的地质环境恶化的现象,主要包括矿山地质灾害、地形地貌景观破坏、土地资源破坏、水生态环境破坏等。

3.1.1 矿山地质灾害

研究区矿山地质灾害类型主要有危岩体(崩塌隐患)和滑坡。危岩体主要分布于露天采坑的边坡上,坡体多为奥陶系的石灰岩,坡面近直立,部分岩体与母岩脱离,局部裂隙发育程度较高,易形成小型崩塌或落石,影响范围局限于坡体下部采坑范围,部分危岩以孤立的"探头石"出现,常呈带状分布,在震动、降雨等不利因素影响下,易发生崩塌地质灾害(见图3-1)。

| (a) | (b) |

图 3-1 凤泉区凤凰山矿山公园试验场危岩体

采矿造成的渣堆因压填不实,结构疏松,透水性强,与地基土体密实度差异大,易形成滑坡,对当地居民生产生活构成威胁。

3.1.2 地形地貌景观破坏

研究区内矿山开采活动剧烈(见图3-2)。露采地段形状大小不一、剥离高度不等的采坑、采面较为集中,矿渣随处堆放,致使"长、陡、险"的岩质边坡大范围裸露,地形起伏不平,地形地貌景观破碎严重。

(a)　　　　　　　　　　　　　　(b)

图 3-2　研究区地形地貌景观破坏

3.1.3　土地资源破坏

矿山开采遗留的采坑和渣堆破坏或压占了原有草地、林地(见图 3-3),使研究区内部分林地退化为裸地,土地生产力衰退,涵养水分能力变差。

(a)　　　　　　　　　　　　　　(b)

图 3-3　土地资源破坏

3.1.4　水生态环境破坏

水生态环境破坏主要表现为原始的地表水径流条件的改变、表土水分涵养功能的丧失和地下水补给量减少等。具体表现为破坏区内地表径流时长变短,在基岩裸露区降水瞬时流失,无法补给地下水,对地下水补给产生不利影响;降水沿废渣孔隙瞬时渗入转变为地下径流,表土失去水分涵养功能,不利于植被养蓄,在降雨时形成短时、强烈的地表径流,易造成水土流失等环境问题。

随意堆积的渣堆、遗留的采坑和裸露的基岩改变了地表水和地下水的径流条件,造成一部分地表水在采坑或低凹处形成坑塘(见图 3-4),改变了地表水的排泄方式,由入渗为主转变为以地表径流和蒸发为主。植被的破坏和废渣的堆弃也不利于涵养水分及水土保持,减弱了大气降水对含水层的补给。

(a)   (b)

图 3-4　水生态环境破坏实景照

3.2　生态地质问题调查及评价

开展地上地下一体化的生态地质调查,旨在查明区域生态地质条件和生态地质问题,为科学设计生态修复方案、进行生态修复实践提供数据支撑。本次生态地质调查以穿越法为主,调查路线为西北—东南方向,垂直穿越了植被类型或地貌类型最大的变化方向,涵盖了不同的生态系统。调查点的布设主要在地貌、生态系统分界线和自然地质现象发育处、植被和土壤类型变化处及生态地质问题发育处,完成6条调查路线103个调查点(见图3-5)。

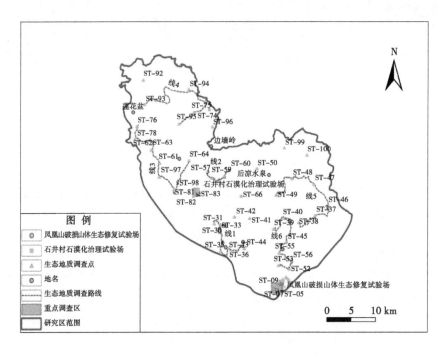

图 3-5　生态地质调查路线及点位示意图

3.2.1 植被地上生境指数和地境指数的概念

3.2.1.1 植被地上生境指数的概念

在诸多反映生态地质环境的自然因子中,湿度因子、干度因子、温度因子在植被的生长环境中占有不可或缺的地位,能直观体现植被地上部分生境条件的优劣,可以综合看作植物的生境指数。本书将干度因子、湿度因子、热度因子耦合为植被地上生境指数(VAHI),通过遥感技术提取各因子信息,并通过主成分分析法(PCA)对三个因子自动赋权重值进行叠加分析,用来评价植被的地上生境条件。

1. 湿度指标

缨帽变换是对数据进行压缩,将原始数据进行正交变换的技术,变换结果包括亮度、绿度、第三分量等。缨帽变换中的亮度、绿度、第三分量与地表物理参量有直接的关系,其中的第三分量反映了水体和土壤、植被的湿度,因此通常将第三分量作为湿度因子(Wet),具体公式为

$$\text{Wet}_{\text{TM}} = (0.031\,5\rho_{\text{blue}} + 0.202\,1\rho_{\text{green}} + 0.310\,2\rho_{\text{red}} + 0.159\,4\rho_{\text{nir}} - 0.680\,6\rho_{\text{swir1}} - 0.610\,9\rho_{\text{swir2}})$$
(3-1)

$$\text{Wet}_{\text{CL1}} = (0.151\,1\rho_{\text{blue}} + 0.197\,3\rho_{\text{green}} + 0.328\,3\rho_{\text{red}} + 0.340\,7\rho_{\text{nir}} - 0.711\,7\rho_{\text{swir1}} - 0.455\,9\rho_{\text{swir2}})$$
(3-2)

式中:ρ_{blue}、ρ_{green}、ρ_{red}、ρ_{nir}、ρ_{swir1}、ρ_{swir2} 分别为蓝波段、绿波段、红波段、近红外波段、中红外波段1和中红外波段2。

2. 热度指标

热度指标由地表温度(land surface temperature, LST)来表示。反演地表温度对城市热岛、自然灾害监测等方面有着重要意义,利用热红外遥感技术反演地表温度是获得地表温度的主要方式。陆地地表温度反演目前主要有3种,包括大气校正法(辐射传输方程法)、单窗算法和劈窗算法(分裂窗算法)。本书采用大气校正法进行 LST 的反演,计算公式为

$$\text{LST} = \frac{T}{1 + \dfrac{T}{x}\ln e} - 273$$
(3-3)

$$T = \frac{K_2}{\ln(K_1/L_6 + 1)}$$
(3-4)

$$L_6 = \text{Gain} \times \text{DN} + \text{Bias}$$
(3-5)

$$\varepsilon_{\text{building}} = 0.958\,9 + 0.086\,0F_V - 0.067\,1F_V^2$$
(3-6)

$$\varepsilon_{\text{surface}} = 0.962\,5 + 0.061\,4F_V - 0.046\,1F_V^2$$
(3-7)

$$\text{FVC} = \begin{cases} 0 & (\text{NDVI} < 0.05) \\ \dfrac{\text{NDVI} - \text{NDVI}_S}{\text{NDVI}_V - \text{NDVI}_S} & (0.05 \leqslant \text{NDVI} \leqslant 0.7) \\ 1 & (\text{NDVI} > 0.7) \end{cases}$$
(3-8)

式中:LST 为地表温度,℃;T 为传感器处温度值;L_6 为辐射定标后的热红外波段反射率,对 Landsat-5 TM 传感器,$K_1 = 607.76$ W/$(\mathrm{m}^2 \cdot \mathrm{sr} \cdot \mu\mathrm{m})$,$K_2 = 1\,260.56$ K;对 Landsat-8 TIRS 传感器第 10 波段,$K_1 = 774.89$ W/$(\mathrm{m}^2 \cdot \mathrm{sr} \cdot \mu\mathrm{m})$,$K_2 = 1\,321.08$ K;$X = 1.438 \times 10^{-2}$ m·K;ε 为地表比辐射率,$\mathrm{NDVI_V} = 0.7$,$\mathrm{NDVI_S} = 0.05$,当某个像元值 NDVI>0.7 时,F_V 取 1,当 NDVI<0.05 时,F_V 取 0。

3. 干度指标

在水土流失的过程中,土地肥力遭到破坏,导致地表植被减少,会出现裸地,地表裸露程度与土地退化成正比,即地表裸露越严重,土地退化越严重,从而相应的裸土指数也会越高,因此裸土指数对监测水土流失有重要的意义。无论是城镇还是乡村,有部分土地为建筑用地,它们同样造成地表的"干化",对生态环境产生影响。因此,干度指标选用代表裸土信息的裸土指数(SI)和代表建筑用地信息的建筑指数(IBI)合成,取两者的平均值,计算公式如下

$$IBI = \frac{2\rho_{\mathrm{swir1}}/(\rho_{\mathrm{swir1}} + \rho_{\mathrm{nir}}) - [\rho_{\mathrm{nir}}/(\rho_{\mathrm{nir}} + \rho_{\mathrm{red}}) + \rho_{\mathrm{green}}/(\rho_{\mathrm{green}} + \rho_{\mathrm{swir1}})]}{2\rho_{\mathrm{swir1}}/(\rho_{\mathrm{swir1}} + \rho_{\mathrm{nir}}) + [\rho_{\mathrm{nir}}/(\rho_{\mathrm{nir}} + \rho_{\mathrm{red}}) + \rho_{\mathrm{green}}/(\rho_{\mathrm{green}} + \rho_{\mathrm{swir1}})]} \tag{3-9}$$

$$SI = \frac{(\rho_{\mathrm{swir1}} + \rho_{\mathrm{red}}) - (\rho_{\mathrm{nir}} + \rho_{\mathrm{blue}})}{(\rho_{\mathrm{swir1}} + \rho_{\mathrm{red}}) + (\rho_{\mathrm{nir}} + \rho_{\mathrm{blue}})} \tag{3-10}$$

$$NDBSI = \frac{IBI + SI}{2} \tag{3-11}$$

式中:ρ_{blue}、ρ_{green}、ρ_{red}、ρ_{nir}、ρ_{swir1} 分别为蓝波段、绿波段、红波段、近红外波段、中红外波段1。

NDBSI 指标的特征是:①NDBSI 指数介于[-1,1];②增强的信息大于零,抑制的信息小于零,即建筑物、裸土像元值大于零,植被和水体像元值小于零。

4. 植被地上生境指数的构建

植被地上生境指数的数学表达式为

$$VAHI = f(Wet, Heat, Dry) \tag{3-12}$$

其遥感定义为

$$VAHI = f(Wet, LST, NDBSI) \tag{3-13}$$

式中:Wet、Heat、Dry 分别代表湿度因子、热度因子和干度因子;Wet、LST、NDBSI 分别代表湿度指数、地表温度指数和城市建筑与裸土指数。由于三个指数量纲不统一,为避免在主成分分析中各个指标权重失衡,需要对三个因子原始值做归一化处理,将范围统一在[0,1],归一化公式为

$$BI_i = \frac{b_i - b_{\min}}{b_{\max} + b_{\min}} \tag{3-14}$$

式中:BI_i 为某个因子归一化的像元值;b_i 为某个因子的像元值;$b_{\max}$、$b_{\min}$ 分别为该因子的最大值、最小值。

经归一化后,将 3 个归一化因子合成为一幅影像,利用 ENVI 自带主成分分析(forward PCA rotation new statistics and rotate)工具,进行 PCA 分析,提取第一主成分计算得到初始 VAHI 值,记为 $VAHI_0$:

$$VAHI_0 = 1 - PC_1[f(Wet, LST, NDBSI)] \tag{3-15}$$

不同时期、不同地区的 VAHI 值各不相同,为了方便对比研究,将 $VAHI_0$ 再次归一化:

$$VAHI = \frac{VAHI_0 - VAHI_{min}}{VAHI_{max} - VAHI_{min}} \tag{3-16}$$

得到最终 VAHI 值,其值范围在 $[0,1]$。VAHI 值越高,代表生态条件越好;反之,则生态条件越差。

3.2.1.2 地境指数的概念

地境是由土壤、部分母质及包含在其中的水分、盐分、空气、有机质等构成的地下空间实体,是植物赖以生存的营养源和根系的固持基质。植物的种类、群落的结构及植物的生长状况都与该地下空间的水土条件有着不可分割的关系。植物与生境特别是与地境的有机联系是地球上各种生态关系构成的基础,因此充分认识地境条件对科学指导生态修复工作具有重要意义。

地境指数(LI)受多个因素影响,且各个因素之间存在一定的相关性,致使反映地境指数的若干指标之间存在信息重叠。主成分分析法(PCA)可以对多个因素进行降维分析,提取主成分,弱化变量之间的自相关引起的误差,可应用在地境指数定量研究中。地境评价因子尽量考虑与肥力有关的因子,研究区地境指数评价选择的因子主要包括水解性氮、有机质、全盐量、有效磷、速效钾等。

运用 SPSS 24.0 统计软件进行 Pearson 相关分析,筛选出具有显著相关性的土壤养分评价因子后,再用因子分析中的主成分分析法对各指标进行降维,得出综合反映土壤质量状况的指标特征值和特征向量,根据特征值 $\lambda \geqslant 1$ 选择关键主成分,对各因子数值标准化后计算各主成分得分后代入综合得分公式求出各样点的地境指数值。

各指标标准化公式为

$$x'_{ij} = \frac{x_{ij} - \overline{x_j}}{s_j} \tag{3-17}$$

式中:i 为样本数;j 为指标个数;x_{ij} 为第 i 个样本中第 j 个指标的数值;x'_{ij} 为标准化数值;$\overline{x_j}$ 为第 j 个指标的平均值;s_j 为第 j 个指标的标准差。

各主成分得分值公式为

$$y_i = b_{ij} \times x'_{ij} \tag{3-18}$$

式中:b_{ij} 为第 i 个样本中第 j 个指标的主成分得分系数;x'_{ij} 为第 i 个样本中第 j 个指标的主成分得分值。

地境指数值公式为

$$LI_i = \sum_{k=1}^{n} a_{ik} y_i \tag{3-19}$$

式中:a_{ik} 为第 i 个样本的第 k 个主成分的特征值贡献率;LI_i 为第 i 个样本的地境指数值。

3.2.2 生态地质现状评价

植物生境是指植物个体或种群生活的场所,是植物个体、种群或群落在其生活的各个阶段各种资源环境因子的总和,简言之,就是指各种野生植物根据自身的生活习性与喜好而选择的栖息环境,是大气圈、生物圈、土壤圈、岩石圈、水圈等多圈层各相关要素间的相互作用结果。

研究区大部分区域的地境指数处于 0.167～0.333(见图 3-6),地境指数值普遍偏低。据样坑肥分分析,研究区土壤有机质含量整体处于极低的水平;土壤水解性氮含量为 10.03～193.87 mg/kg,与有机质含量呈现出正相关关系;土壤速效钾含量为 38.75～280.77 mg/kg,处于中等至高的水平;土壤有效磷含量为 0.05～11.32 mg/kg,处于中等偏低水平,大部分区域土壤肥分较小。在研究区西北侧与东北侧深山处人类干扰活动较少的区域,植被地上生境指数值高于其他区域,该区域在近似相同的土壤肥分背景下,由于受人类干扰强度小,植被长势与其他区域相比较好。

在西北部有小部分区域的地境指数值与植被地上生境指数值高于其他区域。据野外调查,该区域大多为原生森林,受人类活动影响较小,林分龄组结构合理,乔-灌-草生物群落结构完整,具有健康完善的生态系统结构和功能。该区域草本密度大,乔木、灌木占有一定的比例,物种类型较丰富;0～30 cm 为狗尾草、青蒿等草本的地境稳定层,30～100 cm 深度为构树、榆树、黄荆、酸枣等乔木、灌木的地境稳定层,根系垂向分布合理,具有较强的水源涵养和土壤保持功能。

在中部、南部有部分区域的地境指数值与植被地上生境指数值均低于其他区域。该区域矿山开采、开垦土地等人类活动强烈,导致植被退化、物种多样性减少、水土流失严重,甚至出现石漠化。据样坑调查,该区域土壤多为褐土,土层厚度较薄,多为 20～50 cm,砾石含量较多,受岩层、温度、水分、养分等因素的胁迫,根系多分布在 0～40 cm 的地下空间。

综合研究区植被地上生境指数和地境指数,采用 ArcGIS 10.2 软件空间叠加分析功能绘制研究区生态地质图(见图 3-7),结合研究区土地利用类型图(见图 3-8),进行区域生态地质条件分析。

研究区生态地质条件表现为由西北部人类活动程度弱向东南部、南部人类活动程度逐渐增强的趋势,即西部、西北部、东北部为大片林地,以乔木为主,城镇零星分布,人类活动强度较低,生态地质条件等级可达到 L7,局部地区可以达到 L1、L2、L4。这些区域大多为原生林,植物长势良好,物种多样性丰富,林分龄组结构稳定,植物群落结构完整,具有较强的水土保持和水源涵养功能,故该区域土壤肥分水平较高,局部小气候适宜,生态地质条件较好。土地利用类型为林地。

南部及东南部区域为工业经济活动强烈区,道路密集,城镇、矿区、农田集中成片,矿山开采、工程建设、农业生产等人类活动强度较高,植被类型以草本、灌木为主,乔木较少,多为人工种植的耐受性较强的侧柏。生态地质条件等级多为 L8、L9。南部部分矿区周边因受长期矿产资源开发利用活动影响,土壤侵蚀严重,水土保持能力极低,生态地质条件等级为 L10,反映了其局部土壤肥分水平较低,气候环境恶劣。土地利用类型为林地、草地错落分布。

南部部分农田、城镇周边生态地质条件等级可达 L2、L3 水平,即地境指数较高而植被地上生境指数较低。这是由于该区域受过度放牧、过度开垦、乱砍滥伐等人类不合理耕作行为的影响,造成局部地表植被生态系统的失衡,但地境条件所受影响较小,故土壤肥

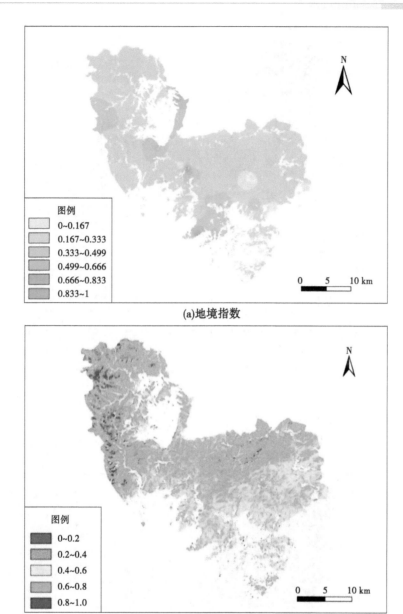

(a)地境指数

图例
0~0.2
0.2~0.4
0.4~0.6
0.6~0.8
0.8~1.0

(b)植被地上生境指数

图 3-6 研究区 2020 年地境指数和植被地上生境指数空间分布

分水平较高。土地利用类型为林地、灌草地、农田、城镇相间分布。

3.2.3 存在的生态地质问题

通过对研究区的生态地质调查,研究区的生态地质问题除矿山地质环境问题外,还有水土流失、植被退化等。

3.2.3.1 地境指数计算

将研究区 71 个取样点 230 个土壤样的有机质、水解性氮、有效磷、速效钾、全盐量等

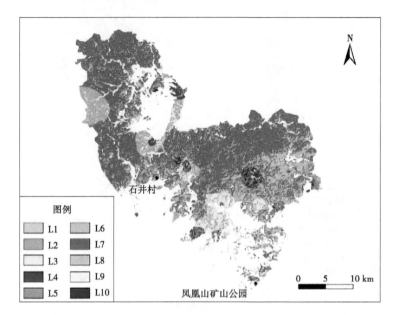

注:Lx:LI(a~b)&VAHI(c~d)意为地境指数(LI)范围为a~b与植被地上生境指数(VAHI)范围为c~d的组合。L1:LI(0.333~0.5)&VAHI(0.8~1.0);L2:LI(0.333~0.5)&VAHI(0.6~0.8);L3:LI(0.333~0.5)&VAHI(0.4~0.6);L4:LI(0.5~0.7)&VAHI(0.6~0.8);L5:LI(0.5~0.7)&VAHI(0.4~0.6);L6:LI(0.167~0.333)&VAHI(0.8~1.0);L7:LI(0.167~0.333)&VAHI(0.6~0.8);L8:LI(0.167~0.333)&VAHI(0.4~0.6);L9:LI(0~0.167)&VAHI(0.6~0.8);L10:LI(0~0.167)&VAHI(0.4~0.6)。

图3-7 2020年生态地质图

图3-8 2020年土地利用类型

指标的原始数据进行相关性分析(见表3-1),5个指标间存在不同程度的显著相关性,说明有部分信息重叠。用 SPSS 24.0 软件中的因子分析经 KMO 和巴特利特(Bartlett)球形度检验,KMO 值为 0.745>0.5,巴特利特球形度检验的相伴概率 $P<0.01$(极显著水平),进一步说明研究区地境各指标间存在相关性(见表 3-2)。因此,采用主成分分析法评价该地区地境状况可行。

表 3-1　土壤各指标相关性关系矩阵

项目	水解性氮	速效钾	有效磷	全盐量	有机质
水解性氮	1.000	0.554	0.716	0.059	0.932
速效钾	0.554	1.000	0.593	0.383	0.609
有效磷	0.716	0.593	1.000	0.141	0.734
全盐量	0.059	0.383	0.141	1.000	0.143
有机质	0.932	0.609	0.734	0.143	1.000

表 3-2　KMO 和巴特利特球形度检验

KMO 取样适切性量数		0.745
巴特利特球形度检验	近似卡方	242.321
	自由度	10
	显著性	0

采用 SPSS 24.0 求出矩阵的特征值、特征向量、贡献率和累计贡献率(见表 3-3)。根据特征值 $\lambda \geqslant 1$ 的原则,提取 2 个主成分。2 个主成分的方差贡献率分别为 62.816%、21.398%,累计方差贡献率为 84.214%,能反映所选指标的基本信息。根据载荷因子和主成分得分系数之间的关系(见表 3-4),各指标在主成分上的权重不同:第一主成分,有机质、有效磷、速效钾、水解性氮有较大的正值;第二主成分,全盐量有较大的正值。

表 3-3　主成分特征向量及累计贡献

成分	初始特征值		
	总计	方差百分比/%	累计/%
1	3.141	62.816	62.816
2	1.070	21.398	84.214
3	0.402	8.045	92.259
4	0.324	6.481	98.740
5	0.063	1.260	100.000

表3-4　初始因子载荷与主成分得分系数

项目	因子载荷		得分系数	
	第一主成分	第二主成分	第一主成分	第二主成分
水解性氮	0.907	−0.273	0.349	−0.164
速效钾	0.790	0.321	0.157	0.358
有效磷	0.861	−0.116	0.294	−0.028
全盐量	0.286	0.920	−0.154	0.851
有机质	0.934	−0.180	0.333	−0.078

运用SPSS对5个因子原始数据进行标准化(分别用ZX_1、ZX_2、…、ZX_5表示),根据主成分得分系数矩阵(见表3-4),可得出各个主成分的综合得分线性表达式:

$$F_1 = 0.349ZX_1 + 0.157ZX_2 + 0.294ZX_3 - 0.154ZX_4 + 0.333ZX_5 \qquad (3\text{-}20)$$

$$F_2 = -0.164ZX_1 + 0.358ZX_2 - 0.028ZX_3 + 0.851ZX_4 - 0.078ZX_5 \qquad (3\text{-}21)$$

再根据$LI = \lambda_1 F_1 + \lambda_2 F_2 + \cdots + \lambda_m F_m$($\lambda$为主成分方差贡献率)计算地境指数得分,获得表达式:$LI = 0.628F_1 + 0.214F_2$。

通过SPSS和Excel软件计算可得研究区各取样点的地境指数,同时为了便于比较分析将地境指数(LI)进行归一化处理(见表3-5)。

表3-5　研究区各取样点标准化值与地境指数

取样点	水解性氮	速效钾	有效磷	全盐量	有机质	LI	LI归一化
YK−01	−0.722 4	−0.393 2	−0.341 3	−0.410 7	−0.539 2	−0.401 7	0.170 8
YK−02	−1.189 3	−0.601 4	−1.147 8	−0.402 2	−1.146 6	−0.784 3	0.065 1
YK−03	−0.911 2	−0.851 4	−0.829 9	0.648 6	−0.886 0	−0.580 2	0.121 5
YK−04	−1.086 8	−0.349 4	0.096 1	0.079 6	−0.983 4	−0.426 6	0.164 0
YK−05	−0.408 4	−0.396 8	−0.266 0	0.959 4	−0.267 2	−0.161 7	0.237 1
YK−06	−1.253 2	−0.158 3	0.608 2	0.919 8	−1.122 6	−0.287 3	0.202 4
YK−07	−1.050 2	0.345 1	−1.030 5	−0.566 1	−1.049 7	−0.567 3	0.125 1
YK−08	−1.072 0	−0.648 8	−0.933 7	−1.573 6	−0.951 4	−0.795 3	0.062 1
YK−09	−1.296 0	−0.835 1	−1.005 6	−0.905 0	−1.233 7	−0.879 2	0.038 9
YK−10	0.877 3	−0.333 6	−0.191 6	0.055 4	0.762 9	0.220 4	0.342 7
YK−11	−0.900 2	−0.095 1	−1.084 9	0.993 3	−0.558 8	−0.398 9	0.171 6
YK−12	−0.729 0	−0.722 8	−1.054 2	−0.933 3	−0.643 3	−0.652 7	0.101 2
YK−13	−0.764 0	−0.363 5	−0.742 5	−1.102 8	−0.652 3	−0.556 7	0.128 0
YK−14	−0.964 4	−1.056 9	−0.860 3	−0.834 4	−0.929 9	−0.766 6	0.070 0
YK−15	−1.365 5	−1.108 0	−1.222 8	−1.399 4	−1.229 9	−1.020 1	0

续表 3-5

取样点	水解性氮	速效钾	有效磷	全盐量	有机质	LI	LI 归一化
YK-16	-0.603 7	-0.549 2	-0.389 9	0.535 6	-0.598 1	-0.346 3	0.186 1
YK-17	0.437 0	-0.224 6	-0.268 3	-0.198 8	0.641 4	0.099 6	0.309 3
YK-18	-0.670 5	0.044 0	-0.916 0	1.853 9	-0.482 8	-0.213 9	0.222 7
YK-19	-0.324 7	0.082 8	-0.448 8	2.016 7	-0.364 4	-0.023 3	0.275 4
YK-20	-0.164 0	-0.427 6	-0.860 6	0.552 6	0.008 0	-0.210 1	0.223 8
YK-21	0.147 0	-0.210 5	-0.610 1	0.665 6	0.370 7	0.009 4	0.284 4
YK-22	0.467 0	-0.251 5	-0.387 6	0.597 8	0.613 0	0.141 7	0.320 9
YK-23	1.187 9	-0.188 3	-0.220 4	0.545 1	1.385 4	0.459 4	0.408 7
YK-24	0.345 8	-0.329 3	0.695 2	0.295 5	0.088 0	0.172 3	0.329 4
YK-25	-0.643 7	-0.372 0	-0.926 4	0.606 3	-0.505 5	-0.394 7	0.172 8
YK-26	0.517 4	-0.286 6	0.334 3	0.267 3	0.206 7	0.167 3	0.328 0
YK-27	0.067 0	-1.554 1	-0.096 8	-1.328 8	-0.366 9	-0.461 3	0.154 4
YK-28	0.477 0	-1.555 1	0.731 0	-1.575 9	-0.084 9	-0.205 0	0.225 2
YK-29	0.147 3	-1.555 2	1.002 7	-1.481 3	-0.165 5	-0.224 6	0.219 8
YF-04	0.301 1	0.075 3	1.003 0	0.686 3	0.577 8	0.417 6	0.397 2
YF-05	0.921 3	0.862 1	0.952 5	0.570 9	1.806 5	0.887 2	0.526 9
YF-08	-0.110 2	-0.157 9	0.623 1	1.411 3	-0.105 5	0.163 6	0.327 0
YF-13	-0.071 4	-0.201 1	0.242 3	1.510 2	0.122 6	0.147 5	0.322 5
YF-19	-0.340 4	-0.673 5	0.279 1	0.771 0	-0.275 9	-0.118 0	0.249 2
YF-21	1.265 2	0.091 7	0.424 7	-0.382 4	1.532 2	0.587 0	0.444 0
YF-25	-0.000 2	-0.575 8	0.128 1	0.714 5	0.356 0	0.051 5	0.296 0
YF-26	-0.109 0	1.017 0	0.080 5	1.750 3	0.031 9	0.328 1	0.372 4
YF-30	-0.563 3	0.260 5	-0.299 5	0.535 6	-0.687 8	-0.198 2	0.227 1
YF-32	-0.643 3	-0.564 4	0.351 0	0.676 9	-0.753 2	-0.241 7	0.215 0
YF-34	2.025 1	0.538 3	1.454 4	-0.509 6	2.181 8	1.103 2	0.586 6
YF-35	-0.857 6	1.222 1	-0.150 5	2.936 7	-0.420 5	0.199 3	0.336 8
YF-36	3.528 8	2.435 9	3.834 4	1.128 9	3.856 8	2.599 9	1.000 0
YF-37	-0.162 5	-0.493 8	0.037 9	-0.368 3	-0.489 6	-0.235 3	0.216 8
YF-39	-0.323 3	-0.487 4	-0.238 7	-0.566 1	-0.521 4	-0.336 2	0.188 9
YF-40	1.177 2	1.008 4	0.323 7	0.111 9	0.409 6	0.539 6	0.430 8
YF-41	1.177 2	1.658 1	0.180 8	0.902 9	1.123 7	0.832 8	0.511 9

续表 3-5

取样点	水解性氮	速效钾	有效磷	全盐量	有机质	LI	LI 归一化
YF-43	-0.323 3	-0.504 5	0.098 7	-1.131 0	-0.050 3	-0.236 5	0.216 5
YF-44	0.953 3	1.102 5	3.287 3	0.224 9	0.738 6	1.117 2	0.590 4
YF-45	-0.536 1	-0.205 4	-0.478 8	-0.679 0	-0.618 6	-0.397 2	0.172 1
YF-47	0.057 4	0.367 4	-0.299 5	-0.566 1	-0.050 3	-0.036 6	0.271 7
YF-48	-0.268 9	-0.453 2	0.074 4	0.055 4	-0.405 2	-0.188 9	0.229 6
YF-51	-0.964 8	0.401 5	-0.907 4	0.676 9	-1.015 0	-0.406 8	0.169 4
YF-52	-1.232 0	-0.564 4	-0.943 9	-0.961 5	-1.067 3	-0.781 8	0.065 8
YF-53	-0.804 8	-0.860 1	-0.883 1	-0.622 5	-0.674 7	-0.639 6	0.105 1
YF-55	0.105 4	-0.094 2	-0.405 9	-1.018 0	0.323 6	-0.094 3	0.255 8
YF-58	2.984 9	3.735 2	3.226 5	0.224 9	3.116 5	2.399 2	0.944 5
YF-60	1.545 2	-1.100 3	-0.749 3	-0.340 1	-0.633 6	-0.193 2	0.228 4
YF-61	-0.323 3	0.081 0	-0.659 7	0.450 9	-0.714 0	-0.262 0	0.209 4
YF-62	-0.590 5	-0.707 1	-1.147 5	-0.057 6	-0.543 9	-0.547 1	0.130 7
YF-64	1.225 2	1.025 5	0.746 2	0.959 4	1.680 8	0.943 9	0.542 5
YF-70	-0.857 6	-0.162 6	-1.086 7	-0.622 5	-0.861 7	-0.599 5	0.116 2
YF-72	-0.430 5	-0.359 2	1.004 5	-0.961 5	-0.196 1	-0.082 6	0.259 0
YF-73	1.065 3	-0.436 1	0.162 6	-0.961 5	1.093 8	0.277 1	0.358 3
YF-74	1.449 2	4.017 3	1.354 1	1.354 8	1.000 3	1.520 7	0.701 9
YF-75	-0.910 4	-0.060 0	-0.758 5	-0.622 5	-0.925 2	-0.544 8	0.131 4
YF-76	0.057 4	1.341 8	1.399 7	-1.300 5	-0.012 9	0.382 1	0.387 4
YF-77	0.217 4	0.102 5	-0.384 6	-0.848 5	-0.121 4	-0.106 6	0.252 4
YF-79	2.089 1	0.068 2	0.074 4	-2.430 4	1.703 2	0.530 0	0.428 2
YF-81	-0.056 2	0.042 5	0.275 0	-0.453 1	0.009 5	0.009 4	0.284 4
YF-84	-0.483 3	0.623 8	0.071 4	-1.074 5	-0.319 5	-0.120 2	0.248 6
YF-85	0.265 4	1.529 9	0.071 4	-0.057 6	0.484 4	0.417 9	0.397 2

3.2.3.2　水土流失

根据水利部 1997 年颁布的《土壤侵蚀分级标准》,以地质地貌、气候特点和侵蚀发生规律等为依据,将太行山区划分为中度-强度土壤侵蚀地区。该地区地势高差大、地形地貌复杂,岩性以碳酸盐岩类为主,土壤以褐土为主,且土层厚度较薄,是华北地区侵蚀最严重的地区。新乡市南太行山山地区属暖温带半湿润区,四季分明,冬寒夏热,秋凉春燥,年平均气温 15~17 ℃,年总降水量为 573.1~756.3 mm,6~9 月降水量最多,为 409.7 mm,

约占全年降水量的72%，且多暴雨，具有雨热同季、降水集中和旱涝频繁的特点，加之该地区人口密集，人类活动(矿产资源开发、基础设施建设、过度樵采、陡坡开垦)强烈，致使区域植被生长缓慢、绝对生长量低、适生树种稀少、群落结构简单、水土保持与成土能力有限。水土流失致使区域土壤厚度持续减小，基岩裸露持续程度增加，土壤肥分水平减低，在严重影响土地生产力的同时也造成了景观"斑块化""碎片化"。

3.2.3.3 植物物种多样性减少、植被退化

由自然因素和人类活动引起的水土流失致使土层变薄、土壤贫瘠，导致土地生产力下降、植物群落结构简单化、原生森林生态系统退化、植物多样性减少。矿山开采破坏原始地形地貌、植被，改变区域水文地质条件；当地居民无序地开垦土地，甚至在陡坡开垦，造成原生植被破坏，代之以物种单一的农作物，在耕作过程中，无序使用化肥、农药，破坏周围土壤的结构和肥分。尽管之后由于环保意识增强，开展了人工造林、退耕还林等工作，但补救措施多以大面积飞播造林为主，种植耐受性较强的柏树和杨树，物种相对单一。

研究区内的植被属华北植物区系。根据野外植物样方调查，原生林分布于研究区西北与东北部区域，主要植物群落为阔叶林、针叶林、灌丛群落，物种丰富，乔-灌-草群落结构完整。次生林主要分布于研究区西北部、南部、东南部区域，城镇、农田集中连片，分布较广，其中东南部区域以矿产资源开发为代表的人类活动强烈，矿山开采导致矿区附近次生林大面积分布，乔木树种类型较为单一，主要为野生构树、榆树、皂荚和人工种植侧柏、火炬树、杨树等，物种类型以灌木、草本为主，群落结构较简单。

原生林的物种多样性指数、均匀度指数和物种丰富度指数3项指标的均值均大于次生林(见表3-6)，说明原生林地区植物群落的丰富性、各物种个体分配的均匀性、结构的完整性均优于次生林。3项指标的方差均小于次生林，说明原生林地区植物群落的发育程度接近，演化进程相近，生态系统的稳定性均优于次生林。

表3-6 原生林与次生林各指数均值、方差统计

指标		原生林	次生林
物种多样性指数	均值	0.72	0.58
	方差	0.01	0.04
均匀度指数	均值	0.88	0.77
	方差	0.02	0.03
物种丰富度指数	均值	1.90	1.27
	方差	0.35	0.42

据调查，截至2020年全区植被覆盖率约为86.5%，其中人工种植柏树、杨树林和农作物覆盖率约为68.4%，自然植被覆盖率仅约为18.1%。近几年，研究区森林面积虽然有所增加，但是林分结构简单，纯林占有林地面积的93.9%，混交林仅占6.1%；林分龄组结构不合理，中幼龄林面积占林地总面积的92.7%，中幼龄林蓄积量占林地总蓄积量的81.8%，故研究区植被退化问题突出。

4 石漠化的评价与演变过程研究

4.1 关于石漠化科学内涵的再认识

4.1.1 石漠化的概念

《联合国荒漠化公约》指出,荒漠化是指包括气候变异和人类活动在内的种种因素造成的干旱、半干旱和亚湿润干旱地区的土地退化。石漠化亦称石质荒漠化,是指因水土流失而导致的地表土壤损失,基岩裸露,土地丧失农业利用价值和生态环境退化现象。20世纪80年代末到90年代初,部分科技工作者在水土保持工作中,特别是在砂页岩及红色岩系和石灰岩丘陵山地陡坡开垦所引起的水土流失研究中,提出了"石化""石山荒漠化""石质荒漠化"的概念,并特别强调石山荒漠化是水土流失的一个突出特点。

袁道先院士最早采用石漠化概念来表征植被、土壤覆盖的喀斯特地区转变为岩石裸露的喀斯特景观的过程,并指出石漠化是我国四大地质生态灾难中最难整治、最难摆脱贫困的灾害。杨汉奎在贵州省生态环境学术讨论会上使用了喀斯特荒漠化(KD)描述我国西南碳酸盐岩裸露造成的荒芜景观;熊康宁等认为石漠化是在喀斯特脆弱生态环境下,人类不合理的社会经济活动造成人地矛盾突出、植被破坏、水土流失、岩石逐渐裸露、土地生产力衰退丧失,地表在视觉上呈现类似荒漠景观的演变过程;罗中康指出喀斯特地区森林一旦遭受破坏,不仅难以恢复,而且必然造成大量的水土流失、土层变薄、土地退化、基岩裸露,形成奇特的石漠化景观;张殿发认为石漠化是在亚热带气候条件下,在岩溶生态系统发育的自然环境背景下,由于人为活动破坏干扰,土壤严重侵蚀,岩石大面积出露和生产力严重下降的生态系统退化现象;李玉田认为石漠化的直接含义是地表基岩裸露,植被稀疏,表现出荒漠化景观的岩溶生态系统退化;屠玉麟认为石漠化是指在喀斯特的自然背景下,受人类活动干扰破坏造成土壤严重侵蚀、基岩大面积裸露、生产力下降的土地退化过程,所形成的土地称为石漠土地;王明章认为石漠化即石质荒漠化,是指在岩溶石山地区脆弱的生态环境下,自然或不合理的人为活动作用导致的土壤流失、植被破坏而引起基岩裸露的生态退化、地表呈现荒漠化景观的过程。生态环境部在《全国生态状况调查评估技术规范——生态问题评估》中的定义为,在喀斯特脆弱生态环境下,由于人类不合理的社会经济活动而造成人地矛盾突出、植被破坏、水土流失、土地生产能力衰退或丧失、地表呈现类似荒漠景观的岩石逐渐裸露的演变过程。

也有学者认为石漠化作为一种地质环境问题,不仅仅产生于亚热带岩溶地区。王德炉等认为以区域和岩性来界定可分为广义石漠化和狭义石漠化。广义石漠化其实包括了除风蚀荒漠化、盐渍荒漠化外大部分水蚀荒漠化类型;狭义石漠化特指南方湿润地区碳酸盐岩形成的喀斯特地貌上,由于植被破坏引起水土流失导致的石质荒漠化。李阳兵认为石漠化是一个广义的含义,石漠化在桂北、黔西、鄂北、豫南、皖西等地都有所发育,不局限于特定的碳酸盐岩溶地区,虽然发育于碳酸盐岩溶区域的石漠化所占比重很大,但不能代替全部。朱震达等认为石漠化是人类不合理经济活动和脆弱生态环境相互作用造成土地生产力下降、土地资源丧失、地表呈现类似荒漠景观的土地退化过程。由国家发改委牵头,会同林业部、农业部、水利部等有关部门制定的《岩溶地区石漠化综合治理规划大纲(2006—2015)》对于石漠化的定义为,在热带、亚热带湿润、半湿润气候条件和岩溶极其发育的自然背景下,受人为活动干扰,地表植被遭受破坏,造成土壤侵蚀程度严重、基岩大面积裸露、土地退化的表现形式。

综上,学者们对喀斯特石漠化概念的描述、定义有不同的认识,各有偏重,对石漠化概念的探讨多从气候、地域、岩性、人类活动和土地退化本质等方面开展,不同的学者着重点不同。有的学者对石漠化的界定着重于气候、地域、岩性等导致石漠化发生的自然因素,有的学者则着重于生态退化和土地退化这一地质现象。他们定义的共同点是:石漠化是喀斯特脆弱的生态地质环境背景下,受到人类不合理活动的干扰破坏,水土流失加剧,土壤瘠薄,基岩裸露率高,植被覆盖率低,土地生产力下降的土地退化过程。

4.1.2 关于我国北方地区石漠化的认识

李智佩根据荒漠化的地质成因将北方地区土地荒漠化分为风力作用荒漠化、流水作用荒漠化、物理化学作用荒漠化三类,并将以流水作用为主的土地荒漠化分为基岩区和黄土区两类,其中基岩区中石灰岩地区因水土流失和岩溶作用所造成的土地荒漠化为石漠化,除石灰岩分布区外的其他所有基岩区的土地荒漠化为岩漠化。徐恒力指出在我国北方半湿润地区,强烈的水蚀作用是石漠化的直接驱动因素,主要发生于降水充沛且暴雨多发,地形起伏多变的基岩山区和丘陵。人口众多、不合理的土地利用方式如高角度坡地的垦殖和植被破坏,导致强烈的水力侵蚀,最终土壤和松散沉积物被冲刷殆尽,基岩露出地表。在景观上的显著特征是地表没有松散堆积物,主要由巨砾和裸露的基岩组成,植被分布零星、稀疏,常以个体的方式生长在岩石的缝隙中,植株发育不良,趋于矮化。

我国北方地区不存在像南方地区那样的"典型的石漠化",在石漠化土地面积中,极重度石漠化面积相对较少,但在半湿润地区,7~9月降雨充沛,暴雨多发,部分地区分布有石灰岩、白云岩、大理岩和含水碳酸质碎屑岩等且土层较薄,可溶性组分高,易于溶蚀,在集中降雨季节,易出现水土流失,土体受到侵蚀而变薄;在非雨季时期,土壤长期处于干燥状态,成土作用微弱,干旱的气候和贫瘠的土质给植物生长带来极为不利的条件;加之因人口集中、经济落后、生态保护观念较差而开展的不合理的耕作模式和生活方式,如乱砍滥伐、陡坡开垦以及过度樵采、过度放牧等导致地表植被破坏、水土涵养能力下降,加剧了石漠化的发展。

北方地区石漠化土地集中分布在岩溶较为发育、经济较为落后、人口增长过快、森林植被覆盖率较低的区域,包括降水量较大的太行山、大兴安岭、秦岭、祁连山、天山等山脉的局部地段,与森林砍伐、草场开垦等人类不合理生产活动有密切关系。同时,我国北方可溶岩地区生态地质环境脆弱,夏季温热多雨、冬季寒冷干燥、土层厚度较薄,在自然和人为因素的共同影响下,生态环境易遭到破坏,使轻度石漠化、中度石漠化、重度石漠化各级别之间可发生转换。

与气候湿润、降水充沛的南方地区不同的是,北方地区年降水量大部分在 400 mm 以下,且地区和时间变化很大,降水分布趋势自东南向西北明显递减。冬季大部分地区降水不足,夏季则几乎集中了全年 70% 以上的降水。过分集中的降水,势必引起洪水和强烈的土壤侵蚀。夏季的东南风、春秋交替季节气压的"争雄"都会形成风,造成了在其他地区看不到的干燥风蚀等现象。土壤长期处于干燥状态,成土作用微弱,干旱的气候和贫瘠的母质给植物生长带来极为不利的条件,地表植被稀少加剧了石漠化的发展。

4.1.3 石漠化认识中存在的问题

综合现有研究来看,对于石漠化的定义尚未达成共识,不同的学者对石漠化的界定仍存在差别。袁道先等对石漠化概念的界定表述简洁,指向明确,对认识和研究岩溶区土地石漠化发挥了积极作用,具有一定的理论指导意义。但是,仅仅强调以气候为代表的地球内动力作用机制,严格限定石漠化发生的地域、时间和诱因等因素,难以完整表述石漠化的成因、演化和危害,难以全面认识石漠化地区的生态环境特征,不利于全面、科学地开展和推进石漠化综合治理工作。

虽然目前我国南方喀斯特石漠化的成因、分布、监测及防治等方面取得了显著性成果,但对北方地区石漠化问题的重视度有限,防治形势依旧严峻。如何从不同的角度、不同的时空尺度开展北方地区石漠化问题的形成过程、驱动机制、发展规律、防治对策等方面的研究,将是下一步的研究重点。

综上所述,我们认为石漠化即石质性荒漠化,是指在可溶岩地区特殊的生态地质环境条件下,人类不合理社会经济活动导致的土壤侵蚀、植被破坏、基岩裸露、地表呈现类似于荒漠化景观的演变过程。

4.1.4 石漠化评价的研究现状

判别石漠化发育程度是制订科学、合理的石漠化治理方案的重要前提。石漠化是地质构造、植被状况和坡度等自然因素和众多干扰生态环境的人类活动长期以来相互叠加的结果,故在石漠化的等级划分上更应该以石漠化的主导因素为标准。

目前,对于大面积石漠化的研究,其程度的划分标准较为粗略,因其涉及国土面积较大,可以从石漠化没有发生、潜在发生和已经发生的角度去划分石漠化的等级,故对于大区域石漠化多采用三级、四级的划分标准。贵州省发展和改革委员会提出通过岩石裸露率、植被+土被覆盖率将贵州省岩溶土地分为无石漠化、潜在石漠化、石漠化土地三种,并将石漠化土地又分为轻度、中度、重度、极重度四种等级。贵州省林业部门主张按照基岩裸露度(石砾含量)、植被综合盖度、植被类型、土层厚度四个因子按不同等级进行赋值,依据综合得分的高低把石漠化程度分为轻度、中度、重度和极重度四个等级。熊康宁等主张按照植被覆盖率、岩石裸露率、平均土厚、植被类型四个因子将喀斯特土地石漠化划分为轻、中、重三个等级。

对于小面积石漠化的调查(如县、市等),其划分范围较为详细,通常从石漠化已经发生的角度去分类。兰安军等在 2003 年以研究区基岩裸露率、植被和土被覆盖程度为基准将石漠化划分为无、潜在、轻度、中度及强度石漠化;陈起伟参照石漠化等级划分的系统性、代表性、生态基准原则及前人提出的划分标准,并考虑贵州典型石漠化示范区的实际情况,在岩溶区中根据基岩裸露程度将研究区划分为无、潜在、轻度、中度及强度石漠化等五类。安霞霞基于多源高分辨遥感影像获取了关岭县喀斯特区域植被覆盖度、土层厚度、基岩裸露率和植被类型等四个石漠化评价指标,通过层次分析法与熵值法结合赋予各指标权重,将关岭县石漠化程度划分为轻度、中度、重度、极重度四个等级。朱林富根据地质数据来确定可能发生石漠化的区域,然后选取植被覆盖度、岩石裸露率、坡度以及土地利用类型四个指标作为石漠化的主要评价指标,将重庆市喀斯特地区的石漠化划分为无、轻度、中度、重度和极重度石漠化。

当前岩溶石漠化的分类分级主要有三级、四级和五级等划分标准,经过长期的野外调查,对于喀斯特石漠化而言,基岩裸露率、植被覆盖度、土壤质地和土地生产力降低,不仅具有代表性和可操作性,而且是地面调查和遥感技术均较容易获得的信息。因而,在分级时主要采用植被覆盖度、基岩裸露率、土层厚度、地形坡度及植被种类等为分级指标,分级阈值不尽相同,与所研究的地域尺度、分级的目标以及遥感影像的解译方法等有关。

4.2　数据来源及处理

4.2.1　遥感数据来源

4.2.1.1　Landsat-5 遥感卫星影像

Landsat-5 卫星具有空间及时间范围覆盖广、波段信息全(波长范围 0.45~2.35 μm,共 7 个波段)、分辨率高[空间分辨率为 30 m(见表 4-1)]、数据获取容易等特点,被广泛应用于对地观测研究中,并取得显著成果。

表 4-1　Landsat-5 遥感卫星 TM 传感器具体参数

波段		波长/μm	分辨率/m	主要作用
band1	蓝色波段	0.45~0.52	30	水体穿透,分辨植被土壤
band2	绿色波段	0.52~0.60	30	分辨植被
band3	红色波段	0.63~0.69	30	观测道路、裸露土壤、植被种类
band4	近红外波段	0.76~0.90	30	估算生物数量
band5	中红外波段	1.55~1.75	30	不同植物之间具有较好的对比度,较好穿透大气、云雾
band6	热红外波段	10.40~12.50	120	感应发出热辐射的目标
band7	中红外波段	2.09~2.35	30	分辨岩石、矿物,辨识植物覆盖和湿润土壤

4.2.1.2 Landsat-8 遥感卫星影像

Landsat-8 遥感卫星是 Landsat 系列发射的第 8 颗卫星,Landsat-8 继承 Landsat 系列卫星的一系列优点,并做了改进,图像成像效果更好,可获取时间更近,可很好地服务于近期对地监测。Landsat-8 遥感卫星具体参数见表 4-2。

表 4-2 Landsat-8 遥感卫星 OLI_TIRS 传感器具体参数

波段		波长/μm	分辨率/m
band1	气溶胶波段	0.43~0.45	30
band2	蓝色波段	0.45~0.51	30
band3	绿色波段	0.53~0.59	30
band4	红色波段	0.64~0.67	30
band5	近红外波段	0.85~0.88	30
band6	中红外波段 1	1.57~1.65	30
band7	中红外波段 2	2.11~2.29	30
band8	全色波段	0.50~0.68	15
band9	卷积波段	1.36~1.38	30
band10	TIRS 热红外波段 1	10.60~11.19	100
band11	TIRS 热红外波段 2	11.50~12.51	100

考虑到研究区 20 世纪 80 年代、90 年代人口快速增长,盲目追求发展速度,缺乏环境保护意识,乱砍滥伐、私挖乱采等人类工程活动剧烈,进入 21 世纪后生产技术进步,环保意识增强,环保工作不断开展这一人类社会经济发展阶段的历史事实,故本次研究在美国地质勘探局网站选取 1987 年、1995 年、2009 年和 2020 年共 4 期时间跨度为 33 年,每期时间跨度合理的遥感影像作为研究数据,所选影像均摄于夏秋时节无云或少云时段,时相相近、纹理清晰、色彩明亮、成像效果较好,能正确反映植被生长情况,满足研究需要(见表 4-3)。

表 4-3 所选遥感数据参数信息

时间(年-月-日)	卫星	传感器	空间分辨率/m	云量/%
1987-09-17	Landsat-5	TM	30	2
1995-07-05	Landsat-5	TM	30	0
2009-08-13	Landsat-5	TM	30	4.2
2020-08-26	Landsat-8	OLI_TIRS	30	0.5

4.2.2 其他数据来源

本次研究中涉及的基础地质数据包括新乡市地层岩性图、水文地质图、工程地质图、土地利用规划图,以及研究区内的镇街驻地、乡镇界、县区界等 shapefile 格式的矢量文件。数据来源于河南省自然资源监测院在 1:20 万基础地质调查中的文件库。本书所选用的数字高程模型(DEM)来自美国地质勘探局网站,空间分辨率为 30 m,数据的格式为 IMG。高清 Google Earth 影像数据来源于 91 位图助手。

4.2.3 遥感图像预处理

由于获取的数据来源不同,数据精度不同,为消除误差,排除不稳定,保证研究结果的真实性和准确性,进行以下预处理工作。

4.2.3.1 统一坐标系

主要通过 ArcGIS 10.2 软件对 Landsat-8 数据进行坐标系统一,依靠 ArcGIS 10.2 软件投影与变换工具对数据进行坐标变换,选取 WGS_1984_UTM_Zone_49N 坐标系。

4.2.3.2 辐射校正

1.辐射定标

辐射定标可消除由辐射带来的误差,为大气校正前置步骤。Landsat 数据的辐射定标通过式(4-1)实现。

$$L = \text{Gain} \times \text{DN} + \text{Bias} \qquad (4-1)$$

式中:L 为辐射亮度值;Gain 为增益值;DN 为原始数字量化值;Bias 为偏置值。

图 4-1(a)为辐射定标前原始数据的波谱曲线,其数字量化值(DN)在 6 500~18 000,图 4-1(b)中数字量化值(DN)转化为辐射亮度值,并去除了太阳辐射的影响,其辐射亮度值集中在 0~10,单位为 μW/(cm² · sr · nm)。

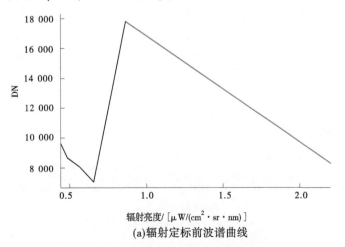

(a)辐射定标前波谱曲线

图 4-1 原始遥感影像辐射定标结果

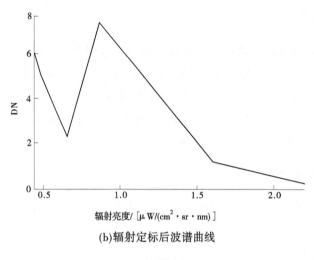

(b)辐射定标后波谱曲线

续图 4-1

2. 大气校正

　　未经大气校正的植被波谱曲线见图 4-2(a),由于遥感影像未进行辐射定标和大气校正,受大气、光照、太阳辐射等因素影响,其与真实植被的波谱曲线特征相差较大。经过辐射定标和大气校正处理后的植被波谱曲线见图 4-2(b),符合 0.425~0.49 μm 谱段为类胡萝卜素的强吸收带,平均反射率呈下降趋势;0.49~0.65 μm 谱段因 0.55 μm 附近为叶绿素的强反射峰区,平均反射率呈上升趋势;0.65~0.7 μm 谱段是叶绿素的强吸收带,平均反射率呈下降趋势;0.7~0.75 μm 谱段植被的反射光谱曲线急剧上升,呈现陡而近于直线的形态;0.75~1.36 μm 谱段,植被由于防灼伤的自卫本能,在此波段具有强烈反射的特性,平均反射率处于高位;1.36~2.5 μm 谱段由于水和二氧化碳的强吸收原因,波谱曲线呈现下降形态。

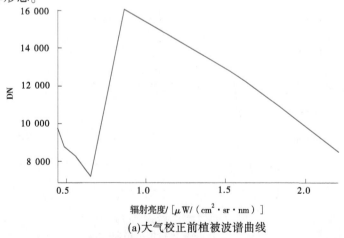

(a)大气校正前植被波谱曲线

图 4-2　原始遥感影像大气校正结果

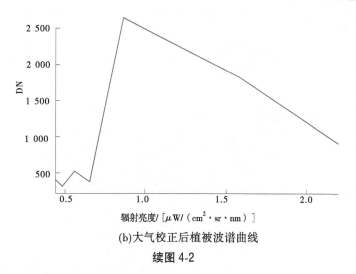

(b)大气校正后植被波谱曲线

续图 4-2

4.2.3.3   监督分类提取山区范围

由于石漠化只存在于基岩山区,则需要提取山区边界。本次研究采用基于 ENVI 5.3 软件的支持向量机分类方法与目视解译相结合的方法进行解译,同时借助于 Google Earth 和 DEM 数据提取基岩山区边界范围(见图 4-3)。

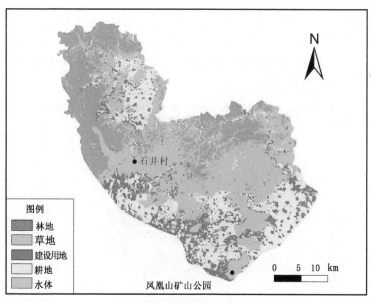

(a)研究区监督分类结果

图 4-3   监督分类提取山区边界结果

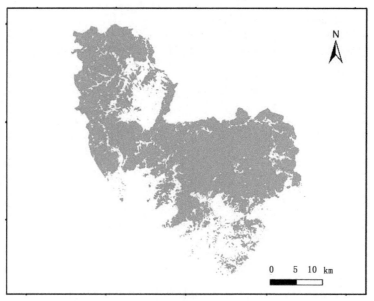

(b)山区范围

续图4-3

4.2.3.4 影像裁剪

影像裁剪的目标是去除研究区域之外的多余影像,提高计算机运行速度,使得后续工作更加快速、便捷。基于提取的山区范围边界,通过 ENVI 5.3 软件的 Submit data from ROI 工具进行各期影像的裁剪工作。由于 TM 传感器 4、3、2 波段组合和 OLI 传感器 5、4、3 波段组合可突显植被长势特征,则预处理结果由 4、3、2 波段组合呈现,其中红色区域为植被长势良好的区域(见图4-4)。

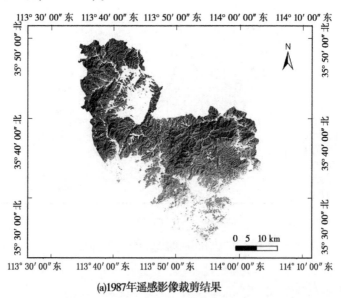

(a)1987年遥感影像裁剪结果

图4-4 各期遥感影像预处理与裁剪结果

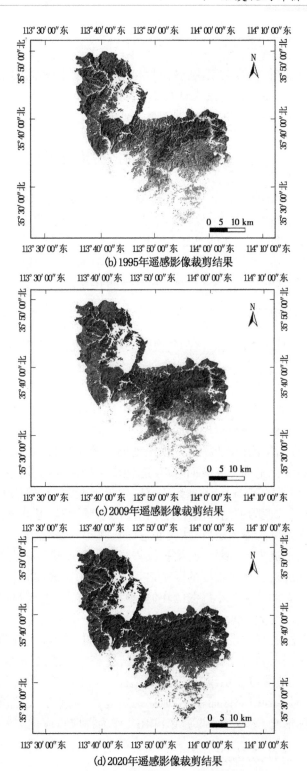

(b)1995年遥感影像裁剪结果

(c)2009年遥感影像裁剪结果

(d)2020年遥感影像裁剪结果

续图4-4

4.2.4　其他数据预处理

对于 DEM 数据,进行投影与变换,转换为与 Landsat 数据相同的坐标系,并基于山区范围边界对 DEM 数据进行裁剪;在 ArcGIS 10.2 软件操作平台对基础地质图件进行地理配准和矢量化处理,获得 shapefile 格式的矢量文件。

4.3　石漠化分级评价

建立合理、可靠、准确的石漠化评价体系,才能快速高效地获取石漠化信息,确定石漠化的发育程度,准确分析时序轨迹,探究其形成的演变过程,突出石漠化的监测与防治工作的重点,提高生态修复效率,才能更好更快地构建生态安全格局。建立合理可靠的评价体系则需要选取相应的评价指标,通过一定的数学方法耦合各个指标,提取指标中包含的可反映石漠化发育程度的信息,建立合理可靠的评价体系。

4.3.1　石漠化评价因子

北方半湿润地区与南方湿润地区的气候都具有雨热同季、降水集中的特点,但北方地区的降水集中时段、降雨量和平均温度明显低于南方地区;而且北方地区干湿季节分明,易导致旱涝频繁,致使植被生长缓慢、绝对生长量低、群落结构简单、水土保持与成土能力有限;加之,南北地区的生态地质环境也有所差异,因此在确立北方地区石漠化等级标准时,指标选取与区间划分应遵循可操作性、地域性、直观性、全面性等原则。

本书以生态基准面理论(以土地退化前土地同气候生物带相适应的森林景观为初始面,以极端退化的石漠化土地为终极面)和生态地质学理论为依据,在参考前人岩溶石漠化分级和评价指标体系的基础上,考虑到研究区地形地貌复杂,地貌为中低山和丘陵,地形起伏大,坡度不一,坡度为控制石漠化发育程度的主要因素;基岩裸露情况可直观体现土层较薄、可溶岩大范围出露情况,可从正面直观反映出石漠化程度;植被具有良好的水土涵养能力,抑制水土流失、土壤侵蚀,植被长势能够直观反映区域生态环境质量,抑制石漠化的发育,是侧面反映石漠化程度的因子之一。基岩山区多由植被、裸土、裸岩三种景观组成,由于植被具有调节局部小气候的功能,植被通过改变下面垫层状况,改变太阳辐射及热量平衡,从而改变大气温度和湿度,并通过蒸腾作用和光合作用,吸收空气中的热量和温室气体二氧化碳,来实现对温度的调节,使得不同景观在夏日阳光的直射下,地表温度差异显著,考虑到裸岩的地表温度明显高于植被等实际情况,选取能够系统性表征基岩山区石漠化景观的植被覆盖度、基岩裸露率、坡度、地表温度四个因素作为提取石漠化信息的主要因子。考虑到研究区面积小、地形地貌复杂、水土流失严重、可溶岩大范围出露、土层较薄等实际情况,选取基岩裸露率(BRP)作为提取石漠化信息的关键指标。

4.3.2　石漠化评价体系构建

4.3.2.1　评价指标权重确定方法

确定指标权重的方法主要有层次分析法(AHP)、信息熵法、主成分分析法(PCA)等。

层次分析法确定权重涉及较高的主观因素,容易受评价专家水平的限制,不利于正确反映各个指标的重要程度;信息熵法则对数据格式、数据数量和已经发生的实际结果要求较高;主成分分析法主要通过数据变换将线性相关的变量转化为非线性相关的变量,获得几乎能够包含所选指标的全部信息,且避免了层次分析法主观赋值的弊端,可依据实际数据,客观反映各指标的重要程度。本书选取的评价指标有一定的相关性和交叉性,数据量大,评价指标权重的确定方法为主成分分析法。

主成分分析法最早由 Karl Pearson 提出,是统计学中应用较为广泛的数据分析方法。主成分分析法是将若干线性相关的变量进行线性变换,将原始数据转化到新的坐标系,使得原始数据的主要信息集中在 $1 \sim 2$ 个主成分上,且互不相关,实现数据的压缩和冗余交叉数据的剔除。

主成分分析法数学原理为:假设现在有 n 维 p 个向量,构成矩阵如下:

$$X = \begin{bmatrix} x_{11} & x_{12} & \cdots & x_{1p} \\ x_{21} & x_{22} & \cdots & x_{2p} \\ \vdots & \vdots & & \vdots \\ x_{n1} & x_{n2} & \cdots & x_{np} \end{bmatrix} = [x_1, x_2, \cdots, x_p] \tag{4-2}$$

对式(4-2)进行线性变换,可得:

$$\begin{cases} F_1 = a_{11}x_1 + a_{12}x_2 + \cdots + a_{1p}x_p \\ F_2 = a_{21}x_1 + a_{22}x_2 + \cdots + a_{2p}x_p \\ \qquad\qquad\qquad\vdots \\ F_p = a_{p1}x_1 + a_{p2}x_2 + \cdots + a_{pp}x_p \end{cases} \tag{4-3}$$

其中,$a_i = (a_{i1}, a_{i2}, \cdots, a_{ip})^{\mathrm{T}}$,若可求得 a 值,则可以确定 F 中包含了 X 中的所有信息。主成分分析法的线性变换后要求 F_i 互不相关,则 F_i 中没有重复交叉的信息,保留了原始数据的有效信息,去除冗余交叉信息,减少数据量,实现数据的"降维"。

通过式(4-4)计算 F_i 的协方差矩阵 $C_{F(4 \times 4)}$,确定 F_i 对保留信息的贡献率。

$$C_{F(4 \times 4)} = \mathrm{Cov}(F_i, F_j) = 0 \quad (i \neq j, i, j = 1, 2, \cdots, p) \tag{4-4}$$

依据式(4-5)确定协方差矩阵的特征值与特征向量;依据协方差矩阵的特征值,采用式(4-6)计算每个主成分的特征值贡献率。

$$C_F \alpha_i = \lambda_i \alpha_i \quad (i = 1, 2, 3, 4) \tag{4-5}$$

$$R_i = \frac{\lambda_i}{\sum_{i=1}^{n} \lambda_i} \tag{4-6}$$

式中:R_i 为某一主成分特征值贡献率;λ_i 为第 i 个主成分特征值,一般情况下前两个主成分累计贡献率大于 85%,即前两个主成分已经包含大部分有效信息,原始数据适用于主成分分析法。

4.3.2.2 体系构建

石漠化综合指数(CIRD)的数学表达式为

$$CIRD = PCA(Green, Rock, Heat, Slope) \tag{4-7}$$

其遥感定义为

$$CIRD = PCA(FVC, BER, LST, Slope) \tag{4-8}$$

式中：Green、Rock、Heat、Slope 分别代表植被因子、基岩因子、热度因子和坡度因子；FVC、BER、LST、Slope 分别代表植被指数、基岩裸露率、地表温度和坡度。指数之间量纲不一致，为避免指标权重失衡，需要对原始值做归一化处理。

经归一化后进行影像融合，利用 ENVI 主成分分析工具，进行 PCA 分析，以往的主成分分析法只提取第一主成分，虽然第一主成分包含了大部分信息，但有时第一主成分所含信息量可能低于 75%，并不能最大程度地利用全部信息；第二主成分也包含了一部分可用信息，前两个主成分的信息量可达 85% 以上，能更好地反映实际情况。研究区为生态环境脆弱区，仅使用第一主成分作为因子无法完全表达石漠化状况。为使石漠化综合指数包含更多有效信息，本研究提取第一主成分和第二主成分，通过式(4-9)计算石漠化综合指数初始值($CIRD_0$)。

$$CIRD_0 = PC1(FVC, BER, LST, Slope) \times m + PC2(FVC, BER, LST, Slope) \times n$$
$$\tag{4-9}$$

式中：PC1 和 PC2 分别为第一主成分和第二主成分；m、n 为对应主成分贡献率。

为了方便各期指数的对比研究，将 $CIRD_0$ 再次归一化，得到最终 CIRD，其值范围在 [0,1]，CIRD 值越高，代表石漠化程度越高；反之，代表石漠化程度越低。

4.3.3 石漠化分级标准确定

根据研究区的植被、基岩裸露、地表温度、坡度因子，辅以研究区 DEM 高程数据、地层岩性、野外实地调查和遥感解译成果等将研究区石漠化程度划分为五个等级：无、轻度、中度、重度和极重度石漠化(见表4-4)，无石漠化区域区间的确定参考熊康宁针对非纯碳酸盐岩地区石漠化程度划分标准，石漠化区域各等级区间按等间距法划分。

表4-4 研究区石漠化程度分级标准

石漠化程度	石漠化综合指数/%
无石漠化	<40
轻度石漠化	40~55
中度石漠化	55~70
重度石漠化	70~85
极重度石漠化	85~100

4.3.4 石漠化评价指标反演

4.3.4.1 植被覆盖度反演

植被覆盖度可以用来衡量地表植被长势。遥感技术以其快速、准确、时空尺度大等优势为植被研究提供新的思路，植被指数是通过遥感卫星不同波长范围的反射率来增强植被特征,可用来评估植被长势。本次研究则基于归一化植被指数(NDVI)的像元二分模型进行植被覆盖度(FVC)的计算。

1. 像元二分模型

假设遥感影像数据中的一个像元的反射率 R 由纯植被部分反射率 R_v 和非植被部分反射率 R_s 两个反射率加权之和得到,权重为两种景观覆盖面积在该像元的占比。依据此原理,卫星传感器获取的总信息(H)由植被覆盖部分信息(H_1)和非植被覆盖部分信息(H_2)两部分之和组成,计算公式为

$$H = H_1 + H_2 \tag{4-10}$$

在一个像元中,植被覆盖部分面积占比为 f,则非植被覆盖部分面积占比为 $1-f$,由植被覆盖范围的信息量 M_1 和非植被覆盖范围的信息量 M_2 可得到像元中植被覆盖部分信息(H_1)和非植被覆盖部分信息(H_2),计算公式为

$$H_1 = f \times M_1 \tag{4-11}$$

$$H_2 = (1 - f) \times M_2 \tag{4-12}$$

像元中的总信息量(H)为

$$H = f \times M_1 + (1 - f) \times M_2 \tag{4-13}$$

经过公式变换,通过 M_1 和 M_2,结合 H 就可以计算出植被覆盖度 f,计算公式为

$$f = (H - M_2)/(M_1 - M_2) \tag{4-14}$$

2. 归一化植被指数(NDVI)

归一化植被指数是遥感植被调查应用最为广泛的植被指数之一,它基于像元二分模型原理,通过遥感影像不同波段的运算,来突出显示植被信息。它估算得到能反映地表植被覆盖情况的定量值,它与植被覆盖度成正比关系。

归一化植被指数(NDVI)计算公式为

$$NDVI = (NIR-R)/(NIR+R) \tag{4-15}$$

式中:NIR 为近红外波段;R 为红光波段。

本书使用到的数据为 Landsat-5 TM 和 Landsat-8 OLI 获取的影像数据,波段划分具有差异,其计算公式如表4-5所示。

表 4-5　Landsat 数据的 NDVI 计算公式

遥感数据	近红外波段(NIR)	红光波段(R)	NDVI 计算公式
Landsat-5 TM	波段 4	波段 3	(TM4-TM3)/(TM4+TM3)
Landsat-8 OLI	波段 5	波段 4	(OLI5-OLI4)/(OLI5+OLI4)

计算完成后,取 NDVI 的 $[5\%, 95\%]$ 为置信区间,$NDVI_{5\%}$ 为 NDVI 中累计占比为 5% 的像元值,$NDVI_{95\%}$ 为 NDVI 中累计占比为 95% 的像元值。当 NDVI 小于 $NDVI_{5\%}$ 时,假定 FVC 为 0;当 NDVI 大于 $NDVI_{95\%}$ 时,假定 FVC 为 1;NDVI 介于 $NDVI_{5\%}$ 和 $NDVI_{95\%}$ 之间时,通过式(4-16)进行植被覆盖度(FVC)的估算:

$$FVC = (b1 \ lt \ NDVI_{5\%}) \times 0 + (b1 \ gt \ NDVI_{95\%}) \times 1 + (b1 \ ge \ NDVI_{5\%} + b1 \ le \ NDVI_{95\%}) \times$$
$$(b1 + NDVI_{5\%})/(NDVI_{95\%} - NDVI_{5\%}) \tag{4-16}$$

式中:b1 为 NDVI。

基于以上反演方法,得到四期遥感影像的植被覆盖度反演结果,如图 4-5 所示。

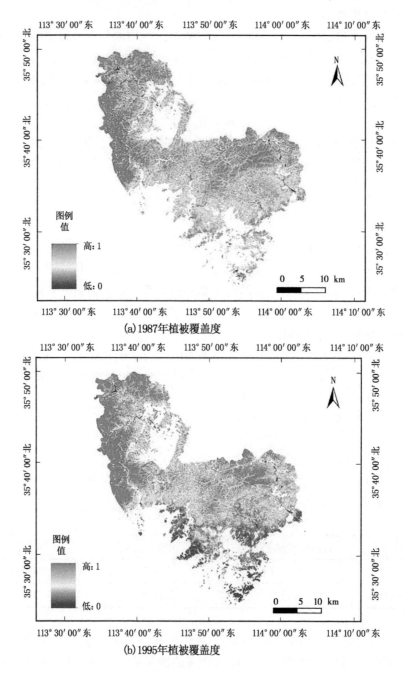

(a)1987年植被覆盖度

(b)1995年植被覆盖度

图 4-5　研究区各期遥感影像植被覆盖度反演结果

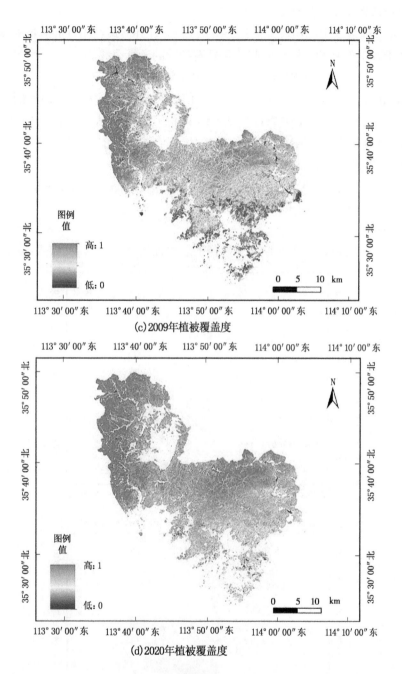

(c)2009年植被覆盖度

(d)2020年植被覆盖度

续图5-5

4.3.4.2 基岩裸露率反演

基岩裸露率是指某一地区地表裸露岩石面积占区域土地总面积的百分比,能够间接地反映区域植被生长状况和土壤发育程度。近年来,国内外很多学者利用多光谱影像计算提取基岩裸露率,其中由张晓伦提出的归一化岩石指数(NDRI)计算基岩裸露率效果较好,且能准确反映石漠化信息。本次研究同样基于像元二分模型和归一化岩石指数

（NDRI）进行基岩裸露率的估算。

Landsat 系列数据中的中红外波段（SWIR）和近红外波段（NIR）的光谱对裸露岩石比较敏感,基于 SWIR 和 NIR 构建的归一化岩石指数的计算公式为

$$\mathrm{NDRI} = (\mathrm{SWIR} - \mathrm{NIR})/(\mathrm{SWIR} + \mathrm{NIR}) \tag{4-17}$$

计算完成后,取 NDRI 的 $[5\%, 95\%]$ 为置信区间,$\mathrm{NDRI}_{5\%}$ 为 NDRI 中累计占比为 5% 的像元值,$\mathrm{NDRI}_{95\%}$ 为 NDRI 中累计占比 95% 的像元值。当 NDRI 小于 $\mathrm{NDRI}_{5\%}$ 时,假定 BER 为 0;当 NDRI 大于 $\mathrm{NDRI}_{95\%}$,假定 BER 为 1;当 NDRI 介于 $\mathrm{NDRI}_{5\%}$ 和 $\mathrm{NDRI}_{95\%}$ 之间时,通过式(4-18)进行基岩裸露率（BER）的估算:

$$\mathrm{BER} = (\mathrm{b1\ lt\ NDRI}_{5\%}) \times 0 + (\mathrm{b1\ gt\ NDRI}_{95\%}) \times 1 + (\mathrm{b1\ ge\ NDRI}_{5\%} + \mathrm{b1\ le\ NDRI}_{95\%}) \times$$
$$(\mathrm{b1} + \mathrm{NDRI}_{5\%})/(\mathrm{NDRI}_{95\%} - \mathrm{NDRI}_{5\%}) \tag{4-18}$$

式中:b1 为 NDRI。

基于以上反演方法,得到四期遥感影像的基岩裸露率反演结果,如图 4-6 所示。

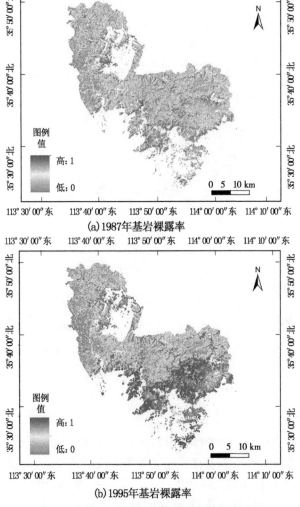

(a)1987年基岩裸露率

(b)1995年基岩裸露率

图 4-6　研究区各期影像基岩裸露率反演结果

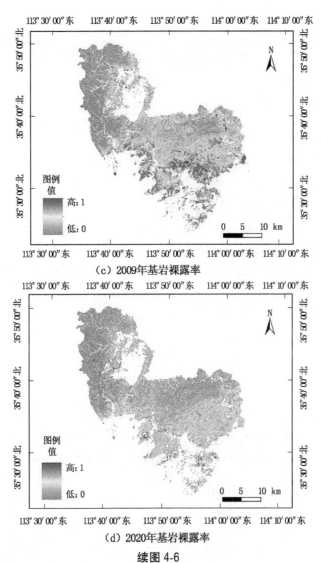

（c）2009年基岩裸露率

（d）2020年基岩裸露率

续图4-6

4.3.4.3　地表温度反演

本次研究采用大气校正法进行 LST 的反演,大气校正法主要通过普朗克黑体辐射原理计算黑体热辐射亮度值,并通过普朗克公式反推地表温度。其反演流程为

（1）计算植被覆盖度。

$$
FVC = \begin{cases} 0 & (NDVI < 0.05) \\ \dfrac{NDVI - NDVI_s}{NDVI_v - NDVI_s} & (0.05 \leqslant NDVI \leqslant 0.7) \\ 1 & (NDVI > 0.7) \end{cases} \tag{4-19}
$$

式中:FVC 为植被覆盖度;NDVI 为归一化植被指数;$NDVI_s$ 为无植被覆盖的 NDVI 值;$NDVI_v$ 为完全植被覆盖的 NDVI 值。

当 NDVI<0.05 时,FVC 为 0;当 NDVI>0.7 时,FVC 为 1。

（2）计算地表比辐射率。

通过计算得到植被覆盖度，计算不同植被覆盖度下的地表比辐射率。其公式如下：

$$\varepsilon_{\text{building}} = 0.958\ 9 + 0.086\ 0F_{\text{V}} - 0.067\ 1F_{\text{V}}^2 \tag{4-20}$$

$$\varepsilon_{\text{plant}} = 0.962\ 5 + 0.061\ 4F_{\text{V}} - 0.046\ 1F_{\text{V}}^2 \tag{4-21}$$

（3）计算普朗克黑体辐射亮度值。

首先，需要对热红外波段进行辐射定标，将数字量化值（DN）转换为辐射亮度值，去除其他因素影响，辐射定标公式如下：

$$L_\lambda = \text{Gain} \times \text{DN} + \text{Bias} \tag{4-22}$$

式中：L_λ 为热红外波段的辐射亮度值，对于 Landsat-5 TM 传感器来说，L_λ 为 L_6；对于 Landsat-8 TIRS 传感器来说，L_λ 为 L_{10}。

$$B(T_s) = \left[L_\lambda - L_\uparrow - \tau(1 - \varepsilon)L_\downarrow \right] / \tau\varepsilon \tag{4-23}$$

式中：$B(T_s)$ 为黑体在 T_s 温度时的热辐射亮度值；L_λ 为热红外波段的辐射亮度值；$L_\uparrow$、$L_\downarrow$ 分别为大气向上、向下辐射亮度值；τ 为大气在热红外波段的透过率；ε 为比辐射率。

$L_\uparrow$、$L_\downarrow$、τ 取值来自 Landsat 卫星大气剖面官网。

（4）借助普朗克公式计算地表温度。

$$\text{LST} = \frac{K_2}{\ln\left[K_1 / B(T_s) + 1 \right]} \tag{4-24}$$

式中：LST 为地表温度；$B(T_s)$ 为黑体在 T_s 温度时的热辐射亮度值；K_1、K_2 为 Landsat 系列数据卫星的定标参数，对 Landsat-5 TM 传感器，$K_1 = 607.76\ W/(m^2 \cdot sr \cdot \mu m)$，$K_2 = 1\ 260.56\ K$；对 Landsat-8 TIRS 传感器，$K_1 = 774.89\ W/(m \cdot sr \cdot \mu m)$，$K_2 = 1\ 321.08\ K$。

反演出的各期遥感影像的地表温度经过归一化后的空间分布见图 4-7。

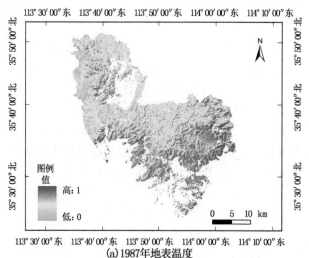

（a）1987年地表温度

图 4-7　研究区各期影像地表温度反演结果

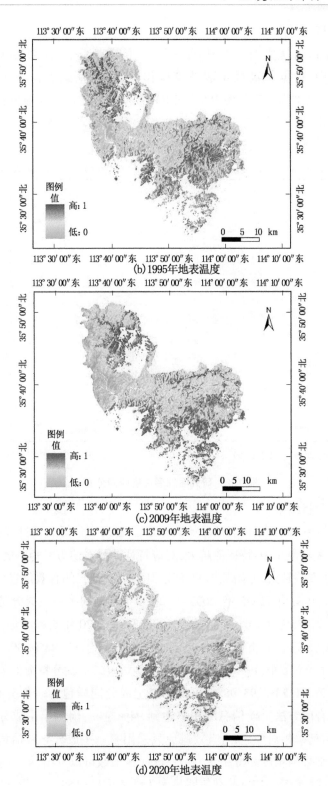

(b) 1995年地表温度

(c) 2009年地表温度

(d) 2020年地表温度

续图4-7

4.3.4.4 坡度提取

地形坡度的提取方法主要有两种：①根据地形等高线生成；②根据数字高程模型（DEM）生成。其中，依据等高线生成坡度操作烦琐，对基础资料要求高，工作量大；ArcGIS 软件提供的坡度提取工具使得依靠 DEM 数据提取坡度变得速度快、操作简单、准确度高。所以，本次坡度提取方法为：依据 ArcGIS 软件的坡度提取工具对获得的 30 m DEM 数据进行表面分析，提取坡度信息（见图 4-8）。

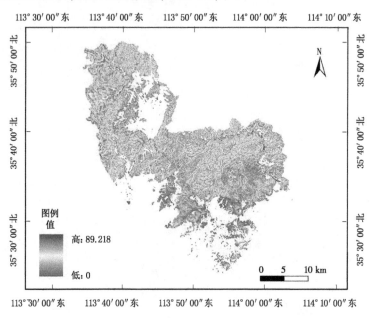

图 4-8 研究区地形坡度空间分布

4.3.4.5 主成分分析结果

协方差矩阵的特征值大小可表征原始数据通过主成分分析后，对应的特征向量对该矩阵的贡献度，其数学含义为：特征值越大，对应特征向量对协方差矩阵的贡献度越高，经过正交变换的数据方差越大，原始数据的离散程度越高，包含的有效信息量越多。

由表 4-6 可知，1987 年、1995 年、2009 年、2020 年影像的第一主成分特征值贡献率均超过 63%，分别为 77.35%、63.61%、72.56%、83.63%。2020 年贡献率最大，1995 年贡献率最小；第二主成分特征值贡献率均高于 10%，分别为 16.84%、30.72%、21.67%、10.35%，2020 年贡献率最小，1995 年贡献率最大；第一、二主成分特征值累计贡献率分别为 94.19%、94.33%、94.23%、93.98%，可见第二主成分同样包含一部分有效信息，采用第一、二主成分结合的方法可使信息利用率达到 94% 左右，前两个主成分各生态因子对石漠化综合指数贡献率相对稳定，可有效避免只采用第一主成分导致信息量利用不全的缺点，可提高研究结果的精度和可靠性。由特征向量系数可以看出，第一主成分中植被覆盖度（FVC）和基岩裸露率（BER）荷载值明显大于地表温度（LST）、地形坡度（SLOPE），说明植被覆盖和基岩裸露两个因子对评价石漠化现象的贡献率较大。在进行主成分分析时,特征向量均有可能出现两个相反的方向,导致得到不同的结果;这是因为软件计算过程的不可控性和不稳定性,导致出现表中多种特征向量方向相反,特征向量系数符号出现差异。

表4-6　各期影像主成分分析第一、二主成分特征值统计结果

主成分		特征向量系数				特征值	贡献率/%
		FVC	BER	LST	Slpoe		
1987年	PC1	−0.734	−0.593	−0.329	−0.027	0.187	77.35
	PC2	−0.401	0.469	0.112	−0.778	0.041	16.84
	PC3	−0.495	0.610	−0.047	0.617	0.010	4.28
	PC4	−0.234	−0.235	0.936	0.115	0.004	1.53
1995年	PC1	0.687	0.653	−0.233	0.216	0.172	63.61
	PC2	0.476	−0.637	0.160	0.584	0.083	30.72
	PC3	0.488	−0.378	−0.298	−0.728	0.010	3.72
	PC4	0.251	0.155	0.912	−0.285	0.005	1.95
2009年	PC1	0.761	0.487	−0.328	0.275	0.144	72.56
	PC2	0.332	−0.725	0.177	0.577	0.043	21.67
	PC3	0.484	−0.414	−0.127	−0.760	0.009	4.73
	PC4	0.275	0.256	0.919	−0.119	0.002	1.04
2020年	PC1	0.827	0.290	−0.458	0.150	0.157	83.63
	PC2	0.277	−0.464	0.440	0.717	0.019	10.35
	PC3	0.417	−0.616	0.150	−0.651	0.009	4.69
	PC4	0.256	0.567	0.757	−0.197	0.003	1.34

注:PC1~PC4分别代表遥感影像拼接的不同压块。

4.4　石漠化演变过程

4.4.1　石漠化空间分布格局与验证

4.4.1.1　石漠化的空间分布格局

依据植被、土被和岩石裸露率将研究区石漠化程度划分为极重度、重度、中度、轻度和

无石漠化 5 个等级(见图 4-9)。

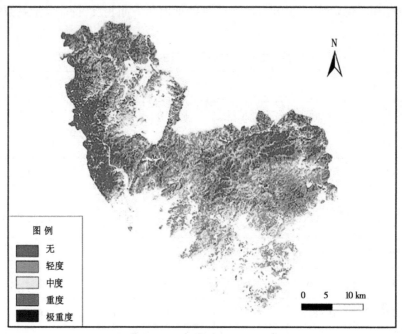

(a)1987年石漠化等级

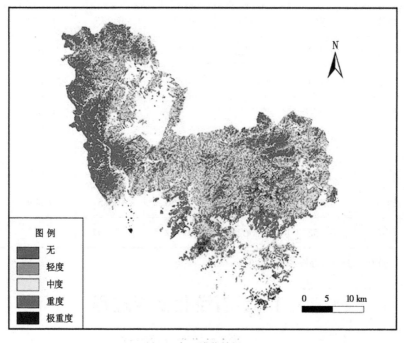

(b)1995年石漠化等级

图 4-9　研究区 1987—2020 年石漠化程度分级结果

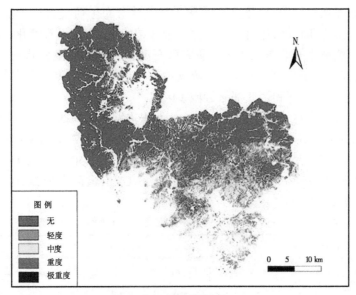

(c)2009年石漠化等级

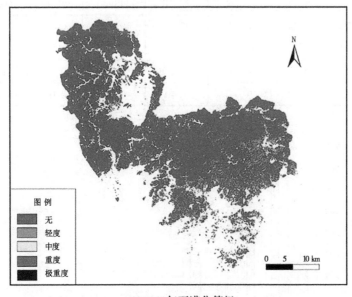

(d)2020年石漠化等级

续图4-9

1987—2020年,研究区西部、北部及山区石漠化程度低,这些区域植物长势良好,物种多样性丰富,生物群落结构完整,具有较强的水源涵养和土壤保持功能。石漠化区域多集中于研究区中部、南部城镇周围,其中南部矿区石漠化程度较为严重,这些区域受水土流失影响,土壤养分流失,植物长势较差,物种单一,多形成稀疏灌草地和大面积岩石裸露景观。1987年研究区以无石漠化和轻度石漠化为主,占比约为79%,石漠化区域主要分布在除北部和西部外的大部分区域,且以轻度石漠化为主;1995年研究区石漠化程度恶化,石漠化区域无明显扩展,但石漠化程度加剧,中度以上石漠化区域占比达57%,石漠

化土地由点状向面状恶化明显,重度石漠化土地面状分布于研究区南部城镇周围;2009
年研究区以无石漠化和轻度石漠化为主,占整个区域的 86.4%,无石漠化区域明显扩展,
西北和北部区域植被生长良好;2020 年研究区石漠化状况呈现由面状向点状的改善特
征,无石漠化区域大范围扩展,石漠化区域仅占整个区域的 10.3%,且以轻度石漠化为
主,呈点状零星分布于南部和西北部靠近城镇区域。

　　1987—2020 年研究区内不同程度的石漠化面积均发生不同的变化,等级为无、轻度、
中度、重度和极重度;不同程度石漠化的面积占比先由 1987 年的 26.70%、52.00%、
21.10%、0.20%、0.02%变为 1995 年的 22.10%、22.10%、30.30%、25.60%、1.40%,之后
变为 2009 年的 60.40%、26.00%、12.80%、0.70%、0.01%,最后变为 2020 年的 89.70%、
8.90%、1.30%、0.20%、0.01%(见表 4-7、图 4-10)。

表 4-7　1987—2020 年研究区不同程度石漠化面积及占比统计

石漠化程度	1987 年		1995 年		2009 年		2020 年	
	面积/km²	百分比/%	面积/km²	百分比/%	面积/km²	百分比/%	面积/km²	百分比/%
无	198.20	26.70	166.60	22.10	448.40	60.40	665.50	89.70
轻度	385.70	52.00	166.30	22.10	193.20	26.00	66.00	8.90
中度	156.60	21.10	221.70	30.30	95.00	12.80	9.40	1.30
重度	1.50	0.20	187.10	25.60	5.40	0.70	1.20	0.20
极重度	0.20	0.02	10.40	1.40	0.10	0.01	0.10	0.01

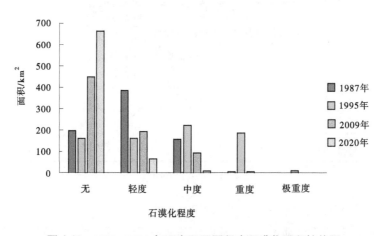

图 4-10　1987—2020 年研究区不同程度石漠化面积柱状图

　　无石漠化的面积由 1987 年的 198.2 km² 增加到了 2020 年的 665.5 km²,33 年增加了
467.3 km²。其中,1987—1995 年间面积减小 31.6 km²,变幅为-16.0%;1995—2009 年间
面积增加 281.8 km²,变幅为 169.1%;2009—2020 年间面积增加 217.1 km²,变幅为
48.4%。在研究时段内呈现 1987—1995 年间减小、1995—2009 年间大幅增加、2009—
2020 年间持续增加的特征(见表 4-8、图 4-11)。

轻度石漠化面积由 1987 年的 385.7 km² 减小到了 2020 年的 66.0 km²,33 年间减小 319.7 km²。中度石漠化面积由 1987 年的 156.6 km² 减少到了 2020 年的 9.4 km²,33 年间共减少 147.2 km²。重度石漠化面积由 1987 年的 1.5 km² 减少到了 2020 年的 1.2 km²,33 年间减少 0.3 km²。极重度石漠化面积由 1987 年的 0.2 km² 减少到了 2020 年的 0.1 km²,33 年间减少 0.1 km²。

表 4-8　1987—2020 年研究区不同程度石漠化面积变化统计

石漠化程度	1987—1995 年		1995—2009 年		2009—2020 年		1987—2020 年	
	变化面积/km²	变化幅度/%	变化面积/km²	变化幅度/%	变化面积/km²	变化幅度/%	变化面积/km²	变化幅度/%
无	−31.60	−16.00	281.80	169.10	217.10	48.40	467.30	235.80
轻度	−219.40	−56.90	26.90	16.20	−127.20	−65.80	−319.70	−82.90
中度	65.10	41.60	−126.80	−57.20	−85.60	−90.10	−147.20	−94.00
重度	185.60	12 373.30	−181.60	−97.10	−4.30	−78.40	−0.30	−20.30
极重度	10.20	5 100.00	−10.20	−98.60	−0.10	−60.80	−0.10	−63.50

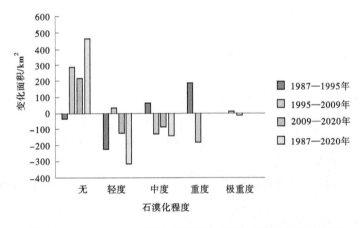

图 4-11　1987—2020 年研究区不同程度石漠化面积变化条形统计

1987—2020 年间,研究区内无石漠化区域面积增长最大,轻度、中度石漠化面积降幅较大,而极重度、重度等级面积虽变幅较大,但变化量较小(见图 4-11),轻度石漠化与无石漠化为研究区石漠化的主要特征。1987—1995 年,约有 250 km² 的无石漠化、轻度石漠化区域转变为中度、重度、极重度石漠化区域,反映了该时段内研究区土地持续退化,而 1995—2009 年有近 350 km² 的中度、重度、极重度石漠化区域转变为无石漠化、轻度石漠化,2009—2020 年有 200 km² 的不同程度石漠化区域转变为无石漠化,反映了 1987—2020 年研究区石漠化状况经历了先恶化后改善的过程。

4.4.1.2　遥感解译验证

1. 遥感解译室内验证

缨帽变换是 R. J. Kauth 和 G. S. Thomas 在研究 Landsat 卫星 MSS 传感器获得的原始

图像中农作物和绿色植被生长过程的数据结构后提出的一种经验性多光谱图像的正交线性变换,又被称为 K-T 变换。主轴称为亮度,数学形式为所有光谱波段反射率的加权和,可以有效解释影像中的大部分变异性。其计算公式为

$$Y = c^{\mathrm{T}}X + a \qquad (4\text{-}25)$$

式中:Y 为经过变换后的灰度;c 为缨帽变换系数;X 代表不同波段灰度;a 为常数偏移量,可避免变换过程中出现负值。

经过 K-T 变换后,可获得四个分量:第一分量(亮度分量)与裸露或部分覆盖的土壤、人为要素及自然要素(例如混凝土、沥青、砾石、岩石露头和其他裸露区域)相关;第二分量(绿度分量)与第一分量正交,它与绿色植被相关性很大;第三分量(湿度分量)与前两个分量正交,并与土壤湿度、水和其他潮湿要素相关;第四分量为其他额外的成分,包括影像噪声和大气影响,例如云、雾霾、太阳角度差等。缨帽变换影像的前两个分量包含影像中约 95% 的有意义信息。K-T 变换抓住地面景物,特别是土壤和绿色植被的多光谱特征。

四个分量中的第二分量(绿度分量)图像纹理清晰且植被(包括零星绿地)与建筑物之间边界清晰,结构完整,波谱保持能力强,可有效反映区域植被覆盖信息,进而可为生态环境变化、荒漠化等研究提供新的技术手段。本次为验证石漠化分级结果的合理性,通过原始数据的 K-T 变换提取可良好反映植被信息的第二分量,统计不同程度石漠化区域内第二分量(绿度指数)的均值,得到不同等级石漠化区域绿度指数的变化趋势,与前人研究西南岩溶石漠化不同石漠化等级植被退化特征进行对比,得出本次石漠化分级评价体系的合理性。对 Landsat OLI 传感器获得的数据进行 K-T 变换得到第二分量(绿度指数)的反演方法如下:

$$\mathrm{VI}_{\mathrm{OLI}} = (-0.294\ 1B_2 - 0.243B_3 - 0.542\ 4B_4 + 0.727\ 6B_5 + 0.071\ 3B_6 - 0.160\ 8B_7)$$

$$(4\text{-}26)$$

式中:B_2、B_3、B_4、B_5、B_6、B_7 分别为 Landsat OLI 影像的蓝波段、绿波段、红波段、近红外波段、中红外波段一、中红外波段二。

不同石漠化程度区域内的绿度指数统计结果见图 4-12。随着石漠化程度的加剧,绿

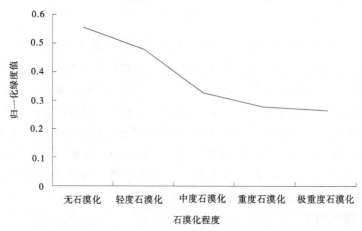

图 4-12　绿度指数随石漠化程度变化趋势

度值总体呈现持续下降趋势;轻度-中度-重度阶段绿度值下降明显,表明这一阶段植被在快速退化;重度-极重度阶段,绿度值下降趋势较小,表明该阶段水土流失、植被退化较严重,形成基本无土可失,稀疏灌草丛零星分布,基岩大面积裸露的类似荒漠化景观,这与前人关于岩溶地区石漠化退化阶段的研究基本相符,故分级标准合理、可行。

2.遥感解译野外实地验证

采用路线调查和定点观测相结合的方法,沿调查路线观察、定点、拍照、描述记录,验证选定遥感解译标志,野外验证主要针对石漠化程度进行。石漠化遥感解译野外验证工作共随机选取了84个图斑进行野外验证(见图4-13、表4-9)。

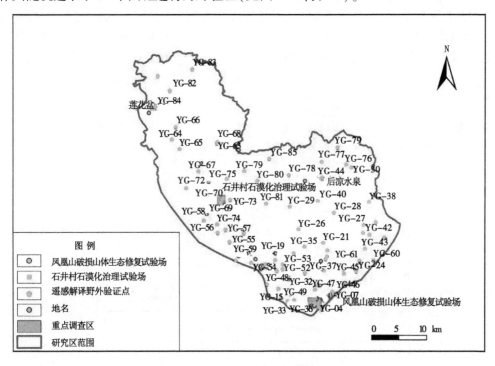

图4-13　遥感解译野外验证点示意图

表4-9　石漠化程度遥感解译野外验证统计

类别		采样图斑数	正确图斑数	正确率/%
石漠化程度	无石漠化	27	25	92.6
	轻度石漠化	11	10	91
	中度石漠化	22	21	95.5
	重度石漠化	18	17	94.4
	极重度石漠化	6	6	100
石漠化程度累计验证		84	79	94

4.4.2　石漠化演变过程

石漠化问题是典型的生态地质问题,为了探明该区域石漠化形成的演变过程,本次研究采用资料分析与野外调查的方法进行。野外调查主要开展生态地质调查,包括生态地质剖面调查、样方样坑调查、土壤肥力组分测试、岩石组分测试等,通过以上工作来研究北方半湿润地区石漠化形成的演变过程。

4.4.2.1　时空演变动态监测

在石漠化等级的基础上,利用 ArcGIS 10.2 软件对研究区不同时段的石漠化状况差值变化进行监测(见图 4-14、表 4-10)。研究区石漠化表现为 9 种动态变化类别,即 4 种石漠化状况改善类别(用+1 级、+2 级、+3 级、+4 级表示)、4 种石漠化状况恶化类别(用−1 级、−2 级、−3 级、−4 级表示)和石漠化程度不变类别(用 0 级表示)。

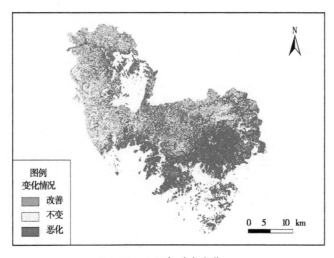

(a)1987—1995年动态变化

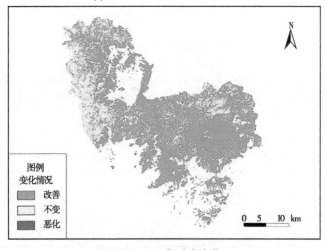

(b)1995—2009年动态变化

图 4-14　1987—2020 年研究区石漠化动态监测

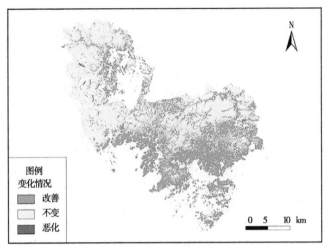

(c)2009—2020年动态变化

续图 4-14

表 4-10　1987—2020 年研究区石漠化动态变化统计

石漠化演变程度	极差	1987—1995 年		1995—2009 年		2009—2020 年	
		面积/km²	百分比/%	面积/km²	百分比/%	面积/km²	百分比/%
改善	+4	0.02	0.002	0.410	0.060 0	0.10	0.010
	+3	0.08	0.010	24.330	3.280 0	3.00	0.400
	+2	0.60	0.080	211.920	28.560 0	62.93	8.480
	+1	42.10	5.670	312.490	42.110 0	191.26	25.770
不变	0	280.65	37.820	189.970	25.600 0	471.98	63.600
恶化	−1	298.63	40.240	2.660	0.360 0	10.97	1.480
	−2	111.90	15.080	0.280	0.040 0	1.63	0.220
	−3	7.81	1.050	0.060	0.010 0	0.22	0.030
	−4	0.33	0.040	0.001	0.000 1	0.03	0.004

　　1987—1995 年期间,研究区石漠化问题有所加剧,石漠化恶化的面积为 481.67 km²,占研究区面积的 56.41%,其中,以下降 1 个等级[恶化(−1)]和 2 个等级[恶化(−2)]为主,下降面积分别为 298.63 km²、111.90 km²,主要分布在西北部、南部靠近城镇、农田、风景区和矿区等人类活动强度较高的区域,以及南部植被长势较差的低海拔山地。280.65 km² 的区域石漠化程度基本不变,占研究区总面积的 37.82%,多集中于研究区西部和北部受人类活动影响较弱、植被长势茂盛、物种丰富的高海拔区域。石漠化改善的面积较

少,仅为42.80 km²,占整个区域面积的5.76%,在研究区西北部零星分布,以上升1个等级[改善(+1)]为主(见图4-14、图4-15)。

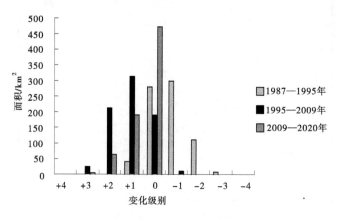

图4-15　1987—2020年研究区石漠化动态变化柱状图

1995—2009年,研究区石漠化问题明显改善,74.01%的石漠化区域都得到了改善,面积为549.15 km²,其中,以上升1个等级[改善(+1)]和2个等级[改善(+2)]为主,上升面积分别为312.490 km²、211.920 km²,分布在研究区内除植被长势茂盛的西北部、北部外的大片区域。189.970 km²的石漠化区域基本不变,占研究区总面积的25.6%,与1987—1995年时期同样多集于研究区西部和北部受人类活动影响较弱,植被长势茂盛、物种丰富的高海拔区域。石漠化恶化的面积极小,仅为3 km²,占整个区域面积的0.41%,在研究区零星分布,以下降1个等级[恶化(-1)]为主。

2009—2020年,研究区大部分区域石漠化程度没有改变,34.660%的石漠化区域都得到了改善,面积为257.29 km²;其中,以上升1个等级[改善(+1)]和2个等级[改善(+2)]为主,上升面积分别为191.26 km²、62.93 km²,分布在研究区西北部、南部靠近城镇、农田、风景区和矿区等人类活动强度较高的区域,以及南部植被长势较差的低海拔山地。石漠化区域基本不变面积为471.98 km²,占研究区总面积的63.600%,多集于研究区西部和北部受人类活动影响较弱的区域。石漠化恶化的面积极少,仅为12.85 km²,占整个区域面积的1.73%,零星分布在研究区海拔较高的工程建设项目附近,以下降1个等级[恶化(-1)]为主,面积为10.97 km²。

4.4.2.2　演变过程分析

从地质学研究来看,石漠化过程是埋藏的碳酸盐岩类,在水蚀作用及重力作用下,表层土壤不断被侵蚀,形成裸露、半裸露的石芽、溶沟、角石和少土多石、严酷生境的土地退化过程。从生态学研究来看,石漠化过程是土壤水分、养分与植物生长之间的自然平衡被打破,向更低级的生态环境演化的过程。

1.植被退化、丧失过程

受人为活动或气候变化等影响,植物群落受损,干扰程度超越植被生态系统的抵抗力,影响生态系统的稳定性,植物群落和生态系统受损、退化,甚至丧失。

为了研究该区植被退化、丧失的过程,开展生态地质剖面调查(见图4-16)。典型剖面位于石井村重点调查区,起点为 YF-01 调查点,终点为石井村山顶,长约 200 m。其主要生态特征描述如下:

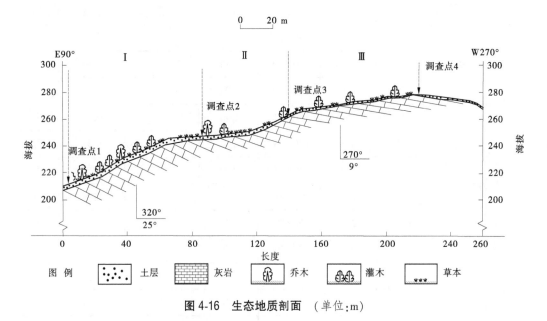

图 4-16　生态地质剖面 （单位:m）

(1)第Ⅰ段长度为 80 m,调查点 1 海拔为 210 m,调查点 2 海拔为 246 m。坡度19°,土壤厚度 50 cm。基岩岩性为灰岩,裸露程度较高。主要物种有人工种植杨树、柏树、大面积黄荆,黄荆高 70~90 cm,偶见榆树、臭椿、皂荚等乔木;草本较少,以青蒿、芒、荩草为主。

(2)第Ⅱ段长度为 50 m,调查点 3 海拔为 256 m,土壤厚度 30 cm。基岩岩性为灰岩,裸露程度中等。乔木有人工种植柏树,零星分布自然生长的柏树,高约 20 cm,冠幅10 cm×8 cm,高度、冠幅均较调查点 1 处小。灌木主要为黄荆,生长情况良好,高 30~60 cm,有少量胡枝子;草本较多,以芒为主,少量荩草、艾蒿、草木樨。

(3)第Ⅲ段长度为 70 m,调查点 4 海拔为 278 m,基岩岩性为灰岩,裸露程度较高,土壤厚度约 10 cm。乔木为人工种植的柏树,零星分布自然生长的柏树,高约 10 cm,冠幅 10 cm×5 cm,生长情况一般。少量黄荆等灌木,高约 5.20 cm,生长情况良好。该段植被以草本为主,以大量的芒、马唐、地毯草为主。

从剖面的起点(坡底)到终点(坡顶),石漠化程度逐渐加剧,从植被分带上来看:第Ⅰ、Ⅱ段中植被以乔木、灌木为主(见表4-11~表4-13),第Ⅲ段中植被则以灌木及草本为主。黄荆在 3 个调查段中均出现,由Ⅰ至Ⅱ其高度、基径、冠幅逐渐减小,生长状况逐渐变差;野生柏树在第Ⅱ、Ⅲ调查段中出现,由Ⅱ至Ⅲ其高度、基径、冠幅逐渐减小,生长状况逐渐变差。

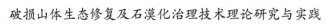

表 4-11　样方 01 植被调查统计

样方面积	4 m×4 m	坐标	35°35′39.31″N 113°44′25.34″E		位置	石井村南西 450 m	坡度	19°
类型	物种	胸径/cm	基径/cm	盖度/cm	高度/cm	数目/棵	生长状况	是否人工种植
乔木	柏树	18	21	150×160	650	1	良好	是
		13	16	160×150	350	1	良好	是
		12	15	140×150	700	1	一般	是
	榆树	3	5	170×180	290	1	较差	否
		2.5	3.8	150×160	280	1	良好	否
		2.0	2.8	100×70	190	1	良好	否
灌木	黄荆	2.0	2.5	110×80	90	1	良好	否
		1.5	2.0	60×70	80	1	良好	否
		—	0.8	70×50	60	1	良好	否
		—	1.0	40×40	70	1	良好	否
		—	1.5	70×60	90	3	良好	否
		—	0.9	70×70	60	1	良好	否
		—	1.0	70×80	70	1	良好	否
		—	0.6	50×40	50	1	良好	否

表 4-12　样方 02 植被调查统计

样方面积	4 m×4 m	坐标	35°35′59.63″N 113°44′22.96″E		位置	石井村南西 400 m	坡度	7°
类型	物种	胸径/cm	基径/cm	盖度/cm	高度/cm	数目/棵	生长状况	是否人工种植
乔木	构树	2.8	3.2	110×120	180	1	良好	否
	柏树	14	26.5	170×180	375	1	良好	是
	臭椿	13	20.5	220×180	360	1	良好	否
		3.0	3.5	170×160	220	1	良好	否

续表 4-12

样方面积	4 m×4 m	坐标	35°35′59.63″N 113°44′22.96″E		位置	石井村南西 400 m	坡度	7°
类型	物种	胸径/cm	基径/cm	盖度/cm	高度/cm	数目/棵	生长状况	是否人工种植
灌木	黄荆	—	1.5	55×55	62	1	良好	否
		—	1.5	50×70	90	1	良好	否
		—	1.8	65×65	100	3	良好	否
		—	0.4	25×30	65	1	良好	否
		0.4	1.8	70×60	160	4	良好	否
	酸枣	1.7	2.4	75×90	135	1	良好	否
		3.5	4.6	130×140	173	1	良好	否
		—	1.2	50×50	60	1	良好	否

表 4-13　样方 03 植被调查统计

样方面积	4 m×4 m	坐标	35°35′59.67″N 113°44′18.36″E		位置	石井村南西 180 m	坡度	12°
类型	物种	胸径/cm	基径/cm	盖度/cm	高度/cm	数目/棵	生长状况	是否人工种植
灌木	黄荆	—	1.2	40×50	40	1	良好	否
		—	1.5	50×60	50	1	良好	否
		—	1.4	40×60	45	1	良好	否
		—	0.8	40×30	30	1	良好	否
		—	0.5	20×20	20	3	良好	否
		—	1.0	30×30	30	1	良好	否
		—	1.2	30×30	35	1	良好	否
		—	1.5	30×40	40	1	良好	否
草本	牛筋草	—	—	—	—	9	良好	否
	马唐	—	—	—	—	25	良好	否
	荩草	—	—	—	—	3	良好	否

2. 水土流失、土壤侵蚀过程

当地表植被退化或丧失后,土壤层暴露于大气并受到流水侵蚀,土壤侵蚀贯穿于石漠化全过程,是石漠化的关键环节。

研究区地势高差大、地形地貌复杂,气候冬寒夏热,秋凉春燥,年平均气温15~17 ℃,年总降水量为573.1~756.3 mm,6~9月降水量最多,约为490 mm,占全年降水量的72%,且多暴雨,具有雨热同季和强降雨集中的特点;岩性以碳酸盐岩为主,土壤以褐土为主,且土层厚度较薄。

当降雨尤其在暴雨时,裸露、半裸露的土壤层受雨滴击溅和流水冲刷,其力学稳定性和结构遭到侵蚀破坏,一部分土壤物质沿坡面流失,并在坡脚或沟谷下游发生堆积,还有一部分土壤颗粒、溶蚀物质及风化壳物质沿着坡面垂直或倾斜运动就近流入岩溶裂隙、溶沟,流失于岩溶水系统中。

根据水利部1997年颁发的《土壤侵蚀分级标准》:新乡市南太行山区属于中度-强度土壤侵蚀地区,侵蚀模数可达5 000 t/(km·a),是华北地区侵蚀最严重的地区之一。生态地质剖面调查结果从土壤厚度上来看:由调查点1坡脚处的50 cm至3处变为30 cm,最后至调查点4坡顶处变为10 cm,土层厚度变薄的同时伴随着岩石裸露程度的增加。

3. 碳酸盐岩溶蚀、侵蚀过程

埋藏、半埋藏的碳酸盐岩,在水蚀及重力作用下,形成裸露、半裸露的石芽、溶沟、角石等少土多石的景观。研究区在雨季具有充沛的降水量,地表植物和地下根系释放的大量的CO_2以及有机酸转化的CO_2,提高了CO_2的浓度。在高降雨量和高浓度CO_2的背景下,水、CO_2、碳酸盐岩产生溶蚀作用,降雨量与CO_2浓度与溶蚀速率具有一定正向相关性。碳酸盐岩被溶蚀的同时,在重力作用下崩解、坍塌,流水作用又将可溶物、残余物冲刷殆尽。溶蚀作用产生的溶蚀裂隙、溶沟、孔隙为地表水、土壤流失提供了空间条件,进一步促进水土流失,同时也是导致该区域保水、贮水能力差,植被缺少水分涵养,生长缓慢,群落结构相对简单,趋于旱生,阻滞水土流失功能较弱的原因之一。

广泛分布于辉县市和卫辉市西部北部的碳酸盐岩地层,是区内重要的含水岩组,其中在寒武系中统和奥陶系灰岩、白云质灰岩中,发育有岩溶、溶洞、溶纹,断裂、裂隙较发育,构成降雨和地表水渗入、地下径流的岩溶水系统,水化学类型为$HCO_3-Ca·Mg$型水。

4. 土地生产力退化过程

石漠化发展过程中,植被系统的退化导致土壤淋失量增加,使土壤氮、磷、钾在淋溶作用下流失加剧;由于森林环境的消失,生物种类和数量急剧减少,生物富集作用不断减弱,母岩矿化减缓,使土壤养分含量减少,影响了地表植被的生长,地表植被退化又导致水土流失、土壤侵蚀,加重碳酸盐岩溶蚀,加速了石漠化的步伐。

野外生态地质剖面0~10 cm深度范围土壤质量见表4-14,调查点2>调查点3>调查点1。土壤有机质、水解性氮等成分主要来自植被凋落物的分解、淋溶和微生物的代谢,坡度和坡面的微地形往往在局部影响着土壤侵蚀发生的强度和途径,从而影响土壤在坡面的搬运-沉积过程,改变坡面养分和土壤颗粒的再分配模式。长期的侵蚀冲刷作用使坡顶表土中的养分随着径流水由坡顶部向下部迁移,因此中、下坡位是上坡位养分流失的一个汇集区。调查点2处地形较平缓,上部土壤经侵蚀、搬运后可堆积于此,故土壤质量最好;坡顶处植被发育程度较差,水土流失严重,故调查点3处的土壤质量次于2处。由于坡脚处临近道路与农田,土壤表层受人为扰动较大,故调查点1处的土壤质量最差。

表4-14　调查点土壤肥分调查统计

调查点编号	深度范围	有机质/%	有效磷/(mg/kg)	速效钾/(mg/kg)	全盐量/(g/kg)	水解性氮/(mg/kg)
调查点1		8.85	5.24	197.50	1.36	187.18
调查点2	0~10 cm	9.31	5.08	180.50	1.42	217.26
调查点3		8.15	4.83	190	0.20	231

　　石漠化过程中的生态作用与地质作用既相互影响,又共同作用(见图4-17)。研究区地表崎岖破碎、地形起伏大,为半湿润地区,降水量500~800 mm,在7~9月降雨充沛,暴雨多发,山区主要分布有石灰岩等可溶岩,易于溶蚀,上覆土层较薄,0~35 cm,在集中降雨季节,易出现水土流失,土体受到侵蚀而变薄;在非雨季时,气候寒冷干燥,长期盛行东北季风,风速可达5 m/s左右,土壤长期处于干燥状态,成土作用微弱,寒冷干燥的气候和贫瘠的母质是植物生长极为不利的条件;加之因人口集中、经济落后、生态保护观念较差而形成的不合理生产生活方式,如乱垦乱伐、乱挖乱采等,在以上自然驱动因素和人为驱动因素的共同作用下导致地表植被破坏,继而加重土壤侵蚀和碳酸盐岩溶蚀、侵蚀,两者呈现相互作用、相互促进的关系,导致土地生产力退化,植被生存环境变差,植被退化、水土涵养能力下降反过来促进土壤侵蚀和碳酸盐岩溶蚀、侵蚀的恶性循环,导致了石漠化的产生,加剧了石漠化的发展。

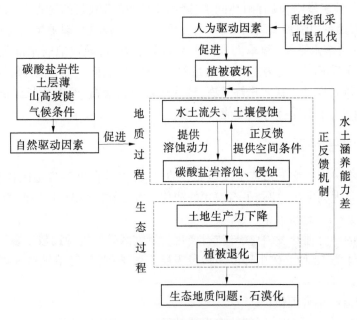

图4-17　石漠化演化过程示意

4.5　石漠化驱动因素分析

石漠化的驱动因素主要包括自然驱动因素和人为驱动因素,其中以人为驱动因素为主。自然驱动因素主要是该地区特殊的地质环境和气候条件,而人为驱动因素主要为该地区的不合理生产与生活活动。

4.5.1　自然驱动因素

大面积分布的可溶岩和贫瘠、浅薄的土壤是石漠化产生的前提条件。研究区辉县市西北部的拍石头乡、薄壁镇西北、后庄—三郊口一带中山、低山和卫辉市的太公庙、狮豹头一带低山丘陵以寒武系中统和奥陶系碳酸盐岩为主间夹杂色页岩,占研究区面积85%以上,上覆土层瘠薄且不连续,厚度仅30~50 cm。碳酸盐岩系母岩造壤能力差,成土过程缓慢,每形成厚度1 cm的风化层需要4 000~8 500 a,成土模数为45~75 t/(hm² · a)。碳酸盐岩抗风蚀能力强,易于溶蚀,土层厚度较薄。

以山地为主的地形地貌是石漠化形成的势能基础。研究区辉县市的上八里—十字岭一带向西为中山,海拔在1 600 m左右,坡度在45°以上,十字岭以东—南村以南一带向东为低山,海拔在600 m左右,辉县市常村镇北部和卫辉市太公泉镇北部主要为丘陵,海拔在400 m左右。山峦起伏、沟壑幽深、垂直高差大,形成山地、丘陵、山间盆地和平原相间的地貌类型,山地丘陵是石漠化形成的潜在动力。

特定的气候条件为石漠化的演化提供了侵蚀力和溶蚀条件。研究区属于暖温带大陆性季风气候区,年总降水量为573.1~756.3 mm,6~9月降水集中,为490.7 mm,占全年降水量的72%,且多暴雨,具有雨热同季、降水集中、旱涝频繁的特点,在岩溶作用、流水侵蚀作用下,寒武系中统和奥陶系灰岩、白云质灰岩中的断裂、裂隙形成降雨和地表水渗入、地下径流的岩溶水系统,雨季大气降水沿裂隙下渗后,导致地表水漏失,土壤随水流失。而秋冬季节降雨少,约为全年降水量的6.5%;该地盛行东北季风,风速可达4~5 m/s,秋冬季土壤长期处于缺水干燥状态,致使植被生长缓慢,绝对生长量低,适生树种稀少,群落结构简单,水土保持与成土能力有限。

4.5.2　人为驱动因素

人类活动在一定程度上造成了人地关系的失调,尤其在可溶岩地区这种脆弱的生态环境背景条件下尤为突出,加剧了石漠化的演化进程,具体表现在以下两个方面:

(1)乱挖乱采,不合理开矿。

矿产资源的不合理开发,直接导致石漠化。研究区矿产资源比较丰富,已发现各类矿产资源可分为4类28种。矿山开发使大量表层土壤被剥离,对植被造成破坏,加速了石漠化过程。

(2)乱垦乱伐,不合理耕作。

陡坡、顺坡耕种严重的地区往往出现毁林开荒、乱砍乱伐严重的情况,森林植被资源受到严重破坏,为水土保持工作带来了极大的挑战。研究区主要是以玉米与小麦轮种为主的单一种植模式,截至 2013 年,人均小麦种植面积 0.88 亩[1]/人,占人均种植面积的 51.22%;人均玉米种植面积 0.83 亩/人,占人均种植面积的 48.2%;种植结构单一导致土壤肥分下降、土地承载力逐渐丧失,因此需要每年耕作翻土,播撒化肥,加速了土壤资源的流失,增强了降雨对地表覆盖物的冲刷力,导致植被破坏,土壤保水能力下降。研究区耕地主要分布于洼地、谷地和平原,土地资源有限,加之土地贫瘠,盲目地开山毁林,使山地、丘陵的原始生态环境遭到破坏,导致石漠化的产生和加剧,石漠化越来越严重。

4.5.3 土地利用时空变化特征

土地利用是指人类通过一定的生产生活行为,利用土地的属性以满足自身发展需要的过程,直观地反映了生态过程和生态系统服务对环境变化的响应,记录了人类对土地资源利用与改造的动态过程。开垦土地、基础设施建设、乱砍乱伐、过度放牧等人类活动都会引起土地利用类型变化,这些人类活动也是加剧石漠化发育的主要驱动力。依据土地利用类型,科学管理土地资源,有助于石漠化防治工作的开展。因此,加强对区域土地利用时空变化、结构动态等方面的研究,对于查明石漠化的人为驱动力,开展石漠化的防治、有效保护和改善生态环境具有重要意义。

采用基于最大似然法的监督分类与目视解译相结合的方法对研究区土地利用类型进行解译,同时借助于 Google Earth 和 91 卫图对解译后的土地利用数据进行检查校正,以减少影像混合光谱信息对分类的影响,从而进一步提高分类精度。综合 4 期遥感影像的实际解译效果和国土资源部组织修订的《土地利用现状分类》(GB/T 21010—2017),将研究区土地利用类型分为以下 5 类:林地、草地、耕地、建设用地和水体。1987 年、1995 年、2009 年和 2020 年 4 期研究区土地利用结构变化见图 4-18。

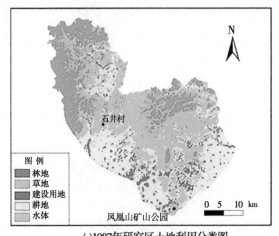

(a)1987年研究区土地利用分类图

图 4-18 研究区 1987—2020 年土地利用解译

---

[1] 注:1 亩 = 1/15 hm²,全书同。

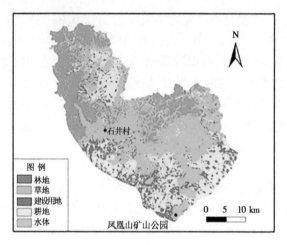

(b)1995年研究区土地利用分类图

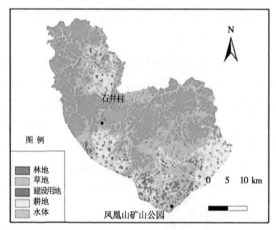

(c)2009年研究区土地利用分类图

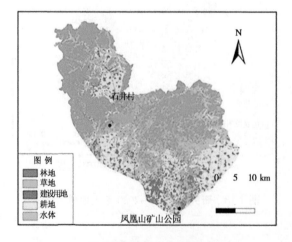

(d)2020年研究区土地利用分类图

续图4-18

研究区的土地利用类型以耕地、林地及草地为主,三者在研究区内分布广泛,面积之和占研究区总面积的85%以上。其中,1987—1995年草地为研究区内最主要的土地利用类型,面积占比维持在35%以上,林地与耕地两者面积差别不大;2009—2020年林地为研究区内最主要的土地利用类型,面积占比维持在50%以上,草地与耕地两者面积差别不大。草地主要集中于研究区中部,林地主要集中于研究区西北部及东北部,耕地多分布于城镇附近;受地形地貌影响,建设用地呈现明显的"斑块化"特征,多分布于研究区南部平原地区;水体在研究区内零星分布,面积占比最小。

研究区土地利用均随着时间发生变化,林地、耕地、建设用地、水体、草地的面积占比先由1987年的23.1%、28.5%、10.0%、0.6%、37.8%变为1995年的24.9%、23.5%、14.2%、0.6%、36.8%,之后变为2009年的50.3%、14.3%、9.2%、0.2%、26.0%,最后变成2020年的51.4%、17.6%、13.4%、0.1%、17.4%。4期不同土地利用类型的面积及占比由大到小依次为:草地>耕地>林地>建设用地>水体;草地>林地>耕地>建设用地>水体;林地>草地>耕地>建设用地>水体;林地>耕地>草地>建设用地>水体(见表4-15、图4-19)。

表4-15　1987—2020年研究区不同土地利用类型面积及占比统计

土地利用类型	1987年		1995年		2009年		2020年	
	面积/km²	百分比/%	面积/km²	百分比/%	面积/km²	百分比/%	面积/km²	百分比/%
林地	266.5	23.1	287.2	24.9	579.6	50.3	592.9	51.4
耕地	328.1	28.5	270.7	23.5	165.1	14.3	203.2	17.6
建设用地	115.2	10.0	163.7	14.2	105.7	9.2	154.5	13.4
水体	7.2	0.6	6.6	0.6	2.0	0.2	1.7	0.1
草地	435.6	37.8	424.5	36.8	300.2	26.0	200.3	17.4

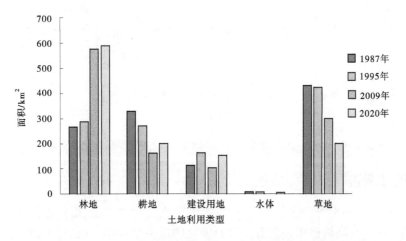

图4-19　1987—2020年研究区不同土地利用类型面积条形统计

在研究时段内,林地面积呈现持续增加的趋势;草地和水体面积呈现持续减少的趋势;耕地面积 1987—2009 年间持续减少,2009—2020 年间为缓慢增加趋势;建设用地面积呈现增加—减少—增加的波状变化特征(见表 4-16、图 4-20)。1987—2020 年间,研究区内林地面积有较大增长,草地面积大幅下降,约有 235.3 km² 的草地面积转化为林地面积,主要分布在西北部、东南部的山区,反映出基岩山区发生了由草地生态系统向林地生态系统的演化;建设用地面积略有增长,增加了 39.3 km²,主要分布在研究区南部地势平坦地区,且逐渐聚集成片;研究区南部平原的耕地面积降幅较大,减少了 124.9 km²,大部分转化为林地,这与当地持续推进"退耕还林"工程直接相关;研究区内水体面积较小,水体面积逐年下降。

表 4-16 1987—2020 年研究区不同土地利用类型面积变化统计

土地利用类型	1987—1995 年		1995—2009 年		2009—2020 年		1987—2020 年	
	变化面积/ km²	变化幅度/ %	变化面积/ km²	变化幅度/ %	变化面积/ km²	变化幅度/ %	变化面积/ km²	变化幅度/ %
林地	20.7	7.7	292.4	101.8	13.3	2.3	326.3	122.4
耕地	−57.5	−17.5	−105.5	−39.0	38.1	23.1	−124.9	−38.1
建设用地	48.5	42.1	−58.0	−35.4	48.7	46.1	39.3	34.1
水体	−0.6	−7.7	−4.7	−70.4	−0.3	−14.8	−5.5	−76.8
草地	−11.1	−2.6	−124.3	−29.3	−99.9	−33.3	−235.3	−54.0

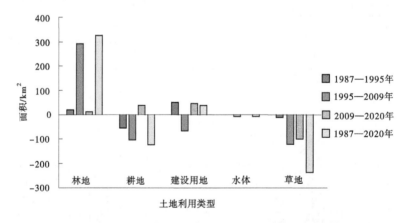

图 4-20 1987—2020 年研究区不同土地利用类型面积变化条形统计

4.5.4 植被覆盖时空变化特征

植被具有良好的水源涵养与土壤保持的功能,在某种意义上,低植被覆盖度意味着石漠化的发生率较大,高植被覆盖度意味着石漠化的发生率较小。同时,植被的变化是石漠化程度重要的表现形式和评判指标。研究植被覆盖度的时空变化对生态环境研究、水土保持和石漠化评价等方面具有重要意义。对研究区 1987—2020 年植被覆盖度进行解译研究,将植被覆盖度(FVC)分为极低、低、中、中高和高 5 个等级(见表 4-17)。

表 4-17　植被覆盖度分级统计

分级结果	区间值
极低	$0 \leqslant FVC < 0.1$
低	$0.1 \leqslant FVC < 0.3$
中	$0.3 \leqslant FVC < 0.5$
中高	$0.5 \leqslant FVC < 0.7$
高	$0.7 \leqslant FVC \leqslant 1.0$

1987—2020 年间研究区内植被覆盖度等级以中度(含中度)以上为主,面积占比可达到 60% 以上;植被覆盖度为低、极低的区域分布面积较少,多集中于南部、西南部城镇及矿区附近(见图 4-21)。

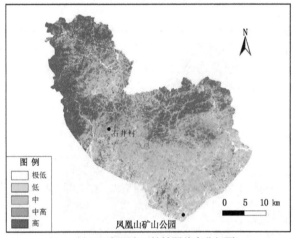

(a)1987年研究区植被覆盖度分级图

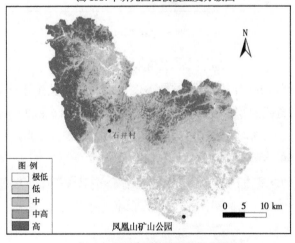

(b)1995年研究区植被覆盖度分级图

图 4-21　研究区 1987—2020 年植被覆盖度解译

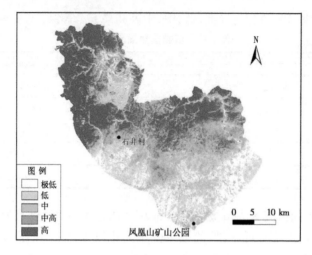

(c)2009年研究区植被覆盖度分级图

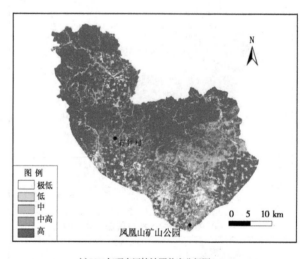

(d)2020年研究区植被覆盖度分级图

续图 4-21

1987—2020 年间研究区内不同植被覆盖度等级面积均发生不同程度的变化,等级为极低、低、中、中高和高的面积占比先由 1987 年的 5.0%、12.6%、23.4%、25.6%、33.5%变为 1995 年的 14.0%、27.7%、22.2%、15.7%、20.4%,再变为 2009 年的 14.9%、20.3%、15.9%、17.0%、31.9%,最后变为 2020 年的 5.0%、3.2%、5.4%、14.4%、72.0%。4 期不同植被覆盖度等级面积及占比由大到小依次为:高>中高>中>低>极低、低>中>高>中高>极低、高>低>中高>中>极低、高>中高>中>极低>低(见表 4-18、图 4-22)。

表 4-18 1987—2020 年研究区不同植被覆盖度等级面积及占比统计

植被覆盖度等级	1987 年		1995 年		2009 年		2020 年	
	面积/km²	百分比/%	面积/km²	百分比/%	面积/km²	百分比/%	面积/km²	百分比/%
极低	57.6	5.0	161.7	14.0	172.0	14.9	57.5	5.0
低	144.8	12.6	319.5	27.7	234.4	20.3	37.1	3.2
中	269.6	23.4	255.8	22.2	183.3	15.9	62.6	5.4
中高	295.3	25.6	181.0	15.7	196.0	17.0	165.5	14.4
高	385.7	33.5	235.0	20.4	367.3	31.9	830.2	72.0

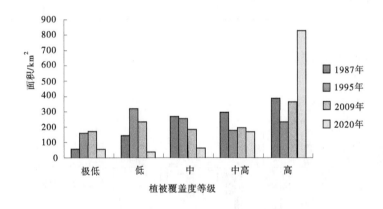

图 4-22 1987—2020 年研究区不同植被覆盖度面积条形统计

1987—2020 年,极低等级面积基本未变,呈现先增后减的变化特征,即 1987—2009 年间增加,2009—2020 年间减少,33 年累计仅减少 0.1 km²(见表 4-19、图 4-23)。低等级面积增加值小于减少值,呈现先增后减的变化特征,即 1987—1995 年间增加,1995—2020 年间减少,33 年间共减少 107.7 km²。中等级面积呈现持续减少的变化特征,33 年间共减少 206.9 km²。中高等级面积增加值小于减少值,呈现先减后增再减的波状变化特征,即 1987—1995 年间减少、1995—2009 年间增加、2009—2020 年间减少,33 年间累计减少 129.8 km²。高等级面积增加值大于减少值,呈现先减后增的变化特征,即 1987—1995 年间减少,1995—2020 年间增加,33 年间累计增加 444.5 km²。

表 4-19 1987—2020 年研究区不同植被覆盖度等级面积变化统计

植被覆盖度等级	1987—1995 年		1995—2009 年		2009—2020 年		1987—2020 年	
	变化面积/km²	变化幅度/%	变化面积/km²	变化幅度/%	变化面积/km²	变化幅度/%	变化面积/km²	变化幅度/%
极低	104.1	180.7	10.3	6.4	−114.6	−66.6	−0.1	−0.2
低	174.7	120.6	−85.1	−26.6	−197.3	−84.2	−107.7	−74.4
中	−13.8	−5.1	−72.5	−28.4	−120.6	−65.8	−206.9	−76.8
中高	−114.3	−38.7	15.0	8.3	−30.5	−15.6	−129.8	−44.0
高	−150.7	−39.1	132.3	56.3	463.0	126.1	444.5	115.3

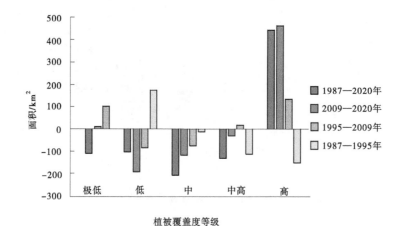

图 4-23 1987—2020 年研究区不同植被覆盖度等级面积变化条形统计

1987—2020 年间,研究区高等级面积有较大增长,中高等级面积降幅较大,而极低、低、中等级面积虽变幅较大,但变化量较小,其变化对研究区植被覆盖度的分布特征影响有限,中高及高等级面积变化是影响研究区植被覆盖度分布特征的主要原因。1987—1995 年,有近 267.0 km² 的高、中、中植被覆盖度区域转变为低、极低级别,反映了该时段内研究区植被长势恶化;1995—2009 年有近 147.3 km² 的中、低植被覆盖度区域转变为高、中高级别,反映了该时段内研究区植被长势持续向好;2009—2020 年约有 463 km² 的其他植被覆盖度区域转变为高级别,变化面积较大与研究区南部农田有一定关系,反映了该时段内研究区植被长势大幅向好。

5 复绿工程设计与植物种植

在对研究区进行植物群落结构调查分析,确定植物优势种、亚优势种、偶见种等物种组成情况及地境结构特征的基础上,进行岩体裂隙率调查与计算,为破损山体及石漠化生态修复种植试验提供依据。

5.1 植物群落及地境结构研究

5.1.1 植物样方调查

样方即方形样地,是面积取样中最常用的形式,旨在调查研究区域内植物群落的数量特征、种群生长发育及分布状况,从而进一步明确不同植物物种在群落中的作用。本次研究共布设植物样方调查点 103 个,技术要求如下:

(1)样方布设于群落结构完整、植物分布均匀、生境变化小、代表性强、位于群落中心的典型地段;样方大小为 4 m×4 m。

(2)样方调查内容主要包括各植物物种的类型、数量、密度、生长状况、成活率以及各植株的基径、胸径、高度、冠幅、相对位置等指标。

5.1.2 研究区群落结构

5.1.2.1 一般调查区

在一般调查区调查样方 62 个,调查时间为 2020 年 8 月 19—29 日和 9 月 26—29 日。

1. 样方及植物物种组成

不同种类植物、不同的配置决定着植物群落的发展和稳定性。一般调查区 62 个样方有乔木 35 种、灌木 17 种,优势种为构树,亚优势种为黄荆,偶见种有板栗、泡桐、杏树、刺槐、柘树、雀儿舌头和连翘等。有 25 个样方的优势种为构树,占比为 40.98%(见表 5-1、图 5-1);有 45 个样方的亚优势种为黄荆,占比为 76.28%(见表 5-2、图 5-2)。

表 5-1　一般调查区内优势种调查统计

优势种种类	样方数/个	样方编号
构树	25	YF−22、YF−23、YF−24、YF−26、YF−27、YF−28、YF−29、YF−30、YF−31、YF−41、YF−43、YF−44、YF−45、YF−50、YF−51、YF−52、YF−53、YF−54、YF−57、YF−66、YF−74、YF−75、YF−76、YF−77、YF−98

续表 5-1

优势种种类	样方数/个	样方编号
皂荚	6	YF-32、YF-59、YF-60、YF-101、YF-102、YF-103
槐树	5	YF-33、YF-49、YF-61、YF-62、YF-63
榆树	5	YF-38、YF-56、YF-58、YF-93、YF-94
臭椿	5	YF-39、YF-46、YF-47、YF-78、YF-92
柏树	3	YF-21、YF-34、YF-35
楝树	3	YF-25、YF-36、YF-97
松树	2	YF-99、YF-100
花椒	2	YF-48、YF-55
杏树	1	YF-40
泡桐	1	YF-42
板栗	1	YF-64
刺槐	1	YF-95
柘树	1	YF-96

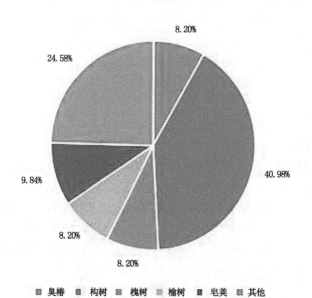

图 5-1　一般调查区内优势种占比

表 5-2 一般调查区内亚优势种调查统计

亚优势种种类	样方数/个	样方编号
黄荆	45	YF-21、YF-22、YF-23、YF-26、YF-27、YF-28、YF-29、YF-32、YF-33、YF-34、YF-35、YF-36、YF-37、YF-38、YF-40、YF-41、YF-43、YF-44、YF-46、YF-47、YF-48、YF-50、YF-52、YF-53、YF-54、YF-55、YF-57、YF-58、YF-59、YF-60、YF-61、YF-62、YF-63、YF-64、YF-66、YF-74、YF-76、YF-78、YF-93、YF-94、YF-96、YF-100、YF-101、YF-102、YF-103
酸枣	8	YF-25、YF-30、YF-31、YF-39、YF-45、YF-49、YF-56、YF-75
扁担杆	2	YF-42、YF-51
绣线菊	2	YF-97、YF-99
雀儿舌头	1	YF-92
连翘	1	YF-95

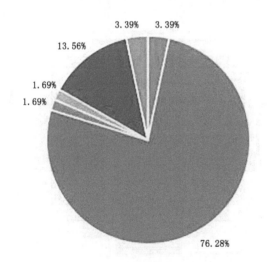

图 5-2 一般调查区内亚优势种占比

2. 群落多样性分析

一般调查区的物种丰富度指数的最大值为 3.22(样方 YF-62),最小值为 0.32(样方 YF-28),平均值为 1.55(见表 5-3、图 5-3)。物种多样性指数的最大值为 0.87(样方 YF-41),最小值为 0.30(样方 YF-43),平均值为 0.66(见表 5-3、图 5-4)。均匀度指数的最大值为 1.11(样方 YF-96),最小值为 0.44(样方 YF-40),平均值为 0.84(见表 5-3、图 5-5)。一般调查区的物种丰富度指数、物种多样性指数和均匀度指数彼此间差异较大,反映出不同区域植物群落结构差异较大,主要体现在植物物种的数量及同一物种的个体数量上。

表 5-3　一般调查区植物群落多样性指数统计

项目	物种丰富度指数	物种多样性指数	均匀度指数
最大值	3.22	0.87	1.11
最小值	0.32	0.30	0.44
平均值	1.55	0.66	0.84
标准差	0.68	0.15	0.14

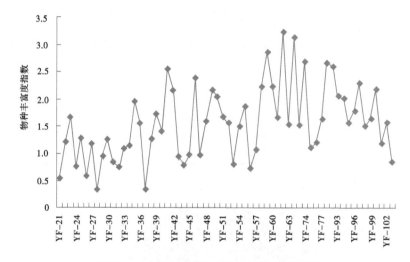

图 5-3　一般调查区物种丰富度指数变化曲线

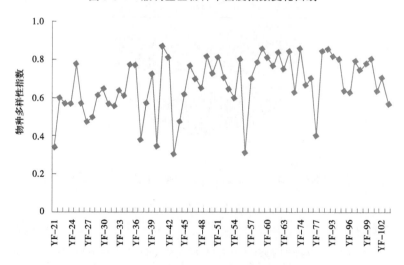

图 5-4　一般调查区物种多样性指数变化曲线

样方 YF-62 内的乔木主要为臭椿、槐树和核桃,灌木主要为绣线菊、酸枣和黄荆,草本主要为紫菀和荸草等;样方 YF-41 内的乔木主要为杨树、构树和楝树,灌木主要为黄荆和胡枝子,且植株数量较多;样方 YF-96 内的乔木主要为乌桕和柘树,灌木主要为胡枝子和黄荆,草本主要为博落回和马交儿。以上样方均出现明显的乔-灌-草群落垂向分层结

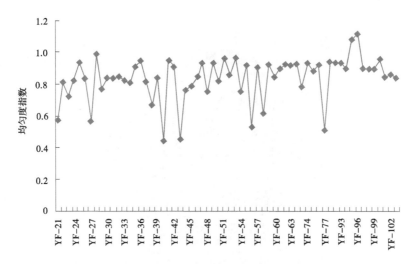

图5-5 一般调查区均匀度指数变化曲线

构。而样方 YF-28 内仅生长有构树和黄荆,样方 YF-43 内仅生长有榆树、臭椿和黄荆,样方 YF-40 内的乔木数量较少,各树种高度、冠幅等数据彼此间差异较大,故植物群落结构简单,未出现明显的垂向分层结构。

5.1.2.2 凤凰山重点调查区

凤凰山重点调查区调查样方 20 个,调查时间为 2020 年 8 月 17—19 日。

1. 样方及植物物种组成

凤凰山重点调查区 20 个样方中有乔木 17 种、灌木 3 种,在优势种及亚优势种中,有 7 个样方的优势种为构树,占比为 35%(见表 5-4、图 5-6),YF-01、YF-02、YF-03、YF-05、YF-11 和 YF-18 样方内只有乔木,剩余 13 个样方的亚优势种都为黄荆。凤凰山重点调查区优势种为构树,亚优势种为黄荆,偶见种有黄栌、楝树、臭椿、桃树、鼠李、女贞和杠柳等。

2. 群落多样性分析

凤凰山重点调查区的物种丰富度指数的最大值为 2.22(样方 YF-13),最小值为 0.43(样方 YF-19),平均值为 1.15。物种多样性指数的最大值为 0.76(样方 YF-06),最小值为 0.24(样方 YF-18),平均值为 0.58。均匀度指数的最大值为 0.94(样方 YF-06),最小值为 0.53(样方 YF-16),平均值为 0.77(见表 5-5、图 5-7~图 5-9)。

表 5-4 凤凰山重点调查区内优势种调查统计

优势种种类	样方数/个	样方编号
构树	7	YF-01、YF-07、YF-09、YF-10、YF-11、YF-13、YF-17
柏树	4	YF-04、YF-05、YF-06、YF-12
火炬树	3	YF-03、YF-19、YF-20
榆树	2	YF-02、YF-18
黄栌	1	YF-14
楝树	1	YF-15
臭椿	1	YF-16
桃树	1	YF-08

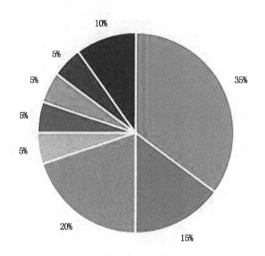

构树　火炬树　柏树　桃树　黄栌　楝树　臭椿　榆树

图 5-6　凤凰山重点调查区优势种占比

表 5-5　凤凰山重点调查区植物群落多样性指数统计

项目	物种丰富度指数	物种多样性指数	均匀度指数
最大值	2.22	0.76	0.94
最小值	0.43	0.24	0.53
平均值	1.15	0.58	0.77
标准差	0.49	0.14	0.13

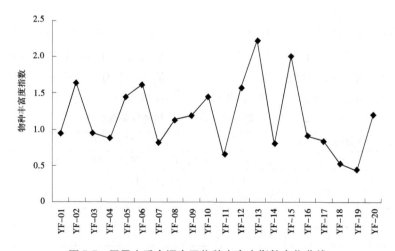

图 5-7　凤凰山重点调查区物种丰富度指数变化曲线

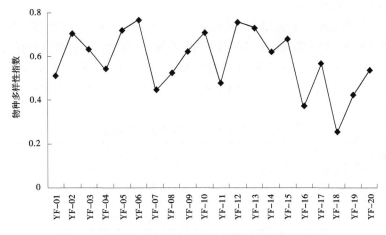

图 5-8　凤凰山重点调查区物种多样性指数变化曲线

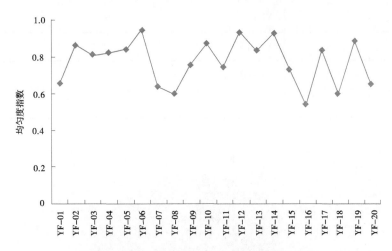

图 5-9　凤凰山重点调查区均匀度指数变化曲线

　　样方 YF-13 内的乔木主要有构树、柏树、火炬树和楝树等,灌木主要有黄荆和酸枣;样方 YF-06 内的乔木主要有柏树和臭椿,灌木主要有黄荆、酸枣和鼠李。以上样方的物种种类和植株数量较多,已经出现明显的乔-灌-草垂向分层结构。样方 YF-19 内的乔木仅有火炬树,灌木仅有黄荆;样方 YF-18 内仅生长有榆树和火炬树两种乔木;样方 YF-16 内多以黄荆为主。以上样方内的物种比较单一,且数量较少,未出现明显的垂向分层结构。

　　凤凰山重点调查区物种丰富度指数、物种多样性指数和均匀度指数的平均值和标准差均小于一般调查区,优势种和亚优势种为自然生长的构树和黄荆,反映出该区域虽然植物种类少于一般调查区,但在人工种植群落的基础上发生了强烈的自然演替过程,原生物种取代人工种植物种成为优势种和亚优势种。该区域人工种植物种与原生物种的分布达到相对稳定状态,植物群落总体上出现了优于一般调查区的垂向分层结构。

5.1.2.3　石井村重点调查区

　　在石井村重点调查区共调查样方 21 个,调查时间为 2020 年 8 月 26—27 日。

1. 样方调查与植物物种组成

石井村重点调查区有乔木 13 种,灌木 4 种。石井村重点调查区的优势种及亚优势种样方中,YF-79、YF-81、YF-83 和 YF-91 样方内只有灌木,剩余样方中有 5 个样方的优势种为柏树,占比为 29.41%。21 个样方的亚优势种都为黄荆(见表 5-6、图 5-10)。该区乔木主要为人工种植的柏树,石井村重点调查区内的优势种为柏树,亚优势种为黄荆,偶见种有刺槐、臭椿、花椒、侧柏、杠柳等。

表 5-6　石井村重点调查区内优势种调查统计

优势种种类	样方数/个	样方编号
柏树	5	YF-65、YF-67、YF-72、YF-82、YF-86
皂荚	5	YF-70、YF-87、YF-88、YF-89、YF-90
构树	3	YF-69、YF-71、YF-84
刺槐	1	YF-68
臭椿	1	YF-73
花椒	1	YF-80
侧柏	1	YF-85

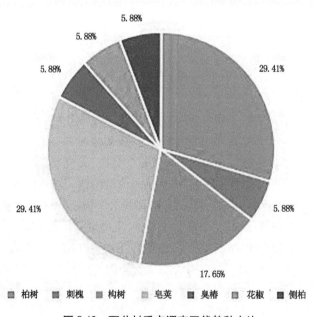

图 5-10　石井村重点调查区优势种占比

2. 群落多样性分析

石井村重点调查区的物种丰富度指数的最大值为 2.30(样方 YF-67),平均值为 1.05;物种多样性指数的最大值为 0.73(样方 YF-84),平均值为 0.47;均匀度指数的最大值为

0.97(样方 YF-88),平均值为 0.69;最小值均为 0(样方 YF-79 和样方 YF-83)(见表 5-7、图 5-11~图 5-13)。

表 5-7　石井村重点调查区植物群落多样性指数统计

项目	物种丰富度指数	物种多样性指数	均匀度指数
最大值	2.30	0.73	0.97
最小值	0	0	0
平均值	1.05	0.47	0.69
标准差	0.63	0.23	0.26

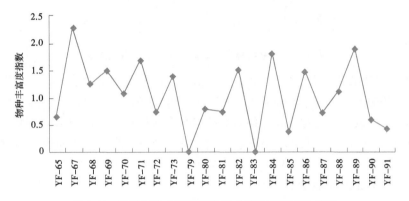

图 5-11　石井村重点调查区物种丰富度指数变化曲线

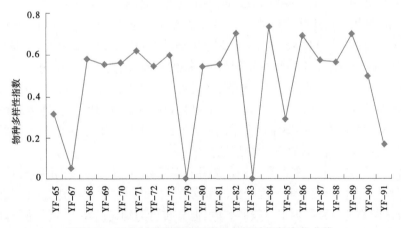

图 5-12　石井村重点调查区物种多样性指数变化曲线

YF-67 样方内的乔木主要有柏树、皂荚和臭椿等,灌木主要有黄荆和酸枣,草本主要有荩草、青蒿和小蓬草等;YF-84 样方内的乔木主要有构树和杨树,灌木主要有黄荆、酸枣和杠柳等,草本主要为地毯草、狗尾草和马唐等;YF-88 样方内的乔木主要有柏树和皂荚,灌木主要有黄荆和酸枣。以上样方内的物种种类和植株数量较多,并出现了乔-灌-草的垂向分层结构。YF-79 和 YF-83 样方内的物种比较单一,只有黄荆一种灌木,且数量较少,未出现明显的垂向分层结构。

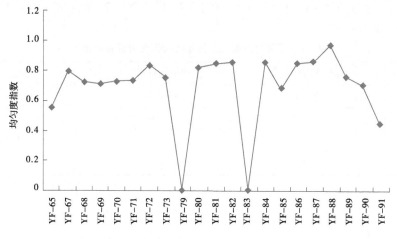

图 5-13　石井村重点调查区均匀度指数变化曲线

　　石井村重点调查区物种丰富度指数、物种多样性指数和均匀度指数的平均值均小于一般调查区,但均匀度指数的标准差大于一般调查区,原生物种发生自然演替的时间较短,其物种数目少于一般调查区,多以人工种植的柏树和自然生长的黄荆为主。人工种植物种与自然演替物种彼此间的分布尚未达到稳定状态,该区域植物群落总体的垂向分层结构不如一般调查区明显,仅在部分地势平坦或水肥条件较好的区域出现了乔-灌-草分层的现象。

5.1.2.4　研究区群落结构特征

　　一般调查区内的优势种为构树,亚优势种为黄荆,乔木偶见种为板栗、泡桐、杏树、刺槐和柘树,灌木偶见种为雀儿舌头和连翘。物种丰富度指数、物种多样性指数和均匀度指数差异较大,不同区域植物群落结构差异较大,主要表现在植物物种的数量及同一物种的个体数量上。YF-62、YF-41 和 YF-96 样方内出现了明显的乔-灌-草群落垂向分层结构,YF-28、YF-43 和 YF-40 样方内的群落结构比较简单,未出现明显的垂向分层结构。

　　凤凰山重点调查区内的优势种为构树,亚优势种为黄荆,乔木偶见种为黄栌、楝树、臭椿和桃树,灌木偶见种为鼠李、女贞和杠柳。YF-13、YF-06 样方内的物种种类和植株数量较多,已经出现了明显的乔-灌-草垂向分层结构;而 YF-19、YF-18、YF-16 样方内的物种比较单一且数量较少,未出现明显的垂向分层结构。

　　凤凰山重点调查区和一般调查区的优势种和亚优势种相同。凤凰山重点调查区物种丰富度指数、物种多样性指数和均匀度指数的平均值和标准差均小于一般调查区,反映出凤凰山重点调查区的物种数目虽少于一般调查区,但分布更为均匀。在人为活动和自然因素双重作用下,凤凰山植物群落处于更加稳定的状态。

　　石井村重点调查区内的优势种为柏树,亚优势种为黄荆,乔木偶见种为刺槐、臭椿、花椒和侧柏,灌木偶见种为杠柳。YF-67、YF-84 和 YF-88 样方内的物种种类和植株数量较多,出现了乔-灌-草的垂向分层结构;YF-79 和 YF-83 样方内的物种比较单一,只有黄荆一种灌木,未出现明显的垂向分层结构。

　　石井村重点调查区与一般调查区亚优势种相同,优势种为人工种植的柏树。石井村重点调查区物种丰富度指数、物种多样性指数和均匀度指数的平均值均小于一般调查区,但均匀度指数的标准差大于一般调查区,反映出石井村重点调查区的物种数目少于一般调查区,且植物群落受人为影响更强烈,人工种植物种与自然演替物种的分布和群落结构尚未达到稳定状态。

在人工修复初期,优势种多为人工种植的物种,而在自然条件或人工养护达到一定阶段后,自然生长的植物物种发展为主要的优势种、亚优势种,且可以发展成稳定的垂向群落结构。在进行破损山体及石漠化生态修复时,应当以人工栽种植物作为修复植物物种,同时积极引入植物群落自然演替过程,以达到稳定的植物群落结构并缩短生态修复时间的效果。

5.1.3　植物地境结构分析

地境是由土壤、部分母质及包含在其中的水分、盐分、空气、有机质等构成的地下空间实体,是植物赖以生存的营养源和根系的固持基质。植物的种类、群落的结构及植物的生长状况都与地下空间的水土条件有着不可分割的关系。早在1935年,英国植物生态学家Tansley提出生态系统概念时就明确指出:生态系统是由生物成分和非生物成分共同构成的统一整体,两者相互联系、相互作用,是生态系统功能统一的重要原因。虽然之前研究涉及地境中水、土、岩、气、生多个方面,已深入到不同生态系统和不同层次水平,为植物地境的生态学研究奠定了基础,但大部分成果没有完全做到把地境物理结构与植物生理生活习性、群落结构有机结合。徐恒力教授提出,在一个特定的陆地生态系统中,植物根系所占据的地下空间应是该生态系统内部的一个子系统,他将这一地下空间称为植物的地下生境,即"地境"。

植物与生境特别是与地境的有机联系是地球上各种生态关系构成的基础。根是陆地植物重要的营养器官,地境提供的水分和营养物质必须通过根的吸收、输导方能供植物利用。已有研究证明,无论是深根系植物还是浅根系植物,也无论是直根系植物还是须根系植物,真正具有吸收功能的不是老龄的主根和侧根,而是细根的根尖和根尖上的根毛。它们是根系中最低的分支级别,数量庞大且更新速度很快。根系的分布是不均匀的,在剖面上往往呈纺锤状,纺锤体的中上部根重大、根土比高,细根(根径<2 mm的根)数目多,根毛最密集,这个部位又称为根群。根群是根系吸收水分和养分的主功能区,根群与其内部的土壤总称根群圈,是微生物最活跃的场所。许多微生物依赖根的代谢产物生存,同时,微生物又将土中无机盐转化为生物有效态,供根吸收。至于根群以外的那些根,对植物生长只起辅助作用。

不同的物种有不同的根群圈深度范围。这是由物种的生理习性、遗传特性和原生地的气候、土壤、水肥资源的状况等决定的。从某种意义上说,某一物种根群圈的深度,是该种植物对地境垂向多样小环境长期优选的结果。生长在同一地区的不同种植物,可以有不同的根群深度。同一物种的植物根群圈相连接形成特定的层片。多个物种会有多个层片,有的位于浅部,有的相对较深,从而有利于各种植物分享不同圈层的水肥资源,避免严重的种间冲突。一种植物的生长有其特定的地下小环境——根群圈,其中的水肥条件和理化性质决定着该植物的生长状况,不同生活型的植物地下小环境的深度是不同的。

地境结构反映了植物地下生境中水、土、盐、生等要素的分布格局及其相互作用、相互联系的关系及秩序。不同物种根系在垂向的分布特征是其与环境条件相互适应的结果。植物在地下部分的成层现象是不同生活型植物根群所在位置的一种体现,草本、灌木、乔木的根群各自具有一定的深度范围,这是由物种生理习性、遗传特征与地境中水土条件、理化性质等因素的空间分布决定的。

5.1.3.1 样坑调查方法

样坑调查是进行地境结构分析、探索植物与其地境生态关系的重要手段之一,以根群层片现象为线索,对地境中各层片水土条件及理化指标组态进行分析,从生态学的角度研究地境结构,揭示其中的生态关系、地境生态功能及其分层效应。

样坑大小为 1.2 m×1.2 m,呈正方形,样坑开挖应使主调查面尽量平顺,并距乔木或灌木的基部保持在 1 m 左右,开挖后在主调查剖面上依次完成以下工作:

(1)搭建 10 cm×10 cm 的网格,对土层岩性进行鉴定、分层。

(2)土层温度的测量。去除表面土,按自上而下的顺序,每 10 cm 间距读取一个温度值,以分析样坑内剖面的温度分布情况。

(3)测定各土层的含水率,以分析样坑内剖面的水分分布情况。

(4)再次修整剖面,按从左至右、从上到下的顺序统计 0~100 cm 内各个层的粗根(根茎>10 mm)、中根(根茎为 2~10 mm)和细根(根茎<2 mm)的分布特征,死根不予统计。

(5)在主调查面上,由上至下每 10 cm 取 1 000 g 土样,测试有机质、全盐量、水解性氮、有效磷、速效钾等土壤肥分指示性因子含量。

(6)综合调查测试结果,明确生活型植物的地境层片深度范围,探究地境垂向不同层位理化特征。

5.1.3.2 研究区地境结构

研究旨在探究区域生态系统的整体性、系统性、连通性等内在规律,揭示生态地质条件,为破损山体一体化生态修复和石漠化治理的植物地境再造关键技术研究提供理论支撑。根据研究区人类工程活动强度、生态环境问题发育程度等,将研究区周围 1~2 km 范围,人类工程活动强烈、矿山地质环境问题及生态环境问题发育的地区作为重点调查区,其他区域为一般调查区,本次完成 29 个样坑调查(见图 5-14)。

1. 凤凰山重点调查区

凤凰山矿山森林公园的生态环境已经得到一定程度的恢复,植被类型以乔灌草结合为主,植物物种多样性较高,根系相对丰富。高陡岩质边坡治理效果欠佳,其西侧采矿边坡是本次研究破损山体生态修复的试验靶区。在该重点调查区共开挖 9 个样坑,8 个位于道路附近,YK-10 位于地势起伏较大的山坡上,样坑深度 0.4~1 m。调查时间为 2020 年 8 月 15—29 日。

1)根系垂向分布特征

凤凰山重点调查区按粗根、中根和细根分别记录各网格出现的数目(见图 5-15)。总根频率从上到下逐渐减少的规律明显,且细根占的比重很大,总根和细根频率变化特征一致。土壤表层根系较丰富,在 0~30 cm 细根数目最多,累计占比 70% 左右,可能与表层土壤肥分含量较高有关,此外还可能与土壤温度从地表向下下降有关。

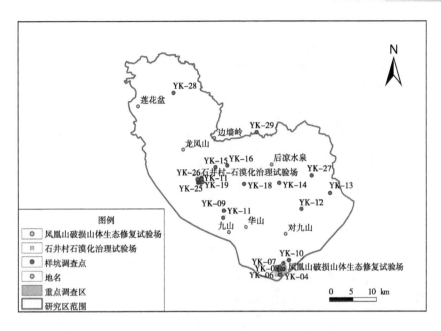

图 5-14 植物样坑调查点位示意

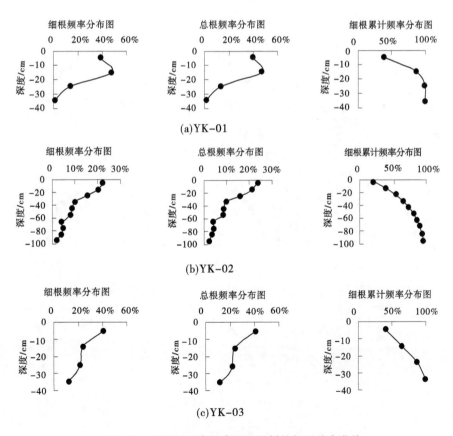

(a)YK-01

(b)YK-02

(c)YK-03

图 5-15 凤凰山重点调查区不同样坑根系分布曲线

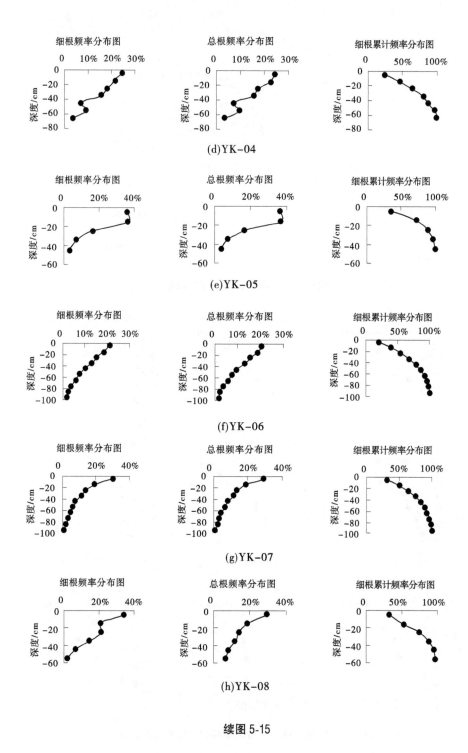

(d)YK-04

(e)YK-05

(f)YK-06

(g)YK-07

(h)YK-08

续图 5-15

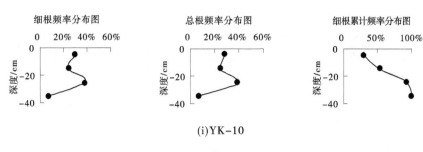

(i)YK-10

续图 5-15

YK-01、YK-05、YK-10 细根频率分布曲线均在 0~30 cm 范围内有一个波峰,且 9 个样坑的细根频率均在 0~30 cm 出现峰值。结合野外植被调查,0~30 cm 代表了荩草、艾等草本的地境稳定层,30 cm 以下的深度范围代表了柏树、构树、黄荆等乔灌的地境稳定层。

凤凰山重点调查区植被类型丰富,乔灌草结合,在地表 1 m 以下,土层的日变温、养分、通气性等条件难以同时满足植物的要求,除发育少数主根外,主要作为土壤水分运动的库。对样坑植物根群层片规律进行研究并结合野外调查,该重点调查区的植被高度、盖度、胸径较大,根系分布较深,因此部分样坑开挖深度为 1 m,这也与研究区的地境底界深度 1 m 相吻合。

2)土壤温度、水分的垂向分布特征

凤凰山重点调查区土壤岩性多为人工回填的砂土,土体松散,土壤孔隙度大,受气温影响显著,土壤温度整体表现出随深度增加而不断减小的趋势。表层土壤(0~30 cm)温度随深度增加较显著,而 30 cm 深度以下,土体较硬,局部出现钙质结核,土壤温度受气温影响较小,随深度变化不明显(见表 5-8)。YK-04 调查时间为中午 11:40,气温较高,且附近有水泥厂,受人为干扰强烈,土壤温度整体较高,土壤温度多在 24~30 ℃(见图 5-16),多年生植被在夏季生长旺盛时期根系对温度的要求不超过 30 ℃,在冬季休眠期根系对温度的要求不低于 2~4 ℃,满足植物生长的基本条件。

表 5-8　凤凰山重点调查区样坑剖面温度、含水率统计

指标	最大值	最小值	平均值	最大值	最小值	平均值	最大值	最小值	平均值	最大值	最小值	平均值
编号	YK-01			YK-02			YK-03			YK-04		
温度/℃	29.3	27.5	28.2	31.1	26.3	27.0	28	26.5	27.1	30.6	25.4	26.9
含水率/%	16.5	4.1	12.4	32.2	17.1	25.3	36.9	21.1	29.6	37.2	26.8	31.0
编号	YK-05			YK-06			YK-07			YK-08		
温度/℃	27.0	25.4	26.3	29.5	24.8	27.3	26.8	25.3	25.8	24.7	24.2	24.5
含水率/%	26.8	6.2	12	30.8	10.2	24.1	24.9	10.7	19.8	15.1	11.5	13.7

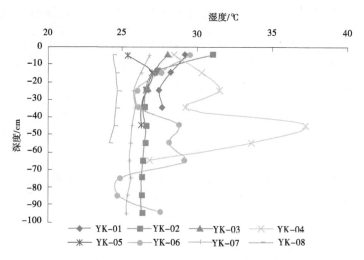

图 5-16　凤凰山重点调查区不同深度土壤温度变化曲线

　　土壤含水率随着深度的增加呈现出不同的特征(见图 5-17),可能与调查时间、太阳辐射强度、样坑附近植物类型有关。0~30 cm 最低含水率为 10.2%,最高含水率达 30.3%,平均含水率为 20.28%;30 cm 深度以下,最低含水率为 4.1%,最高含水率为 36.9%,平均含水率为 22.36%。结合野外调查,凤凰山重点调查区植物物种多样性较高,均匀性较好,构树凋萎系数在 2.48% 左右,长势较好,该地土壤基本满足植被生长的水分需求。

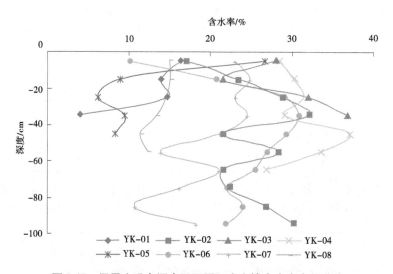

图 5-17　凤凰山重点调查区不同深度土壤含水率变化曲线

　　3)土壤肥分的垂向分布特征

　　凤凰山重点调查区 9 个样坑采取土样肥分样 60 件,肥分测试数据及各分层肥分状况见表 5-9。土壤全盐量都在 0.2% 以下,符合植物生长的基本条件。土壤肥分主要有 4 种变化特征:土壤肥分主要积聚在表层,随深度增加逐渐减小;土壤肥分随深度增加,先减小而后增加,增加的变化趋势主要集中在距离样坑底部 20 cm 以内的深度范围;土壤肥分随深度先减小后增加再减小;土壤肥分随深度先增加后减小再增加。

表 5-9　凤凰山重点调查区不同样坑肥分状况统计

样坑编号	指标	有机质/%	有效磷/（mg/kg）	速效钾/（mg/kg）	全盐量/（g/kg）	水解性氮/（mg/kg）
YK-01	最大值	6.09	9.65	279.4	1.08	133.7
	最小值	0.34	0.23	54.98	0.74	13.14
	平均值	2.15	3.46	136.06	0.92	55.15
YK-02	最大值	0.86	2.44	159.7	1.46	40.11
	最小值	0.41	0.05	86.28	0.58	13.37
	平均值	0.53	0.81	111.54	0.92	26.07
YK-03	最大值	1.87	3.49	155.5	1.44	66.85
	最小值	0.93	1.08	37.54	1.14	26.74
	平均值	1.23	1.86	82.3	1.29	43.46
YK-04	最大值	3	6.61	212.5	1.56	86.91
	最小值	0.49	2.65	110.8	0.72	20.06
	平均值	0.96	4.9	141.03	1.09	32.47
YK-05	最大值	3.12	4.12	141.7	1.54	93.59
	最小值	2.42	3.11	122.2	1.22	66.85
	平均值	2.88	3.71	135.46	1.4	74.87
YK-06	最大值	0.95	9.35	197.1	1.68	33.43
	最小值	0.47	5.28	152	1.02	13.37
	平均值	0.61	6.71	165.26	1.38	22.28
YK-07	最大值	1.43	2.6	292.3	1.18	53.48
	最小值	0.24	0.05	106.3	0.5	13.37
	平均值	0.79	1.2	222.55	0.86	34.76
YK-08	最大值	1.25	2.31	123.1	0.84	40.11
	最小值	0.85	0.11	92.73	0.18	26.74
	平均值	1.05	1.52	106.19	0.5	33.43
YK-10	最大值	6.23	4.55	185.1	1.24	187.18
	最小值	5.02	3.35	119.3	0.98	127.02
	平均值	5.64	3.96	143.03	1.08	155.43

　　YK-01 有机质含量在 0~10 cm 极高,10~20 cm 中等,20~40 cm 极低;有效磷含量中等偏低;速效钾在 0~10 cm 含量极高,10~20 cm 含量高,20~40 cm 含量中等;全盐量随

深度增大而增大;土壤肥分呈现出随深度增大而减小的趋势。YK-02有机质含量在0~10 cm低,10~100 cm极低;有效磷含量极低;速效钾含量在0~10 cm高,10~80 cm含量中等偏低,80~100 cm含量增高;土壤肥分低,主要表现在有机质、有效磷的含量上,肥分随深度增加呈现出先减小而后增大的趋势。YK-03有机质含量中等偏低;有效磷含量在0~10 cm低,10~40 cm极低;速效钾含量在0~10 cm高,10~40 cm中等偏低;水解性氮含量在深度10 cm处达到峰值,之后随深度变化呈现一定范围内的波动;土壤肥分总体表现出随深度增加先减小后增大的趋势。YK-04有机质含量在0~10 cm高,10 cm以下较低;有效磷含量在0~30 cm中等,30~70 cm中等偏低;速效钾含量在0~10 cm极高,10~70 cm中上;土壤肥分随深度增加不断减小。YK-05水解性氮含量在深度20 cm处达到峰值,之后含量随深度变化减小;全盐量先增大后减小,有机质含量在0~20 cm较高,20-50 cm中上;有效磷含量低;速效钾含量中上;土壤肥分随深度无明显变化特征。YK-06有机质含量在0~20 cm低,20~40 cm极低,40~50 cm低,50~100 cm极低;有效磷含量中等;速效钾含量高;土壤肥分随深度变化呈现出先减小而后基本不变的趋势。YK-07水解性氮含量在深度50 cm处达到峰值,之后含量随深度变化减小;全盐量先增大后减小;有机质含量在0~50 cm中等偏低,50~90 cm极低,90~100 cm中等;有效磷含量在0~100 cm极低;速效钾含量在0~50 cm极高,50~80 cm高,80~90 cm中等,90~100 cm极高;土壤肥分随着深度先减小而后增加。YK-08有机质含量中等偏低;有效磷含量极低;速效钾含量在0~50 cm中上,50~60 cm中等;土壤肥分较低,主要体现在有机质含量上,土壤肥分整体表现出随深度增加而减小的趋势。YK-10有机质含量在0~40 cm极高;有效磷含量低;速效钾含量在0~10 cm、30~40 cm高,10~30 cm中上;土壤肥分高,主要体现在有机质、速效钾含量上,土壤肥分随深度增加先减小而后增加。

　　受道路建设、矿山地质环境治理等工程的影响,凤凰山重点调查区土壤肥分中等,垂向表现出较大的差异,土壤肥分表层较高(见表5-10)。土壤有机质含量为0.24%~6.23%,大部分数据都在1%附近波动,土壤有机质含量处于中等偏低的水平。随着土层深度的增加,有机质先降低后增加,但整体表现出表层高于深层,由于道路边坡修整,土壤表层含有较多砾石,孔隙度大,降雨入渗使得表层有机质向下运移、积聚;土壤水解性氮含量为13.14~187.18 mg/kg,随着土层深度的增加,水解性氮含量先降低后增加,与有机质呈现出正相关关系,土壤表层含量最高;土壤速效钾含量为37.54~292.3 mg/kg,土壤速效钾含量随土层深度无明显变化特征,0~20 cm土壤含量高,20 cm以下处于中等至高供钾水平,且含量较为均匀,与道路修整后边坡施肥绿化有关;土壤有效磷含量为0.05~9.65 mg/kg,大部分深度范围内处于极低水平,由于夏季降雨强度较大,易于在边坡产生短时壤中流,一方面造成土壤通气不良,生物作用弱,磷的矿化作用差,另一方面壤中流将土壤养分带走,进一步加剧土壤有效磷含量减小。

表 5-10 凤凰山重点调查区土壤肥分剖面分布特征统计

土层深度/cm	有机质/%	水解性氮/(mg/kg)	速效钾/(mg/kg)	有效磷/(mg/kg)
0~20	1.88	65.37	165.94	3.66
20~40	1.52	46.05	126.51	2.61
40~60	0.94	32.82	142.46	2.85
60~80	0.48	20.05	134.64	3.45
80~100	0.64	23.40	158.08	2.77

2. 石井村重点调查区

石井村重点调查区大面积基岩裸露,土层厚度较薄,土地资源稀少,生态环境质量较差,是石漠化生态修复的试验靶区。完成生态地质调查样坑9个,YK-19土层相对较厚,植被类型以灌草为主,开挖深度为70 cm,其余样坑开挖深度均不超过50 cm。调查时间为2020年8月15—29日。

1) 根系垂向分布特征

石井村重点调查区植被类型以灌草结合为主,植株普遍较为矮小,与特殊的立地条件有关。土壤表层根系较丰富,在0~20 cm细根累计占比70%左右(见图5-18),细根、总根频率从上到下逐渐减少,与表层土壤肥分含量高以及土壤温度从地表向下下降有关。9个样坑的细根频率分布曲线均在0~20 cm出现峰值。结合野外植被调查,0~20 cm代表了荩草、白茅、牛筋草等草本的地境稳定层,20 cm以下深度代表了黄荆、柏树、皂荚等灌木、乔木的地境稳定层。该区植被以灌木、草本为主,草本植物比较茂盛,分布广泛。该重点调查区土壤厚度多在50 cm以内,植被高度、胸径、盖度整体较小,地境稳定层相对较浅,主要集中在0~50 cm深度范围。

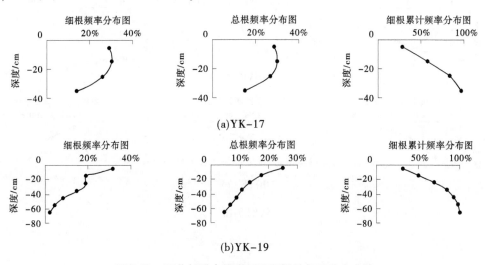

(a) YK-17

(b) YK-19

图 5-18 石井村重点调查区不同样坑根系分布曲线

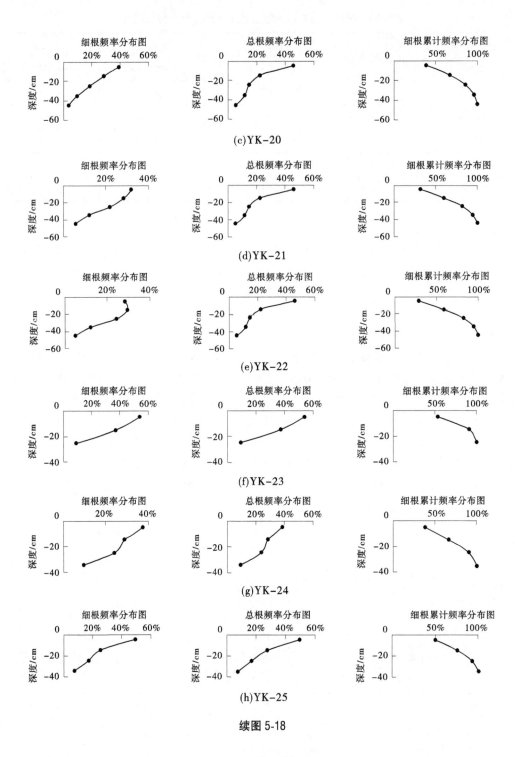

续图 5-18

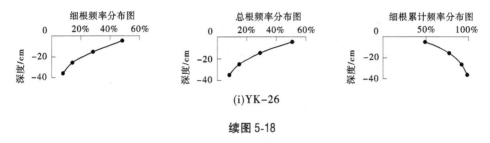

(i)YK-26

续图 5-18

2）土壤温度、水分垂向分布特征

石井村重点调查区土壤岩性为砂土，且含有大量砾石，土壤孔隙度大，土层厚度较薄，土壤温度受到太阳辐射强度影响较大。随着土壤深度的增加，热辐射强度逐渐减弱，样坑剖面土壤温度整体随埋深增加呈现减小的趋势（见表 5-11、图 5-19）。YK-19、YK-23、YK-24、YK-25 在 0~10 cm 深度范围土壤温度高于 30 ℃，与 4 个样坑的调查时间集中于上午 10:30 至下午 4:00 有关，此时气温较高，造成土壤表层（0~10 cm）温度大于 30 ℃，10 cm 深度以下土壤温度均小于 30 ℃。该重点调查区土壤温度的测量结果多在 22~30 ℃，地温比较适中，符合植物生长的温度条件。

表 5-11　石井村重点调查区不同样坑剖面温度、含水率统计

指标	最大值	最小值	平均值	最大值	最小值	平均值	最大值	最小值	平均值
编号	YK-17			YK-19			YK-20		
温度/℃	24.9	22.9	23.5	31.6	25.7	27.6	29.5	23.8	25.6
含水率/%	25.1	14.6	20.5	31.9	26.8	28.9	24.6	18.2	21.1
编号	YK-21			YK-22			YK-23		
温度/℃	26.7	24.2	25.4	28.1	26.1	26.9	31.5	27.6	29.1
含水率/%	21.6	16.2	18.3	25.3	21.4	22.9	14.7	14.3	14.4
编号	YK-24			YK-25			YK-26		
温度/℃	32.4	26.7	28.8	31	25.8	27.6	28.4	25.4	26.5
含水率/%	19.4	14.6	16.3	21.9	14.7	17.9	14.2	12.5	13.2

受植物类型、调查时间等因素的影响，土壤含水率随深度增加表现出多样化的变化趋势（见图 5-20）。0~20 cm 最低含水率为 12.5%，最高含水率达 29.9%，平均含水率为 19.58%；20 cm 以下，最低含水率为 13.5%，最高含水率为 37.8%，平均含水率为 21.62%。石井村重点调查区乔木优势种为柏树，其耐干旱、贫瘠，长势良好，该地土壤基本满足植被生长的水分需求。

3.土壤肥分垂向分布特征

石井村重点调查区土壤肥分水平较高，土壤有机质含量为 1.06%~9.31%，含量较高，随着土层深度的增加，有机质含量不断降低；土壤水解性氮含量为 40.11~217.26 mg/kg，水解性氮含量随土层深度增加不断降低；土壤速效钾含量为 106.50~247.40 mg/

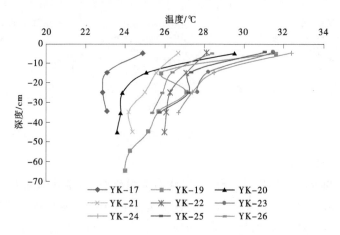

图 5-19　石井村重点调查区不同深度土壤温度变化曲线

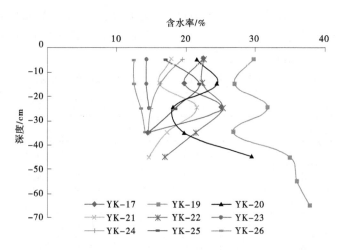

图 5-20　石井村重点调查区不同深度土壤含水率变化曲线

kg,处于高水平,随土层深度增加表现出先降低后增加的特征;土壤有效磷含量为 0.62~ 13.65 mg/kg,含量较低(见表 5-12)。坡度、坡面的微地形和土壤侵蚀相互作用,共同影响着坡面土壤肥分的变化特征,在自然因素和人为因素的综合作用下,土壤侵蚀导致土壤肥分汇聚于地形平缓处。

表 5-12　石井村重点调查区不同样坑肥分状况统计

样坑编号	指标	有机质/%	有效磷/（mg/kg）	速效钾/（mg/kg）	全盐量/（g/kg）	水解性氮/（mg/kg）
YK-17	最大值	6.11	4.07	190.90	1.06	187.18
	最小值	4.69	3.18	132.40	0.92	96.93
	平均值	5.31	3.70	155.70	0.99	127.85

续表 5-12

样坑编号	指标	有机质/%	有效磷/（mg/kg）	速效钾/（mg/kg）	全盐量/（g/kg）	水解性氮/（mg/kg）
YK-19	最大值	5.20	6.48	247.40	2.00	130.36
	最小值	1.06	1.80	161.50	1.48	40.11
	平均值	2.62	3.11	191.76	1.77	80.22
YK-20	最大值	5.01	3.10	163.20	1.58	150.41
	最小值	2.75	0.62	106.50	0.80	56.82
	平均值	3.62	1.75	132.04	1.26	90.25
YK-21	最大值	5.10	3.67	177.80	1.38	116.99
	最小值	3.93	1.41	146.30	1.10	100.28
	平均值	4.59	2.58	157.38	1.30	109.64
YK-22	最大值	8.85	5.24	197.50	1.36	187.18
	最小值	3.88	2.36	128.10	1.16	106.96
	平均值	5.23	3.31	152.60	1.27	129.69
YK-23	最大值	9.31	5.08	180.50	1.42	217.26
	最小值	5.92	2.16	137.10	1.14	140.39
	平均值	7.30	3.86	159.90	1.25	174.93
YK-24	最大值	5.49	13.65	175.40	1.27	150.41
	最小值	3.10	4.19	124.00	1.10	50.14
	平均值	3.83	6.86	143.65	1.17	122.00
YK-25	最大值	3.39	2.68	175.10	1.36	86.91
	最小值	1.75	0.89	117.70	1.08	40.11
	平均值	2.24	1.54	138.58	1.28	60.17
YK-26	最大值	6.03	6.73	197.40	1.28	207.24
	最小值	3.14	4.18	129.70	0.98	100.28
	平均值	4.15	5.69	148.50	1.16	132.87

　　YK-17 土壤有机质含量极高；全盐量随着土壤深度增加而减小；有效磷含量低；速效钾含量较高；土壤肥分呈现随深度增加先减小而后增加的趋势。YK-19 水解性氮含量呈现出随深度增加而减小的趋势；有机质含量在 0~30 cm 较高，在 30~60 cm 含量中等；速效钾含量较为丰富，在 0~30 cm 极高，30~70 cm 高；有效磷含量中等偏低；土壤肥分随深度先增加=后减小再增加。YK-20 速效钾含量在 10~20 cm 高，其余深度内中等；土壤有效磷含量较低；有机质含量较高；土壤肥分整体表现出随深度增加而减小的趋势。YK-21

速效钾含量中上偏高;有效磷含量在 0~10 cm 低,10 cm 以下极低;有机质含量较高;土壤肥分表现出随深度增加先减小再增加而后不断减小的特征。YK-22 速效钾含量中上偏高;有效磷含量在 0~10 cm 中等,20 cm 以下较低;有机质含量在 0~30 cm 极高,30~50 cm 中等;全盐量随深度增加变化不大;土壤肥分呈现出随深度增加而减小的趋势。YK-23 有机质含量极高;有效磷含量较低;速效钾含量在 0~20 cm 高;水解性氮含量较高;土壤肥分表现出随深度增加而减小的趋势,肥分水平是石井村重点调查区 9 个样坑中最高的,主要体现在有机质、速效钾的含量上。YK-24 速效钾含量在 0~10 cm 高,10~40 cm 含量中上;有机质含量在 0~10 cm 极高,10~40 cm 含量高;有效磷含量相比于其他样坑高,0~20 cm 含量低,20~30 cm 中等,30~40 cm 含量中上,其含量整体随深度增加而增加,与附近农田施肥有关,表层淋洗到土体下部,含量随深度不断增加;土壤肥分随深度增加而降低。YK-25 速效钾含量在 0~10 cm 高,10~40 cm 中上;有效磷含量极低;有机质含量在 0~10 cm 高,10~40 cm 中等;水解性氮含量较低;土壤肥分水平较低,整体表现出随深度增加而降低的趋势。YK-26 有机质含量较高,在 0~10 cm 极高,10~40 cm 高;水解性氮含量随深度增大而减小;速效钾含量在 0~10 cm 高,10~40 cm 含量中上;有效磷含量中等偏低;土壤肥分随深度增加而降低。

石井村重点调查区土壤全盐量均小于 0.2%,符合植物生长的基本条件。土壤肥分呈现为三个特点:土壤肥分随深度增加逐渐减小;土壤肥分随深度增加,先减小再增加,增加的变化趋势主要集中在距离样坑底部 10 cm 以内的深度范围;土壤肥分随深度先减小后增加再减小(见表 5-13)。

表 5-13   石井村重点调查区土壤肥分剖面分布特征统计

土层深度/cm	有机质/%	水解性氮/(mg/kg)	速效钾/(mg/kg)	有效磷/(mg/kg)
0~20	5.06	135.74	170.14	3.65
20~40	3.47	90.99	134.34	3.52
40~70	1.46	46.55	141.51	1.80

5.2   岩体体裂隙率计算

岩体的裂隙发育具有非均匀性和各向异性的特点,如何相对客观地测量岩体的体裂隙率一直是地质工作中的难题,目前常用的是线裂隙率和面裂隙率,但都难以客观体现岩体的裂隙发育状况。本书采用体裂隙率的测量和计算方法,以更加科学合理地表征岩体裂隙发育情况,并为凤凰山破损山体试验场及石井村石漠化试验场种植孔的设计提供依据。

5.2.1   基于球体法的体裂隙率调查

5.2.1.1   球体法原理

裂隙发育程度是单位岩体范围内发育的裂隙数量。裂隙的数量可能是单位长度,也可能是单位面积或单位体积。在《地球科学大辞典》中,体裂隙率的定义为,岩石中裂隙的体积与包括裂隙在内的岩石体积的比值。在《水文地质学基础》中,体裂隙率的定义为裂隙体积与包括裂隙在内的岩石体积的比值,用式(5-1)进行表示:

$$K_r = \frac{V_r}{V} \times 100\%$$ (5-1)

式中:K_r 为体裂隙率;V_r 为裂隙体积;V 为岩石体积。

　　测线法和统计窗法均是在一维或二维空间上对裂隙的测量,测量结果只是局部表面的裂隙率。在岩体露头面上测线方向或者统计窗平面内所测得的裂隙隙宽与裂隙之间的距离,并非裂隙的真实隙宽和裂隙间距。在精确测定裂隙间距和裂隙隙宽时,应沿着裂隙面法线方向进行统计,以得到裂隙间距和隙宽的真实值,需要在方位不同的面上进行各组裂隙的测量。

　　裂隙岩体本身是三维的,在有限的测量空间内,往往同时发育有多个方向裂隙组,同一组裂隙近似平行,各组裂隙互相交叉,形成岩体内的空间裂隙网络(见图5-21)。裂隙单元体是在一定范围内包含不同方向裂隙组交切在内的岩体空间集合体,是能够宏观反映测量点附近裂隙发育的小范围区域。岩体裂隙率会随着研究范围尺寸的增大而趋于稳定,为便于测量计算,将裂隙单元体定义为球体,选取适当测量半径,统计球体中裂隙发育规律来反映测量点附近裂隙的发育规律。

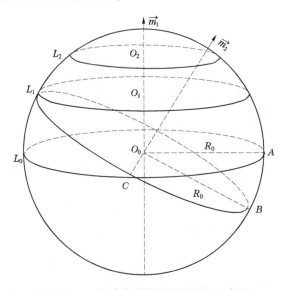

图 5-21　三维球体裂隙率测量原理示意图

　　以某一组裂隙为例,在测量点附近选取其中一个出露裂隙面作为基准面(面 AO_0C),同一组其他裂隙面近似平行,与球体交于平行圆切面($L_1,L_2,\cdots$),分别测定裂隙到基准面的距离($H_1,H_2,\cdots$)及对应隙宽($n_1,n_2,\cdots$),利用几何关系计算切面面积,其与对应隙宽乘积的总和近似等于该组裂隙与球体相交的体积,进而可以计算出该组裂隙的面法向裂隙率。在测量点附近选取相近的基准面多次测量,统计均值表示该组裂隙沿面法线方向 $\overrightarrow{m_1}$ 的平均发育状况。

为测定三维空间中岩体的体裂隙率,需要根据各裂隙组产状从不同方向进行观测(如以面 BO_0C 为基准面沿其法向 $\overrightarrow{m_2}$ 测量裂隙组),将得到的各裂隙组平均法向裂隙率在三维单元球体中叠加组合,可以得到测量点附近体裂隙率。

5.2.1.2 野外测量

在进行野外测量前,应先收集整理研究区的地质资料,结合该地区的岩层、岩性、构造等基础地质资料,大致了解区域内可能存在构造裂隙的分布规律。实地调查岩体裂隙的发育状况,包括选取测量点、调查测量点附近裂隙发育情况、测量统计裂隙间距等,具体步骤如下:

(1)选择测量点位置。

根据野外岩体出露情况选定观测点,记录并编号。测量工作可以在露天采掘场、浅井、地下勘探或开采坑道中进行。在兼顾安全的同时,所选位置要有代表性,能够反映研究区的裂隙发育规律,能够测量足够详尽的结构面数据。

(2)确定测量球体半径。

为了保证采集裂隙的样本数量足够多,同时又使测量的工作量最省,首先需要确定一个能够保证测量精度的最小测量半径。最佳测线长度与裂隙间距直接相关,裂隙平均间距越大,所需测线长度也越大。所以,目前通常依据裂隙间距的概率特征确定最佳测线长度。

将裂隙间距视为随机变量,令该变量的概率密度函数为 $f(x)$,在长度为 L 的测线上,有限样本的概率密度函数为 $f_1(x)$,则 $f_1(x)$ 可写成如下形式:

$$f_1(x) = \frac{f(x)}{\int_0^L f(x)\,\mathrm{d}x} \quad (0 < x \le L) \tag{5-2}$$

由于 $\int_0^L f(x)\,\mathrm{d}x \le \int_0^{+\infty} f(x)\,\mathrm{d}x = 1$,故有 $f_1(x) \ge f(x)$。

间距一般服从负指数分布,$f(x) = \lambda e^{-\lambda x}$,其中 λ 为沿测线走向的裂隙线密度,即测线方向上裂隙平均间距的倒数。

将 $f(x)$ 的表达式带入 $f_1(x)$,得 L 长测线上有限裂隙间距的概率密度函数:

$$f_1(x) = \frac{\lambda}{1 - e^{-\lambda L}} e^{-\lambda L} \quad (0 < x \le L) \tag{5-3}$$

进而可得 L 长测线上裂隙间距的样本均值:

$$E(x) = \int_0^L x \cdot f_1(x)\,\mathrm{d}x = \frac{1 - \lambda L e^{-\lambda L} - e^{-\lambda L}}{\lambda(1 - e^{-\lambda L})} \tag{5-4}$$

当 L 趋于 $+\infty$ 时,$E(x) = \dfrac{1}{\lambda}$。

L 长测线上裂隙间距的样本均值与总体均值的相对误差可写成如下表达式:

$$a = \frac{\dfrac{1}{\lambda} - E(x)}{\dfrac{1}{\lambda}} = 1 - \frac{1 - \lambda L e^{-\lambda L} - e^{-\lambda L}}{\lambda(1 - e^{-\lambda L})} \tag{5-5}$$

当线密度取不同值时,测线长度 L 与相对误差 a 存在以上关系,一般要求相对误差小于 5%即可,根据平均间距,可以确定最佳测线长度。

为保证测量的代表性和准确性,根据野外岩体出露情况以及裂隙发育程度,选取合适的测量半径以确保测量范围内能够包含一定数量的裂隙。在野外观测到岩体裂隙间距多在 10~100 cm,考虑到野外操作的便捷性,做如下规定:裂隙平均间距在 10 cm 以内,测量半径为 0.5 m;裂隙平均间距在 10~30 cm,测量半径为 1 m;裂隙平均间距在 30~100 cm,测量半径为 2 m;若岩体裂隙平均间距大于 100 cm 或受野外测量条件所限,视具体情况选定测量半径。

(3)现场测量。

现场主要测量裂隙隙距和隙宽。在观测一组裂隙时,选取其中一个较平整、方便操作的裂隙面作为测量基准面,隙距是指裂隙面沿其法线方向到基准面的距离,采用体裂隙率测量仪器进行测量。

隙宽是描述裂隙开启性的指标,裂隙发育宽窄各异,隙宽多在 1~20 mm。为测得真实隙宽,采用精密的塞尺进行测量。本次测量的隙宽下限为 0.5 mm,一是考虑现场测量时,厚度小于 0.5 mm 的塞尺过于单薄,难以插入细小的裂隙;二是由于隙宽小于 0.5 mm 的裂隙属于微裂隙,延伸性较差,大多闭合或被填充。

5.2.1.3 数据处理

在一个测量点,共划分 m 组裂隙,根据裂隙发育间距选取合适测量半径 R,以第 1 组裂隙为例,逐次测量第 1 组第 i 条($i=1,2,3,\cdots,n$)裂隙的隙宽 n_i 以及对应裂隙面到基准面的距离(隙间距)h_i,首先需要求取第 1 组第 i 条裂隙与测量球体相切的体积(见图 5-22)。

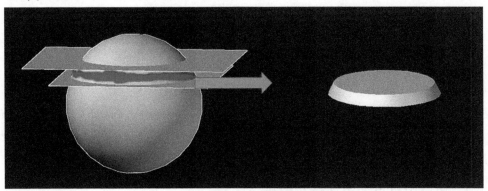

图 5-22 体裂隙率调查原理示意图

运用积分可得:

$$V_i = \int_{h_i}^{h_i+n_i} \pi(r^2 - n_i^2)\, \mathrm{d}n_i$$

$$= \int_{h_i}^{h_i+n_i} \pi r^2 \, \mathrm{d}n_i - \int_{h_i}^{h_i+n_i} \pi n_i^2 \, \mathrm{d}n_i$$

$$= \pi n_i r^2 - \frac{\pi}{3}\left[(h_i + n_i)^3 - h_i^3\right] \tag{5-6}$$

考虑到计算过程的数据量较大,上述计算裂隙体积方法较为复杂,故采用近似计算,

将所求裂隙近似看成一圆柱体,则裂隙体积为

$$V_i' = \pi n_i (R^2 - h_i^2) \tag{5-7}$$

按式(5-8)计算第 1 组裂隙在测量球体中所占的总体积,依次算出第 2 组裂隙、第 3 组裂隙……第 n 组裂隙在测量球体中所占的体积 V_j:

$$V_j = 2 \sum_{i=1}^{n} V_i' \tag{5-8}$$

按式(5-9)计算各组裂隙的总体积:

$$V_{裂} = \sum_{j=1}^{m} V_j \tag{5-9}$$

按式(5-10)计算测量点体裂隙率:

$$K = \frac{V_{裂}}{V_{球}} \times 100\%$$

$$= \frac{\sum_{j=1}^{m} \left\{ 2 \sum_{i=1}^{n} \left[\pi n_i (R^2 - h_i^2) \right] \right\}}{\frac{4}{3} \pi r^3} \times 100\%$$

$$= \frac{3 \sum_{j=1}^{m} \sum_{i=1}^{n} \left[\pi n_i (R^2 - h_i^2) \right]}{2 \pi r^3} \times 100\% \tag{5-10}$$

若是不进行近似处理,则按式(5-11)计算体裂隙率:

$$K = \frac{V_{裂}}{V_{球}} \times 100\%$$

$$= \frac{3 \sum_{j=1}^{m} \sum_{i=1}^{n} \left\{ \pi n_i r^2 - \frac{\pi}{3} \left[(h_i + n_i)^3 - h_i^3 \right] \right\}}{2 \pi r^3} \times 100\% \tag{5-11}$$

式中:K 为体裂隙率;h_i 为裂隙面与基准面(该组过球心的裂隙)的距离;n_i 为第 i 条裂隙的隙宽;V_i 为球体空间中第 i 条裂隙所占的体积;V_i'为近似处理的裂隙体积;$V_{球}$为球体体积;R 为球体半径。

5.2.2　凤凰山重点调查区体裂隙率

在凤凰山矿山森林公园选取岩体出露面新鲜、裂隙发育明显的区域布设 24 个调查点,对于部分出露面积较大的破损山体区域布设多个点位多次测量,测量裂隙 361 条,其中凤凰山破损山体生态修复试验场布设测量点 5 个,测量裂隙 78 条,凤凰山矿山森林公园其他区域布设测量点 6 组 19 个,测量裂隙 283 条(见图 5-23)。

5.2.2.1　产状特征

凤凰山矿山森林公园内裂隙分布规律较为明显,主要发育 3 组,一组层面裂隙最为发育,两组构造裂隙次之。其中凤凰山破损山体生态修复试验场层面裂隙产状为 355°-7°∠3°-5°,两组构造裂隙产状分别为 48°-68°∠80°-85°和 320°-350°∠80°-85°;凤凰山

(a)   (b)   (c)

图 5-23　凤凰山重点调查区体裂隙率调查

矿山森林公园内其他区域层面裂隙产状为 330°~350° ∠3°~10°，两组构造裂隙产状分别为 220°~240° ∠45°~55° 和 130°~150° ∠65°~75°。

5.2.2.2　裂隙宽度特征

裂隙宽度是表征裂隙发育情况的重要指标，根据全部测量点的隙宽数据绘制出隙宽频率直方图（见表 5-14、图 5-24），凤凰山重点调查区内，裂隙宽度为 0~0.1 cm 占比为 12.7%，裂隙宽度为 0.1~0.5 cm 占比为 81.2%，裂隙宽度大于 0.5 cm 占比为 6.1%。

表 5-14　凤凰山矿山森林公园裂隙隙宽调查统计

裂隙宽度/cm	条数	占比/%
0~0.1	46	12.7
0.1~0.5	293	81.2
大于 0.5	22	6.1
总计	361	100

5.2.2.3　体裂隙率特征

以 T-01 号测量点为例，进行体裂隙率的计算。T-01 号测量点位于凤凰山破损山体生态修复试验场，实地观察测量分为 3 组裂隙，对每组裂隙分别进行多次测量。

（1）计算第 1 组裂隙第一次测量的裂隙体积 $V_{1-1} = \pi n_1(R^2 - h_1)^2$。

（2）计算其他 2 组裂隙多次测量结果及各组平均值，计算结果见表 5-15。

（3）计算各组裂隙在测量球体中的总体积。

$$V = \sum_{j=1}^{3} V_j = 5\,574.91 + 6\,263.83 + 13\,865.93 = 25\,704.67(\text{cm}^3)$$

（4）利用选取的测量半径 50 cm，计算测量球体的总体积，进而求出 T-01 号测量点的体裂隙率。

$$K = \frac{V}{V_0} \times 100\% = \frac{25\,704.67}{4\pi/3 \times 50^3} \times 100\% = 4.91\%$$

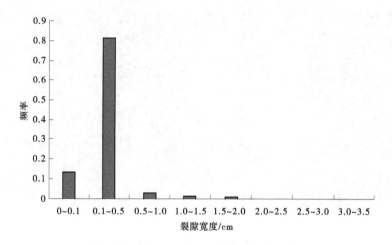

图 5-24　凤凰山矿山森林公园裂隙宽度频率直方图

表 5-15　T-01 号测量点体裂隙率计算结果统计

测量点	裂隙组号	裂隙编号	距离 h_i/cm	隙宽 n_i/cm	$r_i^2 = R^2 - h_i^2$/cm²	$A_i = \pi r_i^2$/cm²	$V_i = \pi r_i^2 n_i$/cm³	V_j/cm³	V/cm³	体裂隙率/%
T-01	1	1	15	0.15	2 275	7 143.5	1 071.53	5 574.91	25 704.67	4.91
		2	30	0.18	1 600	5 024	904.32			
		3	39	0.40	979	3 074.06	1 229.62			
		4	10	0.12	2 400	7 536	904.32			
		5	25	0.13	1 875	5 887.5	765.38			
		6	30	0.13	1 600	5 024	653.12			
		7	49	0.15	99	310.86	46.63			
	2	1	18	0.30	2 176	6 832.64	2 049.79	6 263.83		
		2	24	0.30	1 924	6 041.36	1 812.41			
		3	11	0.15	2 379	7 470.06	1 120.51			
		4	35	0.32	1 275	4 003.5	1 281.12			
	3	1	17	0.20	2 211	6 942.54	1 388.51	13 865.93		
		2	19	0.60	2 139	6 716.46	4 029.88			
		3	6	0.80	2 464	7 736.96	6 189.57			
		4	29	0.30	1 659	5 209.26	1 562.78			
		5	32	0.15	1 476	4 634.64	695.20			

对所有测量点数据进行计算,得出各测量点不同裂隙组的裂隙体积,总体积为单组裂隙体积之和,体裂隙率为裂隙总体积除以球体体积(见表 5-16)。凤凰山矿山森林公园 24 个测量点均位于灰岩地层区域,各点发育有 2~3 组裂隙,多为 1 组层面裂隙和 1~2 组构造裂隙,每组裂隙为 2~13 条不等。体裂隙率值分布范围为 1.51%~7.52%,均值为 3.18%,体裂隙率值集中分布在 1%~3%,占比 62.5%。测量点的体裂隙率频率分布见图 5-25。体裂隙率的波动体现出裂隙发育的不均匀性,整体差异性较小,由裂隙发育整体的规律性和局部发育不均匀性决定。

表 5-16 凤凰山重点调查区体裂隙率计算统计

测量点编号	组号	条数	总条数	裂隙体积/cm³	总体积/cm³	体裂隙率/%
T-01	1	7	16	5 574.91	25 704.67	4.91
	2	4		6 263.83		
	3	5		13 865.93		
T-02	1	5	15	4 907.85	22 657.77	4.33
	2	5		12 901.73		
	3	5		4 848.19		
T-03	1	6	15	3 361.21	10 243.31	1.96
	2	4		2 623.75		
	3	5		4 258.34		
T-04	1	9	19	6 395.55	26 643.25	5.09
	2	5		14 566.81		
	3	5		5 680.89		
T-05	1	5	13	6 633.82	28 487.74	5.44
	2	4		15 248.63		
	3	4		6 605.30		
T′-01-1	1	5	13	2 462.92	8 767.29	1.68
	2	5		4 723.44		
	3	3		1 580.93		
T′-01-2	1	3	8	3 364.35	8 694.03	1.66
	2	2		2 356.57		
	3	3		2 973.11		

续表 5-16

测量点编号	组号	条数	总条数	裂隙体积/cm³	总体积/cm³	体裂隙率/%
T'-01-3	1	2	11	721.10	7 886.71	1.51
	2	5		4 536.70		
	3	4		2 628.90		
T'-02-1	1	8	17	4 373.02	13 081.18	2.50
	2	6		6 065.85		
	3	3		2 642.31		
T'-02-2	1	10	19	6 649.48	13 363.21	2.55
	2	5		3 965.00		
	3	4		2 748.72		
T'-02-3	1	13	22	10 414.47	16 182.40	3.09
	2	5		2 936.40		
	3	4		2 831.53		
T'-02-4	1	5	17	3 459.53	28 764.79	5.50
	2	9		17 205.32		
	3	3		8 099.94		
T'-03-1	1	6	14	5 147.87	14 113.52	2.70
	2	5		7 025.12		
	3	3		1 940.52		
T'-03-2	1	4	15	2 832.15	13 097.82	2.50%
	2	6		5 240.03		
	3	5		5 025.63		
T'-03-3	1	6	12	4 815.10	18 548.20	3.54
	2	4		12 022.43		
	3	2		1 710.67		
T'-04-1	1	5	12	4 029.41	14 886.90	2.84
	2	5		5 587.00		
	3	3		5 270.49		
T'-04-2	1	9	18	5 256.89	15 240.21	2.91
	2	7		5 557.23		
	3	5		4 426.08		

续表 5-16

测量点编号	组号	条数	总条数	裂隙体积/cm³	总体积/cm³	体裂隙率/%
T′-04-3	1	5	14	2 330.54	9 738.33	1.86
	2	5		2 710.35		
	3	4		4 697.44		
T′-04-4	1	6	14	3 654.55	8 128.33	1.55
	2	4		1 892.70		
	3	4		2 581.08		
T′-05-1	1	4	10	2 444.87	8 096.08	1.55
	2	3		3 203.27		
	3	3		2 447.94		
T′-05-2	1	7	16	5 574.91	25 704.67	4.91
	2	4		6 263.83		
	3	5		13 865.93		
T′-06-1	1	4	15	2 293.71	10 169.77	1.94
	2	6		3 372.74		
	3	5		4 503.33		
T′-06-2	1	4	22	4 770.92	39 356.60	7.52
	2	7		5 201.57		
	3	11		29 384.12		
T′-06-3	1	6	14	4 259.76	39 356.60	2.17
	2	5		5 728.77		
	3	3		1 347.94		

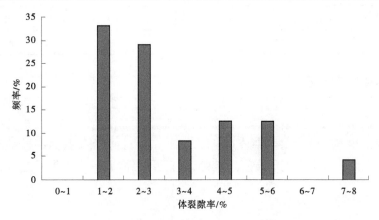

图 5-25 凤凰山重点调查区体裂隙率频率分布

5.2.3 石井村石漠化区域重点调查区

石井村石漠化区域重点调查区布设测量点 7 个,共 5 组 97 条裂隙(见图 5-26)。

(a)   (b)   (c)

图 5-26 石井村石漠化区域重点调查区体裂隙率调查

5.2.3.1 产状特征

该区一般发育 3 组裂隙,部分调查点发育 4 组裂隙,主要分为 3 组:其中一组层面裂隙最为发育,产状 280°-300°∠35°-43°;两组构造裂隙次之,产状分别为 230°-240°∠30°-40°和 130°-150°∠43°-50°。

5.2.3.2 裂隙宽度特征

根据裂隙隙宽数据(见表 5-17),绘制出裂隙宽度频率直方图(见图 5-27)。石井村石漠化区域重点调查区内,裂隙宽度以 0.1~0.5 cm 为主。裂隙宽度为 0~0.1 cm 占比为 4.1%,裂隙宽度为 0.1~0.5 cm 占比为 81.4%,裂隙宽度大于 0.5 cm 占比为 14.5%。

表 5-17 石井村石漠化区域重点调查区裂隙隙宽调查统计

裂隙宽度/cm	条数/组	占比/%
0~0.1	4	4.1
0.1~0.5	79	81.4
大于 0.5	14	14.5
总计	97	100

5.2.3.3 体裂隙率特征

石井村石漠化区域重点调查区各点发育有 3~4 组裂隙,多为 1 组层面裂隙和 2~3 组构造裂隙,每组裂隙 2~9 条不等。体裂隙率值分布范围为 1.79%~13.65%,均值为 4.84%(见表 5-18),体裂隙率频率分布见图 5-28。T′-11-2 点体裂隙率异常偏高,该点位于 S229 省道东侧一人工开挖的岩质边坡处,岩石开挖面新鲜,为人为开挖造成岩体破碎,隙宽较大。

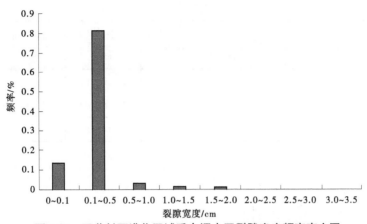

图 5-27 石井村石漠化区域重点调查区裂隙宽度频率直方图

表 5-18 石井村石漠化重点调查区体裂隙率调查

编号	组号	条数	总条数	裂隙体积/cm³	总体积/cm³	体裂隙率/%
T′-07-1	1	8	13	4 680.80	9 824.43	1.88
	2	2		1 632.80		
	3	3		3 510.83		
T′-07-2	1	9	15	4 863.08	9 391.90	1.79
	2	4		3 569.24		
	3	2		959.58		
T′-08	1	8	16	11 263.27	39 359.99	7.52
	2	4		9 257.98		
	3	4		18 838.74		
T′-09	1	9	15	6 740.48	17 091.02	3.27
	2	4		7 965.40		
	3	2		2 385.14		
T′-10	1	4	12	2 855.52	11 678.76	2.23
	2	4		4 535.89		
	3	2		1 999.55		
	4	2		2 287.80		
T′-11-1	1	3	12	3 203.90	18 439.68	3.52
	2	5		13 429.15		
	3	4		1 806.63		

续表 5-18

编号	组号	条数	总条数	裂隙体积/cm³	总体积/cm³	体裂隙率/%
T′-11-2	1	5	14	24 521.52	71 434.69	13.65
	2	5		28 769.31		
	3	4		18 143.86		

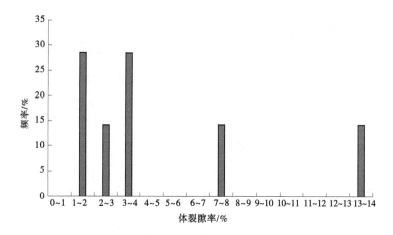

图 5-28 石井村石漠化区域重点调查区体裂隙率频率分布

5.3 种植孔设计

5.3.1 种植孔设计三要素

（1）深度：主要取决于植物地境深度。据调查，大部分植物的根群圈范围是 20～60 cm，只要满足其深度就可以达到植物的生存要求，设计孔的深度一般小于 50 cm 即可。孔位设计在岩石裂隙较发育的地方。

（2）孔径：种植孔大小主要取决于植物的根系特点、施工工艺和施工成本。原则上孔径较大为好，但会加大施工难度，不易操作，同时加大修复成本。根据经验，种植孔内种植灌木及小乔木，一般设计孔径为 10～20 cm。

（3）方向：取决于裂隙的优势发育方向。种植孔的方向决定了植物的生长姿态、植物可直接利用的有效体积，以及孔内盛接自然降水、人工浇水的体积。综合考虑各项因素平衡，种植孔的方向与坡面夹角为 10°～45°。

5.3.2 具体设计方案

孔深确定：温度和水分条件是植物根群圈的两个重要理化指标，影响根系正常生长的地境是有深度范围的。结合前期地境调查结果，草本植物的根群范围在 10～30 cm，灌木和小乔木的根群范围在 20~40 cm,乔木的根群范围在 30~60 cm。同时,结合裂隙岩体非饱和带水汽运移规律的研究成果,岩体表层各个季节存在汽液转化形成凝结水的区域,大致在距表层 20~50 cm 处,因此将种植孔深度设计为 50 cm。

孔径确定:试验场植物种植孔设计的核心是孔内土壤基质的厚度及其保水能力,土壤基质厚度及其保水能力是植物根系生长产生的胁迫因素。在确定土壤基质厚度为 50 cm 的基础上,为确保孔内土壤具有足够的保水能力、保证复绿植物的成活,并结合栽植植物根系特点及施工成本合理等条件,适当增加孔径,设计孔径为 20 cm。

打孔方向确定:根据野外体裂隙率调查结果,凤凰山破损山体试验场的边坡坡度集中在 80°左右,岩体裂隙主要发育有 3 组,岩层产状为 355°∠5°。因此,该区域种植孔的钻孔角度设计为沿水平线向下倾斜 15°~45°。石井村石漠化生态修复试验场的岩体倾角较缓,集中在 10°左右,岩体裂隙主要发育有 3 组,岩层产状为 290°∠39°。因此,该区域种植孔的钻孔角度设计为沿竖直线倾斜 25°。

孔间距确定:在选择打孔间距与位置时,应尽可能使种植孔连通更多裂隙以便植物汲取更多的水分和养分,此外还需考虑植物生长的自疏性和种间竞争,结合坡面裂隙发育情况,最终确定种植孔的孔间距为 50~80 cm。

5.3.2.1 凤凰山试验场种植孔设计

凤凰山破损山体试验场将高约 20 m、长约 100 m 的试验场区分为 5 个部分,并按顺序命名为西 1 壁面至西 5 壁面(见图 5-29),岩壁坡度为 80°~85°,种植孔规格为:孔径 20 cm,孔深 50 cm,钻孔角度沿水平线向下倾斜 15°~45°,孔间距为 50~80 cm,总设计工作量为 1 400 个。试验场种植孔设计示意图见图 5-30。设计种植植物 1 400 株,包括黄栌 250 株、火炬树 200 株、黑松 100 株、连翘 200 株、金银花 200 株、凌霄 50 株、紫穗槐 50 株、迎春 150 株、爬山虎 100 株、扶芳藤 100 株。

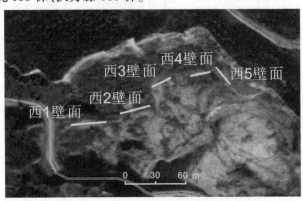

图 5-29 凤凰山试验场相对位置示意图

5.3.2.2 石井村试验场种植孔设计

根据石井村裸露岩体(石漠化)区域山坡坡度为 10°左右,种植孔设计规格为孔径 20 cm,孔深 50 cm,钻孔角度为垂直于水平面向下,孔间距为 50~80 cm,设计工作量为 850 个。石井村裸露岩体区域种植孔设计示意图见图 5-31。设计种植植物 850 株,包括黄栌 150 株、火炬树 100 株、花椒 150 株、五角枫 50 株、核桃 100 株、黑松 50 株、金银花 150 株、连翘 50 株、臭椿 50 株。

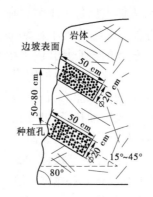

图 5-30　试验场种植孔设计示意图

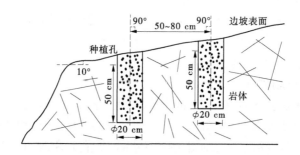

图 5-31　石井村裸露岩体区域种植孔设计示意图

5.4　种植孔施工工艺

种植孔的施工根据现场地形情况,采用两种施工方式,凤凰山破损山体试验场的种植孔采用遥控履带式潜孔钻机进行施工,石井村石漠化试验场采用手持式水钻进行施工。

5.4.1　遥控履带式潜孔钻机施工方案

5.4.1.1　主要施工机械

主要施工机械为遥控式 ZGYX430 型履带式潜孔钻汽车、开山 32 m³ 空气压缩机、硬质合金钻头,见图 5-32。

5.4.1.2　主要施工方法

(1)施工准备:清理坡面危岩及其他杂物,以保证边坡施工安全,坡面清理按自上而下顺序,采用人工方式进行,清理时配备专人在安全区域进行指挥,作业人员佩戴好安全绳、安全带及安全帽,并将安全绳固定在牢固的岩石上,作业时严防无关人员进入施工现场。坡面清理完成后进行设备施工场地的平整,便于钻机移动。

(2)孔位定线:按照设计进行放线,孔位尽可能布置在有裂隙的部位,用红漆进行标示。

(3)钻进施工:将钻机停于距坡面 3 m 左右的岩壁下,调整好钻机水平,检查风管等

(a)　　　　　　　　　(b)　　　　　　　　　(c)

图 5-32　施工机械

是否连接好,抬起钻头,对准孔位。先启动空气压缩机,当气压达到 12 MPa 时,潜孔锤开始钻进,开动钻机动力头进行冲击钻进(见图 5-33、图 5-34)。为防止孔位偏斜,刚开始钻进时做到慢速冲击。钻进过程中采取匀速慢进的方式,遇漏风严重影响钻进时要暂停冲击,持续吹孔 2~3 min,待风压稳定后继续进行钻进。为保证钻孔质量,钻进过程中禁止移动钻机,保持好钻机稳定。

(4)钻进参数选择:钻进参数直接影响钻孔效率,主要包括风压、风量、钻压及转速等。本次钻进时将风压控制在 0.7~2 MPa、风量 10~20 m^3/min、钻压 30~90 kg/cm^2、转速 20~50 r/min,并根据现场钻进情况适时进行调整,以保证钻进效果。

(5)清孔:钻孔达到设计深度后,停止回转和冲击,强吹孔底 2~3 min,排出孔内钻渣,检验孔深、孔径,孔深合格后移机进行下个钻孔施工。孔深不合格时及时查明原因,比如是否钻孔深度不足或钻渣未能排干净,针对问题进行整改,进行二次钻进或清孔,直至达到设计要求。

图 5-33　凤凰山施工现场　　　　　　　图 5-34　凤凰山种植孔

5.4.2　手持式水钻钻进施工方案

(1)采用的主要施工机具及施工设备为水钻及钻头、30 kW 发电机、大火钳等。

（2）钻进：准备好发电机及水箱，连接好电源及水管，用水钻对准孔位，按设计要求的角度调整好钻进角度，开动电源进行钻进施工。钻进时保持水路畅通和钻机稳定，钻进至设计深度时，保持该深度空钻半分钟左右，然后保持钻进状态提升钻头，钻头提升后及时清理干净钻具内的岩心及孔内岩心和其他杂物，测量孔径、孔深及竖直度，合格后钻进下一孔位（见图5-35、图5-36）。

（3）质量控制措施：一是要保持钻进的竖直度或斜度，按照设计要求进行调整；二是钻进深度大于设计5~10 cm，保证孔深符合设计要求；三是选用合适的钻头，保证钻孔直径符合设计孔径要求。

图5-35　石井村施工现场

图5-36　石井村种植孔

5.5　苗木栽植及养护工艺

凤凰山试验场采用吊车挂吊篮的方式进行人工种植，石井村试验场采用人工运输种植土和种植苗木的方式进行人工种植。

5.5.1　苗木栽植工艺

凤凰山公园试验场和石井村试验场的苗木栽植的栽植工艺主要如下所述。

5.5.1.1　苗木培育

（1）植物幼苗必须使用专用容器进行培育，选择直径为200 mm的PVC管，截取45 cm长，沿直径方向将PVC管切开成两半。

（2）所选植株有丰满干枝体系和苗壮的根系，无缺损树节、擦破树皮、受风冻伤害或其他损伤，植物外观正常健康，能承受上部及根部适当的修剪。

（3）幼苗基径为0.7~1.2 cm，高度为60~80 cm，截秆处理，保留主根部分，根群带有5~10 cm的土团。

（4）在PVC管填满配制好的土壤，栽上树苗，用卡扣把对合起来的PVC管上下两端固定好。

（5）将栽有树苗的PVC管放入培育基地进行培育，培育数量为拟栽植树苗的120%。

5.5.1.2　种植孔清理及灌水试验

在栽植苗木之前，对孔穴内的碎石渣进行清理，并逐孔进行灌水试验，主要是检查孔内裂隙是否发育,24 h 内种植孔中灌水全部均匀地浸透以后,才能开始种树。对于裂隙连通性差、渗水不畅的种植孔,将水排出后种植太行菊等草本植物。

5.5.1.3　种植

(1)种植前对苗木树冠进行粗修剪,保持地上地下平衡。

(2)栽植时,先在种植孔填栽植土 10~15 cm。栽植土采用苗圃耕植土与掺有机肥、鸡粪、多菌灵杀菌粉剂的花生皮、花生叶腐熟发酵 3 个月后的土壤,禁忌使用耕作层以下的深层生土(阴土)。

(3)先将外包 PVC 管去除,并将苗木的土柱放入种植孔,使其居中并保持垂直,周围分层回填栽植土,每填一层就要用锄把挤实,直到填满种植孔,并使土面能够盖住树木的根颈部位。初步栽好后检查树干是否保持垂直,树冠有无偏斜,若有偏斜,要再扶正。

(4)栽植后要立即浇水,第一次彻底浇透,堰土要稍加拍实,不能松散。一般隔 3~5 d 浇第二次水,再隔 7~8 d 浇第三次水,养护水不含有任何有害植物生长的酸、碱、盐等物质。浇水后树干有歪斜的,要进行扶正。

5.5.2　苗木养护工艺

在苗木种植后,只有使苗木保持良好的生长条件,才能达到较好的苗木成活率。凤凰山公园试验场于 2021 年 3 月 14 日至 5 月 10 日进行浇水养护(见图 5-37),石井村试验区于 2021 年 3 月 23 日至 5 月 10 日进行浇水养护,养护工艺如下所述。

5.5.2.1　苗木种植后的浇灌

(1)树苗栽好后立即灌水,灌水时要注意不损坏 PVC 管。在 PVC 管中要喷满水,让水慢慢浸入到种植穴内。喷灌时,要注意保护苗木根部的土壤不被冲刷。

(2)喷洒水时,防止因水流过急冲刷根系或冲毁 PVC 管,造成漏水。喷水后出现土壤沉陷,致使树木倾斜时,及时进行扶正、培土。

(3)浇水按照"不干不浇,浇则浇透"的原则。遇连续干旱天气,增加浇水次数,夏季浇水宜上午 10 点前和下午 3 点后进行。

(4)雨后有积水的,立即进行排出。

5.5.2.2　中耕除草

(1)经常对苗木周围的大型野草进行铲除,特别是对树木危害严重的各类藤蔓。除草结合松土时,注意不能过浅也不要过深,因为太浅不能起到应有的作用,过深又会伤害苗根。

(2)树木根部附近的土壤要保持疏松,易板结的土壤,在蒸腾旺季须及时松土,松土范围约为树冠覆盖面的 2/3,深约 20 cm。

(3)中耕除草选在晴朗或初晴天气,土壤不过分潮湿时进行,深度以不影响根系生长为限。

5.5.2.3　施肥

树木生长在土壤中,除需要适当的温度、日光、空气和水分外,还需要吸收大量的养分,养分不足,树木就不能很好地生长和发育。树木所需要的养分,一方面是靠土壤供给,但这部分养分不能满足植物需要;另一方面是靠施肥,向土壤中加添养料,供给树木生长

图5-37　凤凰山试验场浇水养护

需要。

（1）树木休眠期需施基肥（冬天），一年一次；树木生长期施薄肥，按照植株的生长势进行。

（2）基肥施肥量根据树种、树龄、生长期及土壤理化性质等条件确定。施用的肥料种类视树种、生长期及观赏性等不同要求而定，主要肥料为有机肥（豆饼肥），早期施氮肥。

（3）施肥时，一是选在天气晴朗，土壤干燥时实施，雨天肥料会被雨水冲失，造成浪费；二是肥料充分经过腐熟，并用水稀释；三是施肥主要在根部四周进行，不在紧邻树干的位置实施。

6 植物长势及成活率监测

6.1 试验场岩体种植孔植物分布情况

6.1.1 凤凰山试验场植物种植分布

在凤凰山试验场种植经济作物、小乔木、灌木、藤本类等耐旱耐贫瘠植物10种,其中金银花、连翘为经济作物,在裂隙不太发育处种植迎春等耐旱物种,裂隙发育较良好处,选种小乔木黄栌、火炬树、黑松及灌木紫穗槐,山体底部选种藤本类植物爬山虎、凌霄、扶芳藤。

凤凰山试验场西1壁面岩壁走向69°,倾向159°,倾角80°。该壁面种植9种植物(见表6-1),分别为黄栌129棵、火炬树99棵、黑松49棵、连翘86棵、金银花84棵、凌霄3棵、紫穗槐5棵、迎春45棵、扶芳藤4棵(见图6-1)。

表6-1 凤凰山试验场各种植区植物数量统计　　　　　　单位:棵

植物名称	植种类型	西1壁面	西2壁面	西3壁面	西4壁面	西5壁面
金银花	木质藤本	84	55	57		4
连翘	落叶灌木	86		47		67
黑松	常绿乔木	49		44		7
火炬树	落叶小乔木	99		41		60
黄栌	落叶小乔木	129		118	3	
紫穗槐	落叶灌木	5	45	1		
扶芳藤	常绿藤本灌木	4	22			74
迎春	落叶灌木	45		106		
凌霄	木质藤本	3	47			
爬山虎	木质藤本		46	1	53	
共计	—	504	215	415	56	212
总计		1 402				

图 6-1 西 1 壁面现场植物种植分布

凤凰山试验场西 2 壁面岩壁走向 137°,倾向 227°,倾角 83°。该壁面种植 5 种植物,分别为金银花 55 棵、凌霄 47 棵、紫穗槐 45 棵、爬山虎 46 棵、扶芳藤 22 棵(见图 6-2)。

图 6-2 西 2 壁面现场植物种植分布

凤凰山试验场西 3 壁面岩壁走向 61°,倾向 151°,倾角 81°。该壁面共种植 8 种植物,分别为黄栌 118 棵、火炬树 41 棵、黑松 44 棵、连翘 47 棵、金银花 57 棵、紫穗槐 1 棵、迎春 106 棵、爬山虎 1 棵(见图 6-3)。

图 6-3 西 3 壁面现场植物种植分布

凤凰山试验场西 4 壁面岩壁走向 64°,倾向 154°,倾角 82°。该壁面种植 2 种植物,分别为黄栌 3 棵、爬山虎 53 棵(见图 6-4)。

图 6-4 西 4 壁面现场植物种植分布

凤凰山试验场西 5 壁面岩壁走向 88°,倾向 178°,倾角 81°。该壁面种植 5 种植物,分别为火炬树 60 棵、黑松 7 棵、连翘 67 棵、金银花 4 棵、扶芳藤 74 棵(见图 6-5)。

图 6-5　西 5 壁面现场植物种植分布

6.1.2　石井村裸露岩体(石漠化)区域试验场植物种植分布

石井村试验场施工种植孔 855 个,种植 9 种植物,分别为金银花 150 棵、连翘 52 棵、黑松 52 棵、火炬树 100 棵、花椒 150 棵、臭椿 51 棵、五角枫 50 棵、黄栌 150 棵、核桃 100 棵(见图 6-6、表 6-2)。

图 6-6　石井村试验场现场植物种植分布

表 6-2　石井村试验场植物物种及数量统计　　　　　　　　　单位:棵

物种	植种类型	数量
金银花	木质藤本	150
连翘	落叶灌木	52
黑松	常绿乔木	52
火炬树	落叶小乔木	100
花椒	落叶小乔木	150
臭椿	落叶乔木	51
五角枫	落叶乔木	50
黄栌	落叶小乔木	150
核桃	落叶乔木	100
总计		855

6.2　成活率跟踪监测及数据采集统计

6.2.1　凤凰山试验场统计情况

6.2.1.1　试验场植物平均盖度调查

　　凤凰山破损山体试验场共种植 10 种植物,共计 1 402 株,按 5 个岩壁面分别统计每种类型植物的平均盖度。对不同壁面每种类型植物随机取样 5 株进行统计,并计算其平均盖度。西 1 壁面,植物 9 种,对每种类型植物任取 5 个样本(不足 5 个,则全部取作样本)。首先进行冠幅统计,冠幅为所测植物茎叶范围的长轴(a)×短轴(b)。然后计算每个植物样本的盖度,盖度以椭圆的面积来代替(面积为 $\pi ab/4$);最后,把每种类型植物的盖度均值作为该岩壁该类植物的平均盖度。

6.2.1.2　试验场植物长势情况调查

　　长势是植物生命力的客观反映,但是关于植物长势情况的确定没有明确的定义,也没有规范的算法进行量化。叶片是植物光合作用与呼吸作用的主要场所,而植物根系、茎秆则是土壤水盐吸收及运输的主要场所,植物长势不但受光照影响,同时也受土壤水分供应的影响。叶片面积、数量,植物根系长度、数量,植物茎秆粗细,可作为判断植物长势好坏的重要标志。植物叶片面积越大、数量越多,植物茎秆越粗,根系越长、数量越多,则生长越茂盛,干物质积累越多,长势越好。鉴于叶片、茎秆、根系对植物生长发育的重要性,对野外取样植物的高度、基径、胸径、冠幅、叶片情况、根系情况进行调查和记录。植物长势的好坏,除受病虫害的影响外,主要受空气温度、空气湿度、光照强度、养护期灌水量及土壤肥力 5 种因素的影响。干燥的空气可能导致娇嫩的植物叶尖泛黄,叶片变薄;叶片出现白斑或整片变白、脱落,则说明当地光照强度过大,致使叶片灼伤;植物养护期水量控制不到位,会导致植物枯萎,包括两种情况:一是若有烧尖或者叶片前端发生褐黄现象,说明植物根系有问题,是浇水过多致使植物根部窒息而腐烂;二是若叶片柔软变黄、脱落,则是缺水的表现;土壤肥力不能满足植物生长发育需要时,会导致叶片短小皱缩、缺乏生机。因此,利用叶片判断植物生长良好的主要判读依据为叶子青绿、饱满、干净、肥厚、坚挺。

植物长势的好坏对试验场岩体植物的生态需水量大小具有不可忽视的影响。本次判断植物长势的方法主要为目视判别法,通过对植株整体情况及植物叶片的观察,如高度是否适中、茎秆是否粗壮、叶片是否完整、颜色是否正常等进行判断。若植物出现明显的生长迟缓,高度、冠幅、基径等与试验场同种植物比较小,叶片柔软、变黄、枯萎,甚至脱落,则说明植物长势较差。通过现场对植物整体生长情况的把握,以及对叶片生长情况的观察,综合判断植物的生长发育情况。将植物生长发育程度的好坏进行等级划分,分为良好、一般、较差三个级别,进而通过植物长势的好坏来判断试验场岩壁种植孔植物对当前环境条件的适应程度(见图6-7)。

(a)壁面植物

(b)紫穗槐　　　　　　(c)凌霄　　　　　　(d)连翘

图6-7　植物长势

| (e)扶芳藤 | (f)黄栌 | (g)火炬树 |

续图 6-7

6.2.1.3　试验场植物成活率调查

成活率指某生物种群内每一个个体经过一定时限以后的生存概率。试验场岩壁种植孔植物成活率调查,是调查植物从 2021 年 3 月种植到岩壁面上后,到本次调查为止,岩壁种植孔植物的生存概率。试验场植物成活率可用于评价经地境再造技术后岩壁生境条件下植物对环境的适应能力大小。植物成活率越高,则植物在当前环境条件下的适生能力越强。通过比较不同类型植物在相同壁面成活率、相同类型植物在不同壁面的成活率等的情况,找到适合当地气候条件及岩壁极端条件的植物类型,为今后的岩壁植物大规模复绿种植提供依据。本次调查是在试验场岩壁面植物种植分布的基础上,调查每种类型植物在种植孔中的成活数量,计算得出该类型植物在对应壁面的成活率。

6.2.1.4　凤凰山试验场植物数据统计结果

凤凰山试验场岩壁植物平均盖度、植物长势情况及植物成活率见表 6-3~表 6-5。种植 10 种植物,其中种植乔木 3 种,分别为黑松、火炬树、黄栌。乔木以火炬树长势最好,成活率为 96%;黑松、黄栌长势较好,成活率分别为 88%、87.6%。种植灌木 4 种,分别为连翘、紫穗槐、扶芳藤、迎春,灌木以连翘、紫穗槐长势最好,成活率均为 100%;扶芳藤长势一般,成活率为 78%;迎春长势较差,成活率为 62.25%。种植藤本 3 种,分别为凌霄、金银花、爬山虎,藤本以爬山虎长势最好,成活率为 97%;金银花、凌霄长势较好,成活率分别为 96.5%、92%。

表 6-3　凤凰山试验场植物平均盖度统计
单位:cm²

植物名称	西 1 壁面	西 2 壁面	西 3 壁面	西 4 壁面	西 5 壁面
黑松	655.02		739.85		
火炬树	2 551.44		3 052.37		1 938.52
黄栌	1 316.96		1 098.3	807.39	
连翘	1 874.48				1 957.06

续表 6-3

植物名称	西1壁面	西2壁面	西3壁面	西4壁面	西5壁面
紫穗槐	1 465.03	1 166.94			
扶芳藤	348.72	216.77			512.08
迎春	1 083.85		936.35		
凌霄	235.62	1 703.27			
金银花	954.26	850.19	1 181.08		
爬山虎				1 140.4	

表 6-4　凤凰山试验场植物长势情况调查

植物名称	西1壁面	西2壁面	西3壁面	西4壁面	西5壁面
黑松	良好		良好		良好
火炬树	良好		良好		良好
黄栌	良好		良好	较差	
连翘	良好		良好		良好
紫穗槐	良好	良好	良好		
扶芳藤	一般	一般			一般
迎春	较差		较差		
凌霄	较差	良好			
金银花	良好	良好	良好		良好
爬山虎		良好	良好	良好	

表 6-5　凤凰山试验场植物成活率统计　　　　单位:%

植物名称	西1壁面	西2壁面	西3壁面	西4壁面	西5壁面	总计
黑松	85.71		88.64		100	88
火炬树	97.98		90.24		96.67	96
黄栌	86.82		88.98	66.67		87.6
连翘	100		100		100	100
紫穗槐	100	100	100			100
扶芳藤	75	72.73			79.73	78
迎春	60		62.26			62.25
凌霄	66.67	93.62				92
金银花	100	90.91	96.4		100	96.5
爬山虎		95.74	100	96.23		97

6.2.2 石井村试验场统计情况

石井村裸露岩体(石漠化)试验场植物平均盖度、长势及成活率调查方法与凤凰山破损山体试验场植物的调查方法相似。植物长势见图 6-8,植物平均盖度、长势情况及成活率见表 6-6。

(a)核桃   (b)五角枫

(c)黄栌   (d)火炬树   (e)连翘

图 6-8　植物长势照片

表 6-6　石井村试验场植物数据统计

植物名称	平均盖度/cm²	长势情况	成活率/%
黑松	710.00	良好	90.38
火炬树	1 444.48	一般	80
黄栌	924.75	较差	65.33
核桃	1 068.37	良好	87
花椒	337.40	差	16.67
臭椿	1 603.63	良好	94.12
五角枫	1 870.82	良好	100
连翘	785.17	良好	100
金银花	751.62	较差	94.67

石井村试验场种植 9 种植物,其中种植乔木 7 种,分别为黑松、火炬树、黄栌、核桃、花椒、臭椿、五角枫,乔木以五角枫长势最好,成活率为 100%;臭椿、黑松、核桃长势较好,成活率分别为 94.12%、90.38%、87%;火炬树长势一般,成活率为 80%;黄栌长势较差,成活率为 65.33%;花椒长势非常差,成活率仅为 16.67%。种植灌木 1 种,连翘长势较好,成活率为 100%。种植藤本 1 种,金银花长势较好,成活率为 94.67%。

裂隙岩体内水汽的运移特征及其相态转化

7

植物地境再造技术是运用生态地质理论对岩质边坡进行植被重建的一种方法,对岩体内部水分、温度等生态地质学指标能否支持植物的生长有一定要求,因此查明岩体内水汽场运移及温度分布规律非常必要。

水汽场是特指在裂隙岩体非饱和带由岩石、气态水和液态水三相物质构成的地质实体中水分时空分布与运动的空间总称,具有物理场的特性,水汽场的空间范围明确、边界清晰。任何一个山体均是一个相对独立的系统,既有确定的空间和体积,也与其环境有着清晰的界限;水汽场是个开放系统,与环境间不断进行着物质、能量与信息交换,其中水汽的运移具有梯度、散度、旋度的流体特征;水汽场内以气态水为主,液态水以薄膜水等形式存在,汽液间的相态转换以热量传递为驱动力,并以温度差的形式表现出来。根据水文地质学的分类,水汽场位于包气带的上部,即支持毛细水带上部的非饱水带。

本次在现场监测数据基础上,运用热力学、系统科学等理论对岩体水汽场内的水汽运移、相态转化进行研究。

7.1 监测孔及监测仪器

7.1.1 监测孔的设计

凤凰山破损山体生态修复试验场设计在破损山体山顶顶面 100 m² 范围内布设垂直监测孔 3 个,依次命名为凤凰山 1#、2#、3# 监测孔,监测孔深度为 15 m;在凤凰山矿山公园北侧破损山体壁面 400 m² 布设水平监测孔 3 个,依次命名为凤凰山 4#、5#、6# 监测孔,监测孔深度为 4 m;在山体阴面的岩壁布设监测孔 3 个,依次命名为凤凰山 7#、8#、9# 监测孔,监测孔深度为 4 m。石井村裸露岩体(石漠化)试验场布设垂直监测孔 3 个,依次命名为石井村 1#、2#、3# 监测孔,监测孔深度为 15 m;监测孔孔径为 20 cm。各监测区监测孔的相对位置及实地照片见图 7-1~图 7-5。

在开始监测时,分别在各监测孔的孔外以及孔内不同位置处安置温湿度记录仪,并用棉垫对各监测孔进行密封,以防止孔内受外界空气流动的干扰,保证监测仪器记录的数据能反映裂隙岩体内部真实的温度和相对湿度。

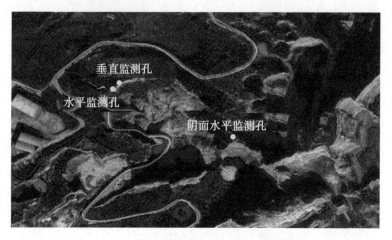

图 7-1　凤凰山试验场监测孔相对位置示意图

(a)位置图　　　　　　　　　　　(b)监测仪器布设图

图 7-2　凤凰山试验场 1#～3#垂直监测孔

7.1.2　监测仪器

试验使用的监测仪器为 DS-1923 温湿度纽扣式记录仪。仪器形状为圆形,规格为最

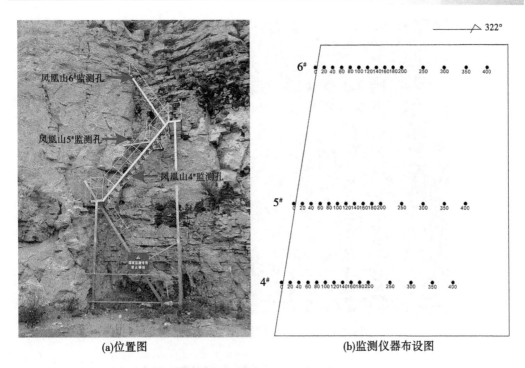

(a)位置图　　　　　(b)监测仪器布设图

图 7-3　凤凰山试验场 $4^{\#} \sim 6^{\#}$ 阳面水平监测孔

(a)位置图　　　　　(b)监测仪器布设图

图 7-4　凤凰山试验场 $7^{\#} \sim 8^{\#}$ 阴面水平监测孔

大直径 $D=1.7$ cm,厚度 $H=0.6$ cm。温度监测量程为 $-20 \sim +85$ ℃,仪器内的数字温度计有 0.5 ℃和 $0.062\ 5$ ℃两种记录分辨率,利用自身配套软件读取修正后,监测数据在 $-10 \sim +65$ ℃内的温度误差小于 ± 0.5 ℃,数据记录时间间隔不等(1 s~ 273 h),试验过程中可根据实际需要调整数据记录频率,对特定时间段内的数据进行加密监测。仪器内的数字湿度计有 0.6RH(0.5 ℃)和 0.04RH($0.062\ 5$ ℃)两种记录分辨率,工作时的温度条件为 $-20 \sim +85$ ℃,监测范围为 $0 \sim 100 \%$RH 及过饱和状态。本次试验采用高精度量程($0.062\ 5$ ℃)对温度数据进行采集,数据记录频率为 1 次/10 min,整个监测过程中,该仪器能够自动对岩体内的温湿度数据进行监测与记录。

图 7-5　石井村试验场监测孔位置示意

7.2　监测时间和监测数据处理

对凤凰山试验场进行每个月 14 d 24 h 不间断的温度和相对湿度数据监测,各组监测孔位的温湿度监测时间见表 7-1。

表 7-1　凤凰山试验场温湿度监测时间

孔位		秋季	冬季	春季		夏季	
		11 月	12 月	2 月、3 月初春	4 月晚春	5 月初夏	6 月盛夏
垂直监测孔	凤凰山 1#孔	2020-11-16 T09:50~2020- 11-23T12:25	2020-12-12 T00:00~2020- 12-26T05:10	2021-02-24 T00:00~2021- 03-10T05:10	2021-04-08 T18:00~2021- 04-22T23:10	2021-04-29 T00:00~2021- 05-13T05:10	2021-05-21 T00:00~2021- 06-04T05:10
	凤凰山 2#孔						
	凤凰山 3#孔						
水平监测孔	凤凰山 4#孔	2020-11-16 T09:50~2020- 11-23T12:25	2020-12-12 T00:00~2020- 12-26T05:10	2021-02-08 T00:00~2021- 02-22T05:10	2021-04-08 T18:00~2021- 04-22T23:10	2021-04-29 T00:00~2021- 05-13T05:10	2021-05-21 T00:00~2021- 06-04T05:10
	凤凰山 5#孔						
	凤凰山 6#孔						

孔位		秋季	冬季	春季		夏季	
		11月	12月	2月、3月初春	4月晚春	5月初夏	6月盛夏
阴面水平监测孔	凤凰山7#孔	—	2020-12-12 T00:00~2020-12-26T05:10	2021-02-08 T00:00~2021-02-22T05:10	2021-04-07 T12:00~2021-04-21T17:10	2021-04-29 T00:00~2021-05-13T05:10	2021-05-21 T00:00~2021-06-04T05:10
	凤凰山8#孔						
	凤凰山9#孔						

监测取得的相对湿度数据只能够表征裂隙岩体内部不同深度处水汽的饱和程度,并不能直接反映该位置处水汽的实际含量。水汽实际含量往往采用绝对湿度数据,但水汽绝对湿度值较难被仪器直接测量,这也是以往研究中常用相对湿度对水汽进行描述的主要原因。本次研究根据相对湿度的定义(相对湿度等于某温度下水汽的实际含量与该温度下饱和水汽含量的比值),将监测所得的相对湿度实测数据换算为水汽的绝对湿度。计算过程中所需某温度下的饱和水汽含量可由哈尔滨工业大学根据 H_2O 流体统一热物性方程编制的水蒸气热力学性质表查得。

以凤凰山 1# 垂直监测孔 20 cm 监测位置为例,对相对湿度与对应温度下的绝对湿度进行计算。根据该监测位置的温度范围,查水蒸气热力学性质表对应温度范围的饱和水汽值,对该数据进行曲线拟合(见表 7-2、图 7-6)。

表 7-2　水蒸气热力学性质(部分)

温度/℃	14	15	16	17	18	19	20	21	22
饱和水汽/(g/m³)	12.073	12.835	13.639	14.486	15.378	16.317	17.305	18.345	19.438

根据绘制的饱和水汽值与温度拟合曲线公式,可以求得该曲线上任意温度下的饱和水汽值,从而求出监测仪器实际所测任意温度下的饱和水汽值,最后将监测所得相对湿度数据换算为绝对湿度,计算公式如下:

$$AH = RH \cdot \alpha \tag{7-1}$$

式中:AH 为绝对湿度,g/m³;RH 为相对湿度(%);α 为相同温度条件下裂隙岩体内单位体积空隙中的饱和水汽含量,g/m³。

根据修正的 Tetens 公式求得水汽分压,以判断裂隙岩体内水汽与热量的运移传递方向。依据式(7-1),计算各深度不同时段的水汽场数据(见表 7-3)。

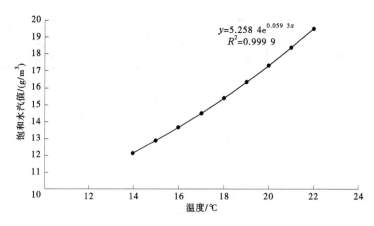

图 7-6 温度与饱和水汽值拟合曲线

表 7-3 部分温度、相对湿度及对应绝对湿度计算结果

温度/℃	相对湿度/%	绝对湿度/(g/m³)
21.5	95.0	17.95
21.4	93.7	17.60
21.4	94.8	17.81
21.3	94.7	17.69
21.3	94.8	17.70
21.3	94.3	17.61
21.2	95.6	17.75
21.2	94.6	17.56
21.2	94.7	17.58
21.1	96.4	17.79
21.1	95.6	17.64
21.0	96.5	17.70
20.9	94.8	17.29
20.8	96.6	17.51
20.8	96.2	17.44
20.7	96.2	17.34
20.6	96.0	17.20

7.3 水汽运移与相态转化原理

7.3.1 水分赋存状态

在热力学中,水汽状态主要包括水汽欠饱和、水汽饱和(均衡)、水汽过饱和三种状态(见图7-7)。水汽饱和是指在一定的温度压力条件下,空气中的水汽含量等于其饱和湿度理论值的现象。水汽饱和状态不等于水汽和液态水之间的相互转变过程停止,它只代表微观上液态水汽化的速度和质量等于气态水液化的速度和质量,以及在当前体系的温度和压力条件下,气液两相物质处于热力学平衡状态。当绝对湿度大小不变且达到饱和时,若空气温度迅速升高,空气对水汽的容纳能力增强,则该系统水汽状态会转变为欠饱和;当绝对湿度大小不变且水汽状态为欠饱和时,若空气温度迅速降低,空气对水汽的容纳能力减弱,则该系统内部相对湿度数值增大,水汽状态可能会转变为饱和甚至过饱和状态。

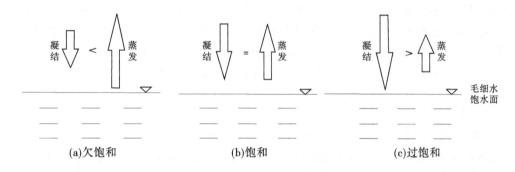

图 7-7 不同状态下水的气液转化关系

在裂隙岩体水汽场中,水一般以气相和液相存在。由于季节的交替循环,岩体空隙内部的能量与水分输入、输出也会出现周期性变化,在这个过程中,岩土体内部水分通过不断地汽化与液化来实现一定的自主调节功能,以维持整个裂隙非饱和带生态系统的可持续性,因而在岩土体内部会出现暂时的水汽饱和现象。在裂隙岩体非饱和带中,当外界有冷空气来临或其他原因使系统内部的能量向外界散失,从而导致岩土体内部温度降低时,空隙中空气容纳水汽的能力减弱,饱和蒸汽压值降低,但在短时间内空气中的水汽来不及液化,空气中的水汽含量并没有随着饱和蒸汽压值的降低而瞬间下降,裂隙岩体非饱和带空隙中出现水汽过饱和现象,岩土体内部气液两相物质处于热力学非平衡状态,这一状态和过程会一直持续到系统中的水汽含量恢复到饱和状态。在岩体内部水分液化的过程中,如果水汽散失通道条件不良或不具备水汽散失通道,岩土体空隙内的水汽将会与附近的凝结核结合形成凝结水,宏观上表现为气态水液化的速度和质量将远远大于液态水汽化的速度和质量,岩土体内部液态水大量产生,进而导致裂隙非饱和带岩土体空隙内薄膜水厚度增加、毛管水上升高度增加。

7.3.2 水汽相态转化

7.3.2.1 蒸发过程的水汽相态变化

裂隙岩体内温度增加到其所对应的阈值温度时,在裂隙岩体内部发生水分蒸发过程,岩体内液态水转化为气态水的速度大于气态水转化为液态水的速度,岩体内部液态水的数量减少,进而导致岩体裂隙内的水化膜变薄、毛细管水减少的现象出现。

7.3.2.2 凝结过程中水汽相态变化

裂隙岩体内温度降低到其所对应的阈值温度时,岩体裂隙内发生凝结过程,气态水将会与凝结核相结合产生凝结水,如岩体内的水分子凝结的速率大于水分子扩散的速率,凝结的液态水将吸附在岩体内裂隙表面,进而使得岩体内部的水化膜增厚。当水化膜增厚到一定程度时,多余的液态水将由毛细管力吸附在岩体裂隙中。

7.3.3 水汽饱和时的汽、液特征

裂隙岩体系统为一个开放系统,当裂隙岩体内部达到水汽饱和时,岩体内部可以视为达到稳态。在岩体系统与外界环境不断发生物质交换的情况下,岩体内部的汽、液组分比是保持不变的,该稳态中的汽、液组分比只依赖于反应常数,与流入量无关。由于裂隙岩体是一个开放系统,故当该系统达到稳态时,该稳态系统在整体上是不可逆的,岩体开放系统为了保持现有的汽、液稳态平衡,需要不断地吸收能量来维持该种稳态。

7.3.4 裂隙岩体中水汽的内循环

裂隙岩体内部水汽场具有耗散结构特征,岩体内汽、液转化过程中均伴随着能量的耗散,而热能是驱动汽、液内循环的主要驱动力。当岩体内温度增大时,岩体内的稳态将被破坏,岩体内的液态水转化为气态水将成为主导趋势,此时岩体内部的液态水转化为气态水的速率相对较大。而当岩体内温度降低到其所对应的凝结水产生的阈值时,岩体内部饱和水汽压降低,岩体内部气态水转化为液态水的速率将增大,从而使得岩体内部气态水向液态水转化成为主导趋势。由于裂隙岩体是一个开放系统,会不断地与外界发生能量及物质的交换,因此岩体内部汽、液之间会通过不断的内循环作用来维持裂隙岩体系统的相对稳定。

7.4 监测数据分析

水汽场监测工作周期长、数据庞大,本次主要对凤凰山试验场的监测数据进行分析研究。

7.4.1 水汽场内温度的变化及热量传递规律

一般情况下,开放系统很难达到绝对平衡状态,系统参量受外部环境的影响在不断变化,系统内各参量处于一个无序的状态。一个系统由非平衡向平衡发展,是从有序趋向无序的退化,在一个开放系统中,通过不断地与外界进行物质及能量的交换,在外界条件的

变化达到一定阈值时,系统能从原来的无序状态转变为在时间上、空间上或功能上的有序状态,即形成耗散结构。

水汽场作为一个开放系统,其与外部环境是连通的,能与外界进行能量与物质的交换。岩体不断地从外界吸收物质及能量,也可向外界不断地耗散物质及能量,其系统参量(温度、气态水含量、液态水含量)随着时间不断地变化。为探究其变化规律,在前人研究的基础上,本次研究通过对水汽场内温度及水分的监测,并对获得数据进行处理分析,对岩体内水汽运移特征分季节进行讨论。

7.4.1.1 垂直监测孔

根据凤凰山 $1^{\#} \sim 3^{\#}$ 垂直监测孔的监测数据,用各月份全监测时段不同孔深的温度均值来代表每段孔深的温度,研究不同季节下不同孔深温度变化规律。各垂直监测孔位的温度随着深度变化,呈现出一定的规律性。浅表区域,2020 年 12 月的温度最低,2021 年 6 月的温度最高;中部区域,2021 年 3 月和 4 月的温度最低,2020 年 11 月的温度最高;深部区域,2021 年 4 月的温度最低,2020 年 11 月的温度最高。

2020 年 11—12 月,各垂直监测孔位的温度随着深度的增加不断上升;2021 年 3 月,在浅表区域先小幅升高后降低,随后出现明显升高并保持稳定;4—5 月,随着深度的增加先大幅下降,随后逐渐升高并保持稳定。3—5 月,同一监测时段的温度差逐渐增大;6 月,随深度增加先大幅下降,随后基本保持恒定不变。

凤凰山 $1^{\#} \sim 3^{\#}$ 垂直监测孔位在各监测时段的温度变化见图 7-8。2020 年 11—12 月,温度变化趋势较为一致,研究区处于深秋初冬季节,外界温度逐渐降低,岩体内热量传递方向为岩体浅表向外界传递,同时岩体深部热量向岩体浅部传递。2021 年 3 月,温度变化随深度波动明显,在深度为 100 cm 的区域出现最低值,外界环境温度变化剧烈,呈现出不规律变化的趋势,在岩体浅表区域,温度变化表现出随深度增加逐渐升高,但其范围和深度较秋冬季明显缩小。4—5 月,温度变化分别在深度 300 cm、400 cm 的区域出现最低值,温度变化为岩体浅表与深部温度高,岩体中上部温度低,且温度差逐渐增大,研究区处于春季和夏季,外界温度逐渐升高,岩体浅表对外界的能量输入响应灵敏,春季在外界温度逐渐升高的过程中,岩体浅表能够做出较快的反应,外界热量向孔内浅部传递明显,岩体深部对外界温度变化的响应不明显,从里到外仍呈现从温度低向温度高的分布规律,研究区春夏季节岩体热量传递为热量由外界向岩体浅表传递,同时岩体浅表和深部向中间运移的规律;6 月,岩体中深部的温度相差不大,热量仅存在较微弱的由岩体深部向岩体中部传递的规律,外界环境的温度达到监测期的最大值,并向岩体浅表运移,促使岩体浅表温度进一步升高,热量向岩体中部传递。

7.4.1.2 阳面水平监测孔

依据凤凰山 $4^{\#} \sim 6^{\#}$ 水平监测孔监测数据,各监测孔的温度在岩体浅表区域为 2021 年 4 月最高,随深度增加,均为 2020 年 11 月最高。在 $0 \sim 150$ cm 处,2020 年 12 月的温度最低;$150 \sim 400$ cm 处,2021 年 3 月的温度最低。2020 年 11—12 月,岩体内温度随深度增加而不断升高。2021 年 3 月,岩体内浅表处温度小幅波动,随深度增加而不断升高;4—6 月,温度随深度增加不断下降,浅表至中部温度随深度增加不断下降,中部至深部基本稳定。

凤凰山 $4^{\#} \sim 6^{\#}$ 阳面水平监测孔在各监测时段的温度变化见图 7-9。2020 年 11—12

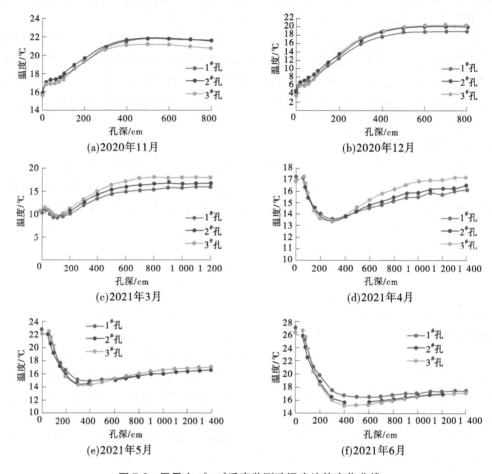

图 7-8　凤凰山 1#～3#垂直监测孔温度均值变化曲线

月,研究区处于深秋初冬季节,外界温度逐渐降低,岩体内部温度较高,岩体内温度变化较为一致,呈随着深度增加而升高的趋势,热量传递方向为岩体浅表向外界传递,同时岩体深部热量向岩体浅部传递。2021 年 3 月,研究区处于冬天和春天的过渡时期,外界气温波动较大,岩体浅表温度受外界气温变化影响较大,出现小幅波动,岩体中部及深部区域温度较高,受外界气温变化的影响尚不明显,岩体内的热量传递规律为岩体中部和深部热量向岩体浅表传递,而岩体浅表热量与外界传递方向变化频繁,与气温波动有关。4 月,各监测孔温度变化较为一致,岩体浅表至中部随深度增加不断下降,岩体中部至岩体深部基本稳定,春季气温开始回升,岩体浅表的温度也迅速升高,并不断向岩体深部进行热量传递,岩体深部对外界温度变化的响应较慢,温度无明显变化,热量传递规律为外界热量向岩体浅表传递,岩体浅表的热量向岩体深部传递。5—6 月,研究区进入夏季,外界环境的温度为监测时段内的最高值,显著高于岩体内部温度,热量传递方向单一,为自外界环境向岩体内部传递。

7.4.1.3　阴面水平监测孔

依据凤凰山 7#～9#阴面水平监测孔监测数据,在岩体浅表至中部区域,2021 年 6 月,

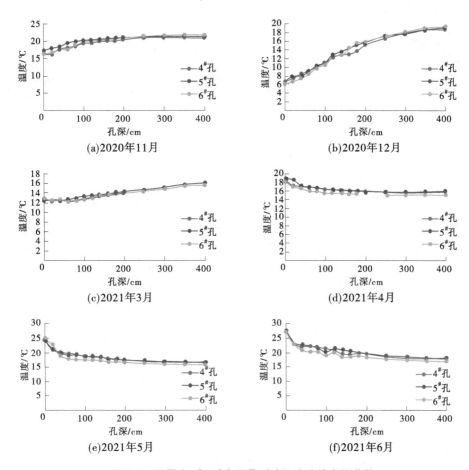

(a)2020年11月

(b)2020年12月

(c)2021年3月

(d)2021年4月

(e)2021年5月

(f)2021年6月

图 7-9　凤凰山 4#~6#水平监测孔温度均值变化曲线

岩体内温度普遍高于其他月份;在岩体深部区域,2020 年 12 月的温度普遍高于其他月份。在岩体浅部及中上部区域,12 月的温度最低;在岩体中上部至深部区域,2021 年 3 月的温度最低。2020 年 12 月,7#~9#阴面水平监测孔的温度随深度增加而不断升高;2021 年 3 月,温度在 0~60 cm 处小幅下降,随后逐渐上升并高于外界温度;4—6 月,温度随深度增加逐渐降低,至岩体深部后基本稳定。

　　凤凰山 7#~9#阴面水平监测孔在各监测时段的温度变化见图 7-10。2020 年 12 月,外界温度较低,岩体浅表的温度较低,岩体深部温度较高,自岩体浅表至深部,出现明显的温度上升趋势,热量传递自岩体深部向岩体浅表传递,并最终传递到外界环境中。2021 年 3 月,外界环境温度已经出现一定程度的回升。岩体浅表区域受外界温度变化影响强烈,出现了小幅回升,随着深度增加,岩体内温度由最低值逐渐升高,但深部区域温度仍高于外界温度,热量传递规律为外界环境和岩体深部的热量同时向岩体浅表传递。4—6 月,相较于冬季,外界温度已经出现了显著回升,明显高于岩体深部的温度,岩体内温度表现为自浅表至深部逐渐降低,热量传递规律为外界环境向岩体浅表区域传递,并不断向岩体深部区域传递,5 月的热量传递活动比 4 月的更为强烈,6 月外界的温度达到监测期的最大值,热量不断向岩体内传递。

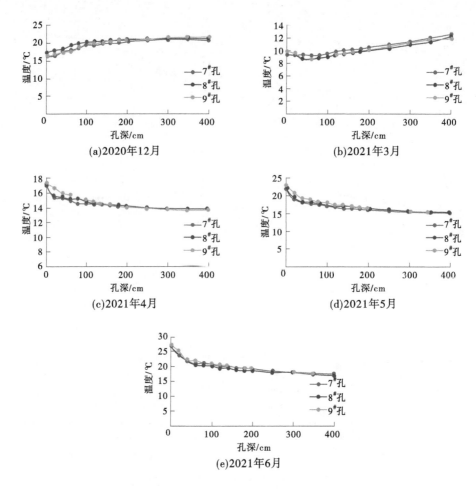

图 7-10 凤凰山 7#~9# 阴面水平监测孔温度均值变化曲线

7.4.2 水汽场内湿度变化及水汽运移规律

裂隙岩体作为一个开放系统,与外界不断地进行物质的交换。季节的变化影响大气中的水汽含量,外界大气中的水汽在水汽分压的作用下,与岩体内的水分进行互换,岩体内的水分得到补充或者消耗。研究区各监测孔内不同深度处的绝对湿度指标同样也会存在正常涨落的现象,均值可以表征不同深度下绝对湿度的大小,而均方差可以刻画岩体内部绝对湿度涨落的幅度。

7.4.2.1 垂直监测孔

凤凰山试验场 1#~3# 垂直监测孔内绝对湿度均值及其变化情况见表 7-4、图 7-11。随着深度的不同,1#~3# 垂直监测孔岩体内绝对湿度极值出现的时间不一致。岩体浅表区域,2020 年 12 月的绝对湿度最低,2021 年 6 月的绝对湿度最高;岩体中部区域,2021 年

表7-4 凤凰山 1#～3# 垂直监测孔绝对湿度均值

单位：g/m³

月份	点位/cm	0	20	40	60	80	100	150	200	300	400	500	600	700	800	900	1 000	1 100	1 200	1 300	1 400
11月	1#孔	7.44	15.09	15.08	14.95	15.19	15.60	16.41	16.28	18.59	19.19	19.70	19.74	19.54	19.51						
	2#孔	7.56	15.09	15.30	15.46	15.51	15.86	16.67	17.36	18.79	19.56	19.75	20.18	19.76	19.53						
	3#孔	7.58	15.08	14.87	14.98	15.01	15.32	16.30	16.94	18.47	19.00	19.08	18.95	18.84	18.73						
12月	1#孔	2.94	8.37	8.28	9.02	8.97	9.60	10.74	11.19	14.24	15.67	16.75	17.00	17.04	17.12						
	2#孔	2.97	8.83	8.68	9.14	9.44	9.92	11.48	12.34	15.13	16.80	17.85	18.93	18.58	18.21						
	3#孔	3.10	8.19	8.09	8.44	8.77	9.33	10.92	12.59	16.10	17.01	17.98	18.35	18.46	18.68						
3月	1#孔	6.34	10.52	10.43	10.30	9.83	9.82	10.13	9.72	11.36	12.12	13.07	13.53	13.85	13.99	14.01	13.95	14.06	14.18		
	2#孔	4.91	10.35	—	10.40	10.09	10.03	10.37	10.61	11.84	12.96	13.96	14.98	14.98	15.01	14.74	14.57	14.78	14.78		
	3#孔	4.93	9.90	9.96	10.12	9.90	10.05	10.48	10.98	12.91	13.51	14.57	15.51	15.71	16.44	15.85	16.10	16.08	15.73		
4月	1#孔	7.44	—	—	14.17	13.76	13.43	13.34	12.06	12.65	12.70	13.11	13.40	13.64	13.96	13.94	13.89	14.10	14.16	14.44	14.44
	2#孔	7.31	—	—	15.34	14.07	13.56	13.33	12.74	12.51	12.87	13.32	14.46	14.25	14.12	14.31	14.19	14.53	14.57	14.55	14.88
	3#孔	7.33	—	—	14.18	13.52	13.24	12.95	12.60	13.31	12.84	13.40	13.93	14.11	14.96	14.87	15.32	15.41	15.03	15.39	15.52
5月	1#孔	7.88	—	—	18.22	17.14	16.65	15.95	13.92	13.83	13.44	13.80	13.99	14.13	14.39	14.44	14.34	14.55	14.65	14.88	14.85
	2#孔	7.78	—	—	20.04	17.68	16.47	15.58	14.31	13.27	13.40	—	14.72	14.51	14.35	14.42	14.36	14.69	14.74	14.72	15.05
	3#孔	7.62	—	—	18.24	16.98	16.22	15.17	14.04	13.85	13.06	13.50	13.87	14.01	14.82	14.61	15.13	15.20	14.89	15.24	15.33
6月	1#孔	11.23	—	—	22.70	21.10	20.50	19.45	16.89	15.93	14.94	14.86	14.95	15.11	15.32	15.37	15.14	15.41	15.57	15.65	15.55
	2#孔	10.99	—	—	24.70	21.44	20.04	18.64	16.79	14.68	14.29	0	14.39	14.62	14.82	14.88	14.91	15.17	15.26	15.17	15.45
	3#孔	11.01	—	—	22.73	20.87	19.79	18.24	16.48	14.66	13.51	13.96	14.09	14.16	14.82	14.61	15.15	15.26	14.87	15.25	15.33

3—4 月的绝对湿度最低,2020 年 11 月的绝对湿度最高;岩体深部区域,2021 年 5 月的绝对湿度最低,2020 年 11 月的绝对湿度最高。

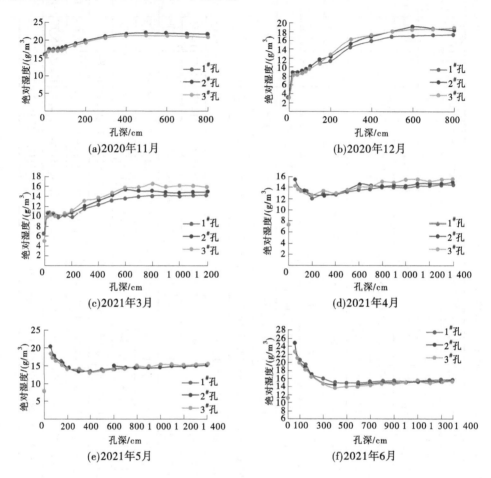

图 7-11　凤凰山 1#~3#垂直监测孔内绝对湿度均值变化曲线

2020 年 11—12 月,研究区为深秋初冬季节,外界环境的绝对湿度值较小,1#~3#垂直监测孔的绝对湿度随深度的变化较为一致,岩体浅表区域,绝对湿度值出现较大增加,随后缓慢增加直至保持稳定;在水汽分压的作用下,水汽由岩体深部向岩体浅表运移,并最终散失到外界环境中;水汽运移的方向同温度的变化和热量的运移方向相似。2021 年 3 月,受外界环境温度变化影响,岩体浅表的绝对湿度含量出现小幅波动,但仍低于岩体深部,岩体内的水汽运移方向为由岩体深部向岩体浅表运移,岩体浅表向外界环境运移。4 月,研究区处于春季,外界环境的绝对湿度值明显升高,随着深度增加,岩体内的绝对湿度先出现小幅下降,至岩体中上部 200~300 cm 区域出现最小值,随后出现缓慢增加,水汽自岩体浅表向外界环境运移,岩体浅表和岩体深部的水汽向岩体中上部运移。5 月,随着深度增加,岩体内的绝对湿度先出现明显下降,至岩体中部 400 cm 区域出现最小值,随后出现缓慢增加并保持基本稳定,水汽运移方向为自岩体浅表向外界环境运移,岩体浅表的水汽向岩体中部运移。6 月,随着深度增加,岩体内的绝对湿度先出现明显下降,至岩体中部 500 cm 区域出现最小值,随后基本保持稳定直至岩体深部,水汽运移方向为自岩体浅表向外界环境和岩体中部运移。

与岩体内温度变化一样,岩体浅表处的水汽运移受外界环境变化影响强烈,当外界湿度发生变化时,往往出现较为明显且快速的变化;岩体深部表现出较强的滞后性,岩体浅表处的变化往往经过一段时间才能传递到岩体深部,变化不明显。

裂隙岩体内的绝对湿度变化受外界大气的影响呈波动性变化。凤凰山 1#~3# 垂直监测孔各个监测时段的绝对湿度均方差见表 7-5,均方差的变化与深度呈负相关关系,随着监测深度的增加不断减小,绝对湿度均方差的变化表明裂隙岩体内随着深度的增加绝对湿度的变化变小。岩体浅表区域,2021 年 6 月的绝对湿度均方差最大,水汽运移强度高于其他监测时段,水汽交换强烈,主要原因是进入夏季后,降雨活动明显增强,外界绝对湿度的变化对岩体浅表区域影响更为明显。2020 年 11—12 月,岩体深部的绝对湿度均方差最大,深部的水汽含量较高,水汽含量由岩体深部向浅表运移,水汽交换较为明显。

7.4.2.2 阳面水平监测孔

凤凰山试验场 4#~6# 阳面水平监测孔的绝对湿度均值见表 7-6,绝对湿度均值变化曲线见图 7-12。2021 年 6 月的绝对湿度最高,2020 年 12 月的绝对湿度最低。2020 年 11—12 月和 2021 年 3 月的绝对湿度随深度变化的趋势较为一致,两者呈正相关关系,随深度增加其绝对湿度均出现增加,阳面水平监测孔的绝对湿度表现为 6# 孔>5# 孔>4# 孔,海拔标高 6# 孔>5# 孔>4# 孔,具有深度一致时监测孔的海拔越高,岩体内水汽含量越高、水汽运移越强烈的特点,岩体内的水汽运移方向为由岩体深部向岩体浅表运移,并由岩体浅表向外界环境运移。4—5 月,研究区处于春季和夏季,外界环境的绝对湿度已经出现回升,岩体内的绝对湿度仍明显高于外界环境,各监测孔的绝对湿度随深度变化的趋势较为一致,岩体浅表绝对湿度随深度增加显著增加,40 cm 处出现最大值,随后随深度增加保持相对稳定,岩体深部的水汽向岩体中部运移,并向岩体浅表和外界环境继续运移。6 月,各监测孔在浅表区域 20~40 cm 的绝对湿度值较高,为全监测时段内的最大值,随后出现明显下降,至深度为 80 cm 后保持恒定直至岩体深部,水汽运移方向为自岩体浅表向外界环境和岩体深部运移。

各阳面水平监测孔在各监测时段的绝对湿度均方差见表 7-7。均方差变化表现为随着监测深度的增加而不断减小,绝对湿度的波动情况指示出裂隙岩体内随着深度的增加绝对湿度的变化变小,水汽运移主要集中在岩体浅表区域。2021 年 3 月,各阳面水平监测孔位的均方差明显高于其他监测时段,3 月为冬季和春季的过渡时期,外界环境的温度和绝对湿度变化强烈,在其影响下,岩体内水汽运移也强烈。

表 7-5 凤凰山 1#~3#垂直监测孔绝对湿度均方差

单位:g/m³

月份	点位/cm	0	20	40	60	80	100	150	200	300	400	500	600	700	800	900	1 000	1 100	1 200	1 300	1 400
11月	1#孔	1.89	1.99	1.69	1.00	0.59	0.33	0.16	0.09	0.14	0.13	0.15	0.14	0.13	0.14						
	2#孔	1.89	1.78	1.27	0.66	0.54	0.34	0.20	0.14	0.12	0.15	0.16	0.26	0.16	0.16						
	3#孔	1.96	2.19	1.79	0.99	0.49	0.32	0.16	0.13	0.16	0.14	0.17	0.18	0.15	0.19						
12月	1#孔	0.76	1.22	1.09	0.67	0.47	0.37	0.38	0.44	0.51	0.53	0.46	0.41	0.39	0.42						
	2#孔	0.75	1.29	0.81	0.63	0.49	0.39	0.29	0.35	0.43	0.44	0.35	0.29	0.33	0.31						
	3#孔	0.76	1.09	0.92	0.65	0.44	0.31	0.47	0.36	0.38	0.35	0.23	0.17	0.15	0.13						
3月	1#孔	2.47	2.26	2.06	1.18	0.76	0.48	0.21	0.15	0.10	0.10	0.07	0.08	0.06	0.07	0.11	0.08	0.13	0.10		
	2#孔	2.29	2.17	—	1.09	0.75	0.47	0.21	0.14	0.07	0.12	0.14	0.14	0.14	0.13	0.07	0.07	0.09	0.08		
	3#孔	2.38	1.92	1.72	1.37	0.79	0.47	0.19	0.11	0.08	0.13	0.18	0.19	0.20	0.22	0.09	0.08	0.09	0.09		
4月	1#孔	2.74	—	—	1.41	1.03	0.71	0.56	0.46	0.26	0.17	0.13	0.13	0.08	0.08	0.10	0.12	0.10	0.11	0.10	0.10
	2#孔	2.68	—	—	1.87	0.84	0.58	0.52	0.37	0.17	0.10	0.07	0.16	0.09	0.07	0.08	0.06	0.06	0.09	0.09	0.07
	3#孔	2.81	—	—	1.24	0.84	0.56	0.45	0.31	0.15	0.10	0.06	0.08	0.09	0.07	0.08	0.07	0.08	0.07	0.06	0.09
5月	1#孔	3.00			2.74	1.92	1.50	0.90	0.63	0.31	0.22	0.19	0.17	0.16	0.14	0.14	0.14	0.15	0.15	0.14	0.15
	2#孔	2.99			3.19	1.86	1.22	0.84	0.51	0.22	0.18	0	0.13	0.13	0.09	0.11	0.10	0.09	0.08	0.08	0.09
	3#孔	3.05			2.52	1.84	1.31	0.87	0.48	0.15	0.13	0.08	0.05	0.05	0.10	0.07	0.08	0.09	0.08	0.08	0.07
6月	1#孔	3.92			2.79	1.76	1.39	1.05	0.73	0.38	0.31	0.18	0.20	0.21	0.19	0.18	0.15	0.17	0.19	0.15	0.14
	2#孔	3.74			3.30	1.84	1.36	0.93	0.59	0.30	0.25	0	0.17	0.15	0.15	0.13	0.15	0.14	0.14	0.11	0.09
	3#孔	4.02			2.65	2.05	1.61	0.97	0.59	0.29	0.13	0.15	0.10	0.10	0.07	0.05	0.07	0.11	0.07	0.07	0.09

138

表7-6 凤凰山4#~6#阳面水平监测孔绝对湿度均值

单位:g/m³

月份	点位/cm	0	20	40	60	80	100	120	140	160	180	200	250	300	350	400
11月	4#孔	8.10	8.11	8.09	8.14	8.27	8.17	8.25	8.35	8.74	8.58	9.49	9.85	9.69	10.65	10.75
	5#孔	8.18	8.05	8.08	8.30	8.30	8.31	8.31	8.36	8.71	8.81	9.61	12.49	15.43	18.26	19.10
	6#孔	8.21	8.22	8.37	8.41	8.78	9.31	9.30	9.89	10.99	12.04	15.79	18.86	19.32	19.44	19.43
12月	4#孔	2.90	2.87	2.89	2.98	2.86	2.85	2.85	2.94	3.07	3.13	3.42	3.46	3.97	4.20	4.23
	5#孔	2.80	3.06	3.05	3.11	3.19	3.14	3.24	3.30	3.63	3.76	5.08	5.73	6.48	7.68	8.85
	6#孔	2.87	2.92	3.21	3.55	3.82	3.87	4.45	4.32	5.21	5.44	6.82	13.99	14.06	16.91	17.36
3月	4#孔	4.76	4.82	4.96	5.04	4.98	5.06	5.12	5.33	5.41	5.77	5.95	6.13	6.54	6.82	7.00
	5#孔	4.78	5.05	5.12	5.29	5.30	5.40	5.60	6.26	6.50	6.96	8.15	9.01	9.70	10.69	11.57
	6#孔	4.87	5.02	5.67	5.62	5.96	6.37	7.15	7.31	8.07	8.78	10.39	12.36	12.75	13.57	14.21
4月	4#孔	7.57	13.67	13.88	14.22	14.27	14.12	13.80	14.04	13.87	13.95	13.94	13.85	13.88	14.28	14.21
	5#孔	7.63	13.71	14.44	14.31	14.31	14.28	0	14.19	14.11	14.19	14.08	14.05	13.79	14.00	13.75
	6#孔	8.53	11.82	14.00	13.88	13.95	13.83	13.75	13.77	13.72	13.76	—	13.55	13.52	13.62	13.75
5月	4#孔	7.97	11.90	14.65	13.43	13.74	13.65	13.70	13.86	13.84	14.12	13.88	13.72	13.88	13.75	14.08
	5#孔	8.46	15.95	15.31	15.28	15.27	15.28	15.35	15.19	15.11	15.29	15.40	15.07	14.84	14.82	14.39
	6#孔	8.35	11.59	15.67	14.86	14.85	14.84	14.93	14.85	14.71	15.04	14.75	14.51	14.27	14.22	14.29
6月	4#孔	11.73	16.57	17.62	17.37	16.56	16.54	16.37	16.51	16.43	16.53	16.49	16.20	16.24	16.18	16.15
	5#孔	12.03	19.11	16.82	16.91	16.72	16.71	16.67	16.34	16.30	16.66	16.72	16.26	16.04	15.83	15.52
	6#孔	12.32	21.88	18.09	17.37	16.79	16.17	16.61	15.87	16.00	16.71	16.30	15.82	15.49	15.22	15.24

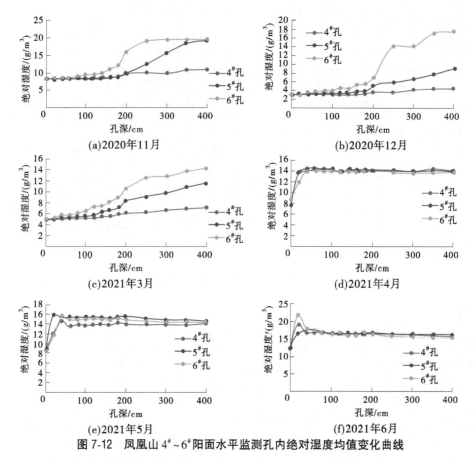

(a)2020年11月   (b)2020年12月

(c)2021年3月   (d)2021年4月

(e)2021年5月   (f)2021年6月

图 7-12　凤凰山 4#~6#阳面水平监测孔内绝对湿度均值变化曲线

7.4.2.3　阴面水平监测孔

凤凰山试验场 7#~9#阴面水平监测孔的绝对湿度均值见表 7-8,绝对湿度均值变化曲线见图 7-13。凤凰山阴面水平监测孔各孔位的监测时段中,2021 年 6 月的绝对湿度最高,2020 年 12 月的绝对湿度最低。

岩体内水汽的分布为一独立的立体空间,影响水汽运移的因素较多,如裂隙发育程度、岩体自身水汽含量的多少等。2020 年 12 月和 2021 年 3 月,各阴面监测孔的绝对湿度随深度变化的趋势较为一致,随深度增加其绝对湿度均出现增加,其中 8#孔的绝对湿度值高于 7#和 9#监测孔,8#监测孔位于岩壁面一组较为发育的裂隙附近,水汽运移条件较好,水汽值含量明显较高,岩体内的水汽运移方向为由岩体深部向岩体浅表运移,并由岩体浅表向外界环境运移。2021 年 4—5 月,研究区处于晚春和初夏季节,外界环境的绝对湿度已经出现回升,但岩体内的绝对湿度仍明显高于外界环境。各阴面水平监测孔的绝对湿度随深度变化的趋势较为一致,在岩体浅表处,随深度增加其绝对湿度均出现显著增加,在 40 cm 处出现最大值,而后随深度增加保持相对稳定,各深度的水汽含量 5 月高于 4 月,岩体深部的水汽向岩体中部运移,并向岩体浅表和外界环境继续运移。相比于 4—5 月,6 月浅表区域的水汽含量进一步增加,成为岩体内水汽含量最高的区域,显著高于外界环境,水汽运移方向为自岩体浅表向外界环境运移。

表 7-7 凤凰山 4#~6# 阳面水平监测孔绝对湿度均方差

单位:g/m³

月份	点位/cm	0	20	40	60	80	100	120	140	160	180	200	250	300	350	400
11月	4#孔	2.05	2.08	1.99	2.00	1.96	1.96	1.94	1.92	1.84	1.81	1.67	1.61	1.60	1.41	1.43
	5#孔	2.23	2.11	2.07	2.00	1.99	1.98	2.00	1.98	1.93	1.92	1.69	1.38	0.92	0.32	0.14
	6#孔	2.12	2.11	2.01	1.92	1.84	1.69	1.75	1.70	1.49	1.22	0.51	0.17	0.15	0.15	0.14
12月	4#孔	0.77	0.75	0.77	0.81	0.78	0.79	0.82	0.86	0.87	0.87	0.86	0.84	0.83	0.87	0.82
	5#孔	0.77	0.79	0.83	0.95	0.99	1.04	1.12	1.13	1.16	1.15	0.97	0.95	0.88	0.80	0.79
	6#孔	0.76	0.75	0.79	0.90	0.94	1.04	1.21	1.12	1.08	1.00	0.87	0.32	0.67	0.35	0.33
3月	4#孔	2.22	2.14	2.11	2.10	2.13	2.15	2.19	2.19	2.18	2.09	2.08	2.04	2.00	1.90	1.92
	5#孔	2.35	2.15	2.11	2.13	2.14	2.21	2.28	2.35	2.41	2.11	1.81	1.51	1.21	0.92	0.74
	6#孔	2.32	2.19	2.08	2.03	1.99	2.03	2.23	2.30	2.15	1.95	1.15	0.24	0.18	0.08	0.09
4月	4#孔	2.68	0.79	0.60	0.39	0.29	0.25	0.31	0.31	0.33	0.37	0.32	0.27	0.26	0.25	0.19
	5#孔	2.68	2.06	0.25	0.30	0.30	0.27	—	0.33	0.36	0.36	0.33	0.30	0.22	0.17	0.13
	6#孔	2.18	1.48	0.41	0.40	0.44	0.33	0.27	0.31	0.27	0.30	—	0.19	0.13	0.11	0.12
5月	4#孔	3.28	1.93	1.02	1.14	1.02	0.91	0.84	0.80	0.75	0.65	0.76	0.75	0.75	0.56	0.53
	5#孔	3.67	0.71	0.25	0.27	0.26	0.26	0.21	0.26	0.26	0.26	0.34	0.26	0.26	0.22	0.21
	6#孔	3.45	3.24	0.47	0.31	0.33	0.31	0.32	0.31	0.27	0.41	0.36	0.28	0.21	0.19	0.17
6月	4#孔	3.99	0.76	0.86	0.68	0.33	0.33	0.33	0.32	0.32	0.33	0.33	0.33	0.34	0.23	0.39
	5#孔	4.34	0.84	0.45	0.40	0.33	0.33	0.34	0.32	0.32	0.36	0.35	0.29	0.27	0.20	0.33
	6#孔	4.07	1.75	0.58	0.59	0.34	0.33	0.36	0.31	0.28	0.41	0.34	0.30	0.25	0.25	0.23

表 7-8 凤凰山 7#~9# 阴面水平监测孔绝对湿度均值

单位: g/m³

月份	点位/cm	0	20	40	60	80	100	120	140	160	180	200	250	300	350	400
12月	7#孔	3.32	3.67	3.86	3.73	3.74	4.07	4.89	5.18	5.96	6.16	6.36	7.32	8.56	9.43	11.95
	8#孔	3.49	3.81	4.11	4.34	4.60	6.14	6.55	7.39	8.04	8.46	9.77	10.90	11.12	11.83	12.29
	9#孔	2.94	2.96	3.09	3.09	3.11	3.13	3.17	3.24	3.50	3.49	3.51	4.15	4.46	4.30	4.13
3月	7#孔	5.37	5.91	6.30	6.56	6.66	6.96	7.13	7.41	7.68	7.97	8.16	8.79	9.39	9.93	10.92
	8#孔	5.21	5.58	6.28	6.62	6.39	7.22	7.84	8.54	8.71	8.93	9.88	10.51	10.35	10.60	11.36
	9#孔	4.89	4.94	5.26	5.30	5.42	—	5.36	5.50	5.66	5.70	5.79	5.93	6.18	6.29	6.24
4月	7#孔	7.22	12.21	12.38	13.19	13.05	13.34	13.21	13.18	12.90	12.85	12.88	12.76	13.77	12.74	12.65
	8#孔	7.25	13.17	13.32	13.38	—	13.39	13.07	13.18	13.00	12.88	12.80	13.03	12.68	12.58	12.62
	9#孔	7.21	11.05	12.27	12.65	—	12.88	12.89	12.79	12.88	12.81	12.33	12.78	12.71	—	12.48
5月	7#孔	7.74	13.76	14.84	14.78	14.54	14.67	14.43	14.36	14.11	14.26	14.28	13.81	14.93	13.75	13.60
	8#孔	7.96	15.26	15.30	15.92	15.65	15.92	15.04	15.10	14.91	14.56	14.80	14.51	13.98	13.75	13.69
	9#孔	7.79	11.78	14.13	14.54	16.26	14.39	14.31	14.36	14.63	14.44	13.33	—	14.07	—	—
6月	7#孔	10.94	14.19	16.75	16.95	17.01	16.60	16.24	16.18	15.77	15.77	15.81	15.69	15.97	15.38	15.20
	8#孔	11.25	17.62	17.69	17.80	18.20	17.81	17.17	17.18	16.72	16.53	16.60	16.20	15.75	15.59	15.43
	9#孔	11.07	16.03	16.49	16.39	17.56	16.22	16.47	16.29	16.36	16.33	15.20	—	15.94	—	—

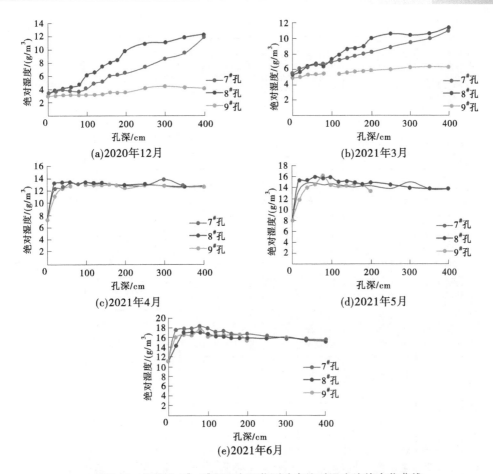

图 7-13　凤凰山 $7^{\#}\sim9^{\#}$ 阴面水平监测孔内绝对湿度均值变化曲线

凤凰山 $7^{\#}\sim9^{\#}$ 阴面水平监测孔在各监测时段的绝对湿度均方差见表 7-9。均方差变化大致表现为随着监测深度的增加而不断减小,绝对湿度的波动情况指示出裂隙岩体内随着深度的增加绝对湿度的变化变小,水汽运移主要集中在岩体浅表区域。2021 年 6 月,岩体浅表区域的均方差总体高于其他各监测月份,说明此时水汽运移活动更为明显。总体来看,阴面水平监测孔各深度的绝对湿度均方差高于其他各组监测孔。阴面水平监测孔的位置为岩体壁面北侧,常年缺乏日照,受外界环境及岩体内水汽含量变化影响较大。当这些条件改变时,监测孔内水汽含量往往出现更为明显和剧烈的变化,其绝对湿度均方差更大。

7.4.3　岩体内水汽场的分布规律

监测孔内的绝对湿度均值能够表征该季节岩体内绝对湿度的宏观水平。以水汽运移及水汽内循环动态特征和各监测孔内的绝对湿度均值为依据,利用克里金插值法对各监测时段的水汽场分布规律进行研究。

表 7-9　凤凰山 7#~9# 阴面水平监测孔绝对湿度均方差

单位：g/m³

月份	点位/cm	0	20	40	60	80	100	120	140	150	180	200	250	300	350	400
12 月	7#孔	0.91	1.04	1.17	1.17	1.13	1.16	1.11	1.10	0.92	0.92	0.93	0.84	0.88	0.98	1.23
	8#孔	0.73	0.79	0.96	1.03	0.86	1.01	0.73	0.57	0.55	0.52	0.58	0.40	0.40	0.41	0.44
	9#孔	0.72	0.74	0.82	0.88	0.95	0.96	0.93	0.97	1.05	1.05	1.04	1.07	0.94	1.05	1.05
3 月	7#孔	2.10	2.04	2.09	2.18	2.14	2.13	2.07	1.97	1.79	1.64	1.60	1.21	0.96	0.74	0.32
	8#孔	2.11	2.10	1.88	1.86	1.34	1.71	1.45	1.23	0.94	0.79	0.36	0.16	0.16	0.16	0.10
	9#孔	2.28	2.29	2.11	2.10	2.23	—	2.10	2.07	2.06	2.06	1.99	1.92	1.82	1.80	1.84
4 月	7#孔	2.45	1.63	1.57	0.63	0.38	0.42	0.40	0.41	0.37	0.37	0.33	0.26	0.25	0.21	0.18
	8#孔	2.50	0.42	0.46	0.46	—	0.47	0.39	0.43	0.36	0.36	0.27	0.37	0.26	0.22	0.19
	9#孔	2.77	1.64	1.59	1.26	—	0.32	0.35	0.31	0.30	0.28	0.14	0.30	0.27	0	0.21
5 月	7#孔	2.96	1.18	0.65	0.49	0.47	0.34	0.37	0.37	0.34	0.35	0.38	0.33	0.37	0.27	0.25
	8#孔	2.86	0.80	0.67	0.59	0.65	0.90	0.67	0.72	0.64	0.55	0.64	0.46	0.39	0.33	0.30
	9#孔	2.96	2.87	0.88	0.43	0.53	0.43	0.44	0.44	0.41	0.47	0.40	0	0.38	—	—
6 月	7#孔	3.83	3.40	1.07	0.52	0.56	0.50	0.44	0.43	0.42	0.40	0.39	0.43	0.46	0.36	0.32
	8#孔	3.89	1.26	0.62	0.68	0.75	0.64	0.61	0.52	0.52	0.51	0.43	0.44	0.41	0.41	0.39
	9#孔	3.87	2.61	0.57	0.48	0.46	0.47	0.48	0.45	0.48	0.48	0.55	—	0.40	—	—

7.4.3.1　1#～3#垂直监测孔

根据凤凰山试验场 1#～3#垂直监测孔的绝对湿度数据,绘制监测岩体各监测月份的水汽场分布图(见图 7-14)。2020 年 11 月,岩体内水汽含量最大值出现在 2#孔深度为 600 cm 区域附近,岩体内的水汽运移规律为自该区域向岩体浅表运移。12 月,岩体内水汽含量较 11 月有所下降,且在岩体浅表下降最为明显,冬季是各监测时期岩体内外水汽含量相差最大的季节,水汽运移规律为自岩体深部向外界环境运移。2021 年 3 月,岩体深部的水汽含量下降,最大值出现在 3#孔岩体深部,岩体浅表的水汽含量增加,为岩体内水汽含量最低的区域,水汽运移规律为自岩体深部向岩体浅表运移。4 月,岩体深部的水汽含量进一步减小,岩体浅表的水汽含量进一步增加,水汽含量最低区域出现在岩体深度 150～300 cm 区域,水汽运移规律为自岩体浅表和岩体深部向上述水汽含量最低的区域运移。5 月,岩体深部的水汽含量继续减小,岩体浅表的水汽含量增加,水汽运移规律为

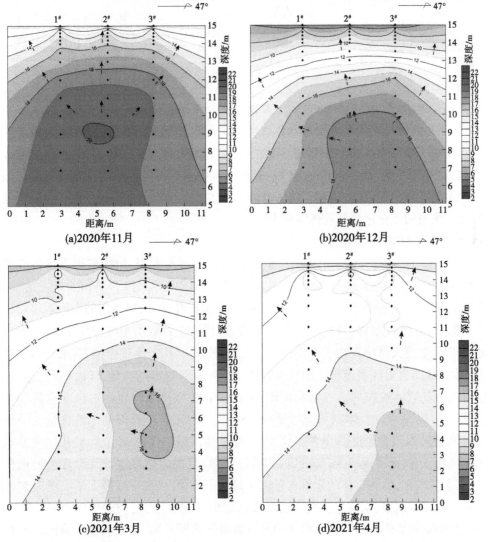

图 7-14　凤凰山 1#～3#垂直监测孔水汽分布及运移剖面 （图例为绝对湿度,g/m³）

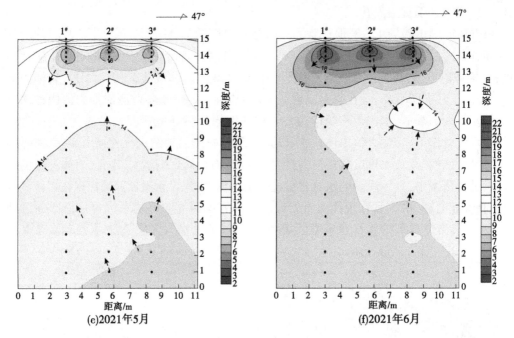

(e)2021年5月　　　　　　　　　　　(f)2021年6月

续图 7-14

自岩体深部和岩体浅表向岩体中部水汽含量最低的区域运移。6月，岩体浅表的水汽含量升高，其中深度为 40~200 cm 区域为水汽含量最大值，并高于岩体深部；水汽含量最低值出现在 3#孔深度为 300~400 cm 区域；岩体深部的水汽持续向水汽含量较低的区域运移，水汽含量下降明显；水汽运移规律为自岩体浅表和岩体深部向上述水汽含量最低处运移，且岩体浅表的水汽运移活动强度更大。

7.4.3.2　4#~6#阳面水平监测孔

根据凤凰山试验场 4#~6#阳面水平监测孔的绝对湿度数据，绘制监测岩体各监测月的水汽场分布图（见图 7-15）。冬季是各监测时期岩体内外水汽含量相差最大的季节；2020 年 11 月，岩体内水汽含量最大值出现在 5#孔和 6#孔深部，岩体内的水汽运移规律为自该区域向岩体浅表运移。12 月，岩体内水汽含量较 11 月有所下降，4#孔区域下降最为明显，水汽含量最大值出现在 6#孔深部，最小值出现在 4#孔岩体浅表位置，水汽运移规律为自岩体深部向岩体浅表运移。2021 年 3 月，岩体深部的水汽含量下降，最大值出现在 6#孔岩体深部，岩体浅表的水汽含量增加，4#孔浅表区域仍为岩体内水汽含量最低的区域；水汽运移规律为自岩体深部向岩体浅表运移。4 月，岩体深部的水汽含量进一步减少，岩体浅表的水汽含量进一步增加，水汽含量最高区域出现在 4#孔及 5#孔深度为 40~350 cm 区域，水汽运移规律为自该区域向周围扩散，且向岩体浅表及外界环境的运移活动最为强烈。5 月，岩体整体的水汽含量较 4 月有所增加，水汽含量最大值出现在 5#孔深度为 20~250 cm 区域，水汽运移规律为自该区域向周围扩散，且向岩体浅表及外界环境的运移活动最为强烈。6 月，岩体整体的水汽含量均有所升高，其中岩体浅表的水汽含量增加最为明显，并高于岩体深部，成为岩体内水汽含量最高的区域，水汽运移方向为自岩

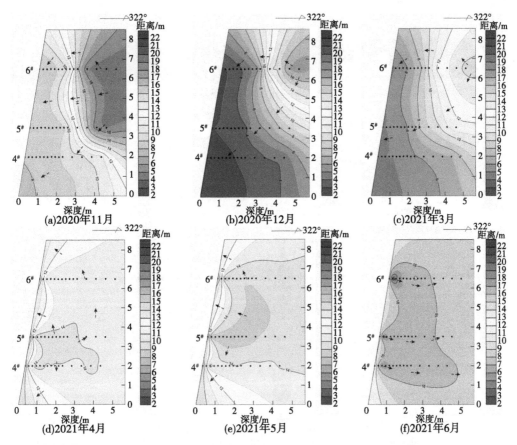

图 7-15 凤凰山 4#～6# 阳面水平监测孔水汽分布及运移剖面 (图例为绝对湿度,g/m³)

体浅表向岩体深部运移。

7.4.3.3 7#～9# 阴面水平监测孔

根据凤凰山试验场 7#～9# 阴面水平监测孔的绝对湿度数据,绘制监测岩体各监测月的水汽场分布图(见图 7-16)。2020 年 12 月,岩体内水汽含量最大值出现在 8# 孔最深部,9# 孔所处区域是岩体内水汽含量值最低的区域,水汽运移规律为自该区域向周围运移,且向 9# 孔区域运移活动最为强烈,冬季是各监测时期岩体内外水汽含量相差最大的季节。2021 年 3 月,岩体深部的水汽含量略有下降,最大值出现在 8# 孔深部,周围区域岩体的水汽含量增加,9# 孔及岩体浅表区域仍为岩体内水汽含量最低的区域,水汽运移规律为自 8# 孔深部向上述水汽含量较低的区域运移。4 月,岩体深部的水汽含量进一步减少,岩体浅表的水汽含量进一步增加,岩体内各区域间水汽含量相差不大,水汽含量最高区域出现在 7# 孔及 8# 孔深度为 40～160 cm 区域,水汽运移规律为自该区域向周围扩散,但整体的水汽运移活动较弱。5 月,岩体整体的水汽含量较 4 月有所增加,水汽含量最大值出现在 8# 孔深度为 20～140 cm 区域,水汽运移规律为自该区域向周围扩散,且向岩体浅表及外界环境的运移活动最为强烈。6 月,岩体整体的水汽含量均有所升高,水汽含量最大值出现在 8# 孔深度为 300～350 cm 区域,水汽运移方向为自该区域向岩体浅表运移。

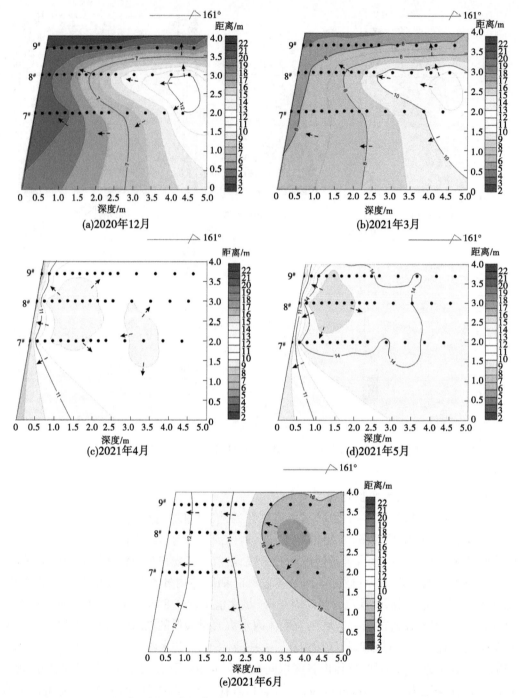

图 7-16　凤凰山 7#~9# 阴面水平监测孔水汽分布及运移剖面　（图例为绝对湿度，g/m³）

裂隙岩体内凝结水时空分布特征及含水量计算

8

8.1 岩体内凝结水的形成机制及赋存区域特点

凝结水来自空气中气态水的凝结,当单位体积空气中水汽量小于对应温度下单位体积空气所能容纳的饱和值时,水汽欠饱和,汽化的速度与数量小于液化的;随着水汽量的积累或温度降低,饱和蒸汽压降低,单位体积空气容纳水汽量的值降低,单位体积空气中水汽量等于其能容纳的最大值,出现水汽饱和现象,此时汽化与液化的速度与数量相等,处于热力学平衡状态。但在裂隙岩体这一开放系统中,这一状态出现的空间和时间具有随机性,随岩体内气密性增加,该状态维持的时空可能得到延长,温湿度任一条件发生变化,水汽饱和的热力学平衡状态都会被打破。若温度降低,或水汽量增大,单位体积空气中水汽量大于其空间所能容纳的最大值,即水汽过饱和,在凝结核的作用下,汇聚成液滴,形成凝结水。

裂隙岩体非饱和带凝结水的形成受水分、热量两方面控制。在其水热来源与运移方式上,水分通过连通的裂隙进行运移扩散,水分一方面来自于外界大气中,一方面来自裂隙岩体一定深度内;热量一方面来自外界太阳热辐射、靠近外界温度较高岩体的热传递,以及裂隙中空气热对流与热传导,一方面来自岩体一定深部的空气以及岩体的热量向外传递,岩体内部一定深度的温度与水汽含量值较为稳定,随季节变化变动小。当外界温度与绝对湿度高于岩体深部时,外界大气作为水热源,热量趋于向内传递,水汽趋于向内运移;当外界温度与绝对湿度低于岩体深部时,岩体深部作为水热源,热量趋于向外传递,水汽趋于向外运移。处于季节变动期时,外界温度与湿度变化剧烈,岩体深部温湿度较为稳定,发生热量向内传递、水汽向内运移与热量向外传递、水汽向外运移的交替变化,直至外界温湿度与岩体内部温湿度差值趋于稳定,热量传递与水汽运移的方向也趋于一致,这是系统外界条件改变后的自组织现象。水汽运移方向一致后,水汽向一端聚集,达到空间温度对应所能容纳水汽含量的饱和值便由水汽欠饱和转变为水汽饱和状态,如温度降低或水汽继续聚集,单位体积空气水汽量超过其所能容纳值,即水汽过饱和,在岩体内壁与空气中尘粒提供凝结核的基础上便发生水汽凝结,形成凝结水。当温度不变时,随着水汽凝结的进行,单位体积空气中的水汽量不断减少,若水汽未得到及时补充,水汽过饱和度不断降低,直至回归水汽饱和状态,此时水汽量继续减少或温度升高,则又出现水汽欠饱和。

水汽凝结的产生受水分与热量耦合作用影响,水分来自外界与岩体内一定深度,凝结量受外界大气与岩体内部水分多少的影响,空气中水分越多,越易形成凝结水,两者水汽量相近,难以形成水汽分压差,难以形成水汽运移的驱动力。在一定的温度与水汽分压差下更易形成凝结水,温度一定,水汽量不变,难以发生相态变化,外界与岩体内部温度差过小,热量传递梯度过小,也难以发生相态变化。水汽与热量的输送与传递既受太阳辐射和空气流动速率影响,也受岩体中裂隙与外界连通的开启程度影响,裂隙岩体非饱和带凝结水的形成受水热传递方向、外界与岩体内水汽量、热量值以及温度与水汽分压梯度等因素影响,裂隙岩体作为一个非均质不连续介质体,其裂隙发育程度影响凝结水的形成。

在凝结水形成判别方面,对于具有汽、液、固三相特点的裂隙岩体,随着试验场各壁面内部水分、热量的不断输入和输出,当裂隙岩体水汽场某局部空间内的温度降低到其空间所能容纳该水汽含量对应的阈值温度时,相对湿度大于100%,其内部的水分子在凝结核的作用下因其凝结速率大于扩散速率而产生水汽凝结的现象,该种水汽凝结现象会随各季节裂隙岩体内温度、水汽的分布及运移传递规律的不同,表现出不同的凝结水形成特点。若无凝结核,水汽即使过饱和也不可能形成凝结水,判断凝结水形成的界限较为模糊。有学者在对龙门石窟的研究中,发现壁面粗糙的地方附着的尘粒较多,成为水汽凝结的场所,可以观察到大量以尘粒为核心的凝结水珠悬挂在洞壁之上。本研究认为粗糙的岩壁以及空气中的微小颗粒为凝结水的形成提供了凝结核,因岩体内难以观测凝结水量,故将相对湿度大于100%作为判断凝结水形成的标志。

8.2 裂隙岩体内凝结水的时空分布规律

根据凤凰山试验场裂隙岩体各监测孔的相对湿度数据,对各监测期间岩体内部凝结水形成的区域进行划分,分析其时空分布规律。

8.2.1 空间分布规律

8.2.1.1 垂直监测孔

对凤凰山试验场 $1^\#$ ~ $3^\#$ 垂直监测孔中不同孔深的相对湿度数据大于100%的次数频率进行统计。凤凰山垂直监测孔在监测期,均有凝结水形成的区域。各监测月中,岩体深部的凝结水过饱和频率较为一致,达到或接近100%,而孔口及岩体浅表处形成凝结水的概率受季节变化影响较强,进入春季和夏季,其过饱和频率明显降低。垂直监测孔所受光照和植被覆盖情况较为一致,凝结水过饱和频率彼此较为一致。温度是影响垂直孔内凝结水形成的重要因素,秋季和冬季外界温度降低,孔内的水汽较容易达到过饱和状态。而进入春季和夏季后,虽然岩体浅表处的水汽含量明显升高,但由于外界温度逐渐升高,其温度超过适宜凝结水形成的温度,故凝结水过饱和频率降低。

根据对不同孔深相对湿度不同取值区间所占频率的统计结果,将裂隙岩体内凝结水形成区域划分为过饱和带、近饱和带、欠饱和带,过饱和带为凝结水形成的最主要区域,近饱和带为潜在凝结水形成源。相对湿度大于100%的监测点数频率大于或等于90%为过饱和带,相对湿度大于99%的监测点数频率大于或等于90%为近饱和带,其余为欠饱和带。在温度降低或水汽额外快速补充时,会转换为过饱和带,补充形成凝结水,欠饱和带几乎不形成凝结水。

裂隙岩体内凝结水形成区域分带划分见表 8-1~表 8-6,表中"过""近""欠"表示过饱和带、近饱和带、欠饱和带,据孔口相对湿度监测数据,外界均为欠饱和带,故不在表格中显示。

表 8-1　2020 年 11 月凤凰山 1#~3#孔凝结水形成区域分带划分

孔深/cm	20	40	60	80	100	150	200	300	400	500	600	700	800
1#孔							过						
2#孔							过						
3#孔							过						

表 8-2　2020 年 12 月凤凰山 1#~3#孔凝结水形成区域分带划分

孔深/cm	20	40	60	80	100	150	200	300	400	500	600	700	800
1#孔							过						
2#孔							过						
3#孔							过						

根据垂直监测孔不同深度的过饱和频率,绘制裂隙岩体内凝结水分带图(见图 8-1)。裂隙岩体内裂隙发育不均,不能视作均质体,各监测孔内分带用虚线相连,作为分带界面的预测表征。2020 年 11—12 月,浅表 0~20 cm 深度为欠饱和带和近饱和带,范围较小;20~800 cm 深度为过饱和带。2021 年 3—6 月,岩体内由浅到深可分为欠饱和带、近饱和带和过饱和带。3 月,欠饱和带集中在 0~20 cm 区域,近饱和带集中在 20~60 cm 区域,深度超过 60 cm 区域均为过饱和带。4 月,欠饱和带集中在 0~40 cm 区域,近饱和带集中在 40~100 cm 区域,深度超过 150 cm 区域均为过饱和带。5 月,欠饱和带集中在 0~40 cm 区域,近饱和带集中在 40~100 cm 区域,深度超过 150 cm 区域均为过饱和带。6 月,欠饱和带集中在 0~40 cm 区域,近饱和带集中在 40~100 cm 区域,深度超过 150 cm 区域均为过饱和带。垂直监测孔监测期均有欠饱和带、近饱和带和过饱和带分布,岩体内由浅到深,均呈现出欠饱和带、近饱和带、过饱和带的过渡趋势。温度是影响凝结水饱和带分布的重要影响因素。秋季和冬季,外界环境和岩体内温度较低,水汽自岩体深部向岩体浅表和外界环境运移,遇到低温环境易于达到过饱和状态,产生凝结水。3 月,外界环境温度升高,欠饱和带和近饱和带分布范围增大,且分界线向岩体深部运移;4 月,外界环境温度进一步升高,欠饱和带和近饱和带分布范围进一步增大,分界线进一步下移;5—6 月,凝结水分带区域与 4 月基本一致。温度对凝结水各分带的影响范围主要集中在 0~150 cm 深度范围。

表 8-3 2021 年 3 月凤凰山 1#~3# 孔凝结水形成区域分带划分

孔深/cm	20	40	60	80	100	150	200	300	400	500	600	700	800	900	1 000	1 100	1 200
1#孔		近									过						
2#孔	近									过							
3#孔		近									过						

表 8-4 2021 年 4 月凤凰山 1#~3# 孔凝结水形成区域分带划分

孔深/cm	20	40	60	80	100	150	200	300	400	500	600	700	800	900	1 000	1 100	1 200	1 300	1 400
1#孔	欠			近								过							
2#孔	欠		近								过								
3#孔	欠			近								过							

表 8-5 2021 年 5 月凤凰山 1#~3# 孔凝结水形成区域分带划分

孔深/cm	20	40	60	80	100	150	200	300	400	500	600	700	800	900	1 000	1 100	1 200	1 300	1 400
1#孔	欠			近								过							
2#孔	欠			近								过							
3#孔	欠			近								过							

表 8-6 2021 年 6 月凤凰山 1#~3# 孔凝结水形成区域分带划分

孔深/cm	20	40	60	80	100	150	200	300	400	500	600	700	800	900	1 000	1 100	1 200	1 300	1 400
1#孔	欠				近							过							
2#孔	欠			近								过							
3#孔	欠				近							过							

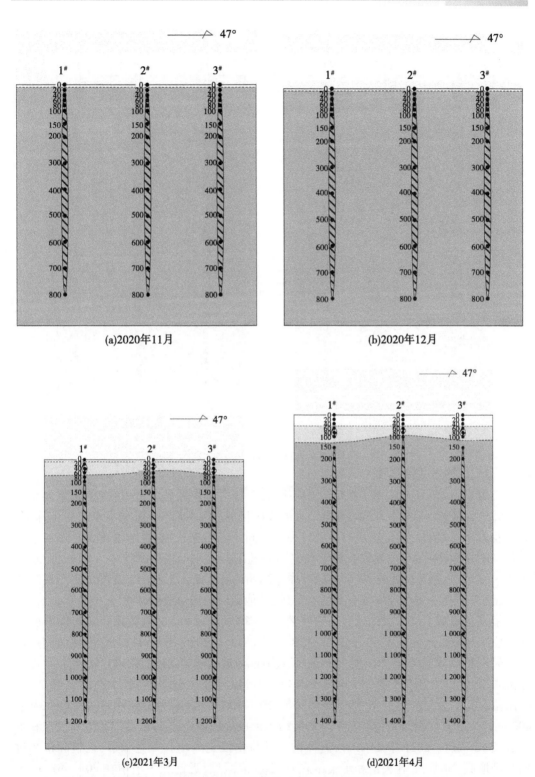

图 8-1　凤凰山试验场垂直监测孔凝结水形成区域空间分布　(孔深单位：cm)

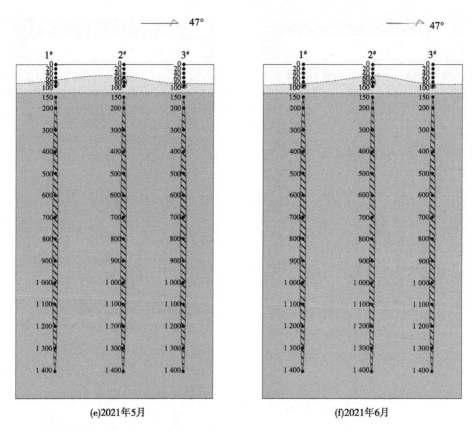

<table>
<tr><td>(e)2021年5月</td><td>(f)2021年6月</td></tr>
</table>

续图 8-1

8.2.1.2 阳面水平监测孔

对凤凰山 4#~6#阳面水平监测孔中不同孔深相对湿度数据大于 100%的次数频率进行统计。在各监测期,监测孔均有凝结水形成的区域,凝结水形成区域集中在岩体深部,孔口及岩体浅表处形成凝结水的概率较小。而同一组监测孔中,凝结水更容易形成于高度较高的 6#监测孔中,位置较低的 4#和 5#监测孔的凝结水形成概率较小。4 月凝结水的形成区域最广,除孔口处外,其余各深度在监测期均有凝结水形成;12 月凝结水形成区域最小,仅在 6#孔的岩体最深部有凝结水形成,其他区域均未形成凝结水。

根据各监测点位的水汽过饱和频率数据,获得凤凰山 4#~6#监测孔所在岩体的凝结水形成区域分带划分情况(见表 8-7~表 8-12、图 8-2)。2020 年 11 月,4#孔内各监测点位均为欠饱和带;5#孔在岩体深度 350 cm 区域附近为近饱和带,在深度 400 cm 区域附近为过饱和带;6#孔在岩体深度 250~400 cm 区域为过饱和带。2020 年 12 月和 2021 年 3 月,4#孔和 5#孔均为欠饱和带,6#孔在岩体深度 250~300 cm 区域为近饱和带,在深度 350~400 cm 区域为过饱和带。其中 11 月的凝结水形成区域最广,3 月的近饱和带和过饱和带区域较 12 月广。2021 年 4—6 月,岩体内各孔位由浅到深均有欠饱和带、近饱和带和过饱和带形成。4 月,4#孔欠饱和带集中在 0~20 cm 区域,近饱和带集中在 20~140 cm 区域,深度超过 160 cm 区域均为过饱和带;5#孔欠饱和带集中在 0~20 cm 区域,近饱和带

表 8-7 2020 年 11 月阳面水平监测孔凝结水形成区域分带划分

孔位/cm	20	40	60	80	100	120	140	160	180	200	250	300	350	400
4#孔	欠													
5#孔	欠												近	过
6#孔	欠											过		

表 8-8 2020 年 12 月阳面水平监测孔凝结水形成区域分带划分

孔位/cm	20	40	60	80	100	120	140	160	180	200	250	300	350	400
4#孔	欠													
5#孔	欠													
6#孔	欠											近	过	

表 8-9 2021 年 3 月阳面水平监测孔凝结水形成区域分带划分

孔位/cm	20	40	60	80	100	120	140	160	180	200	250	300	350	400
4#孔	欠													
5#孔	欠													
6#孔	欠											近	过	

表 8-10 2021 年 4 月阳面水平监测孔凝结水形成区域分带划分

孔位/cm	20	40	60	80	100	120	140	160	180	200	250	300	350	400
4#孔	欠	近				过								
5#孔	欠	近			过									
6#孔	欠	近		过										

表 8-11 2021 年 5 月阳面水平监测孔凝结水形成区域分带划分

孔位/cm	20	40	60	80	100	120	140	160	180	200	250	300	350	400
4#孔	欠										近			
5#孔	欠	近								过				
6#孔	欠	近			过									

表 8-12　2021 年 6 月阳面水平监测孔凝结水形成区域分带划分

孔位/cm	20	40	60	80	100	120	140	160	180	200	250	300	350	400
4#孔	欠						近					过		
5#孔	欠							近			过			
6#孔	近						过							

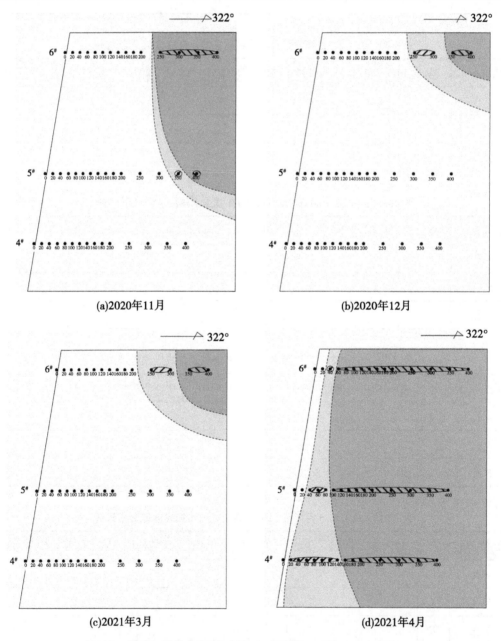

(a)2020年11月　　(b)2020年12月

(c)2021年3月　　(d)2021年4月

图 8-2　凤凰山 4#~6#孔凝结水形成区域空间分布　（孔深单位:cm）

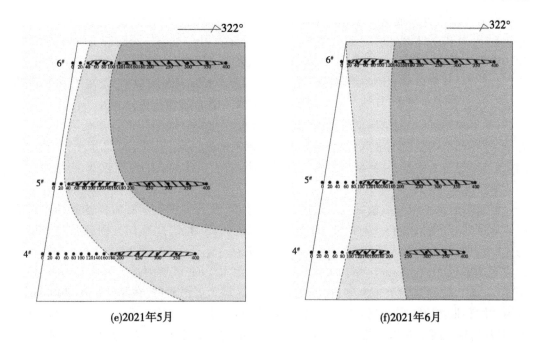

(e)2021年5月　　　　　　　　　　　　(f)2021年6月

续图 8-2

集中在 40~80 cm 区域,深度超过 100 cm 区域均为过饱和带;$6^\#$孔欠饱和带集中在 0~20 cm 区域,近饱和带集中在 20~40 cm 区域,深度超过 60 cm 区域均为过饱和带。5 月,$4^\#$ 孔欠饱和带集中在 0~160 cm 区域,近饱和带集中在 180~400 cm 区域,未存在过饱和带;$5^\#$孔欠饱和带集中在 0~20 cm 区域,近饱和带集中在 40~180 cm 区域,深度超过 200 cm 区域均为过饱和带;$6^\#$孔欠饱和带集中在 0~20 cm 区域,近饱和带集中在 40~100 cm 区域,深度超过 120 cm 区域均为过饱和带。6 月,$4^\#$孔欠饱和带集中在 0~80 cm 区域,近饱和带集中在 100~200 cm 区域,深度超过 250 cm 区域均为过饱和带;$5^\#$孔欠饱和带集中在 0~80 cm 区域,近饱和带集中在 100~180 cm 区域,深度超过 200 cm 区域均为过饱和带;$6^\#$孔欠饱和带集中在 0~20 cm 区域,近饱和带集中在 20~120 cm 区域,深度超过 120 cm 区域均为过饱和带。

阳面水平监测孔监测期均有欠饱和带、近饱和带和过饱和带分布,岩体内由浅到深,均呈现出欠饱和带、近饱和带、过饱和带的过渡趋势。秋季、冬季及初春时期,由于外界环境及岩体内的水汽含量较低,而岩体深部水汽含量更高,凝结水往往更容易在岩体深部形成。4 月,随着岩体内的水汽含量回升,在温度的共同作用下,岩体内各孔位基本均有凝结水形成,监测孔的位置是影响凝结水形成的重要因素,海拔较高的 $6^\#$孔更容易形成凝结水,海拔最低的 $4^\#$孔凝结水形成概率及范围最小。11 月至次年 3 月,$6^\#$孔的水汽含量显著高于 $4^\#$孔和 $5^\#$孔,故在低温环境下更易形成凝结水;4—6 月,由于 $6^\#$孔更接近地表,地温升高对其影响更为明显,蒸发活动更强,故其凝结水过饱和频率明显下降。

8.2.1.3　阴面水平监测孔

对凤凰山 $7^\#$~$9^\#$阴面水平监测孔中不同孔深相对湿度数据大于 100%的次数频率进行统计。阴面水平监测孔所在的岩体在各监测期,凝结水形成区域往往集中在岩体深部,孔口及岩体浅表处形成凝结水的概率较小。而同一组监测孔中,凝结水更容易形成于8#监测孔中,7#和9#监测孔的凝结水形成概率较小。8#孔孔位处岩体裂隙较为发育,裂隙空间为水汽运移提供了天然的通道,有利于凝结水的形成。3月,凝结水的形成区域最广,除孔口处外,其余各深度均有凝结水形成;12月,凝结水形成区域最小,仅在7#和8#孔岩体最深部有凝结水形成,其他区域均未形成凝结水。阴面监测孔区域相比于阳面监测孔区域,常年缺乏日照,四季温度较低,各季节间温度变化幅度弱于阳面监测孔区域。进入春季,外界环境的温度和水汽含量升高,岩体的温度尚未回升,仍处于较低水平,有利于凝结水的形成;进入冬季,外界环境的水汽含量下降明显,岩体浅表的温度较低,凝结水过饱和频率较低。

根据阴面水平监测点位的水汽过饱和频率数据,获得监测孔所在岩体的凝结水形成区域分带划分(见表8-13~表8-17、图8-3)。2020年12月,7#孔及9#孔内各监测点位均为欠饱和带,8#孔在岩体深度为250 cm区域附近存在过饱和带,但范围较小。2021年3月,7#孔在深度0~350 cm区域为欠饱和带,在深度400 cm区域附近为近饱和带;8#孔在深度0~180 cm区域为欠饱和带,在深度200 cm区域为近饱和带,在深度250~400 cm区域为过饱和带;9#孔内各监测点均为欠饱和带。4—6月,岩体内各孔位由浅到深均有欠饱和带、近饱和带和过饱和带形成。4月,7#孔欠饱和带集中在0~40 cm区域,过饱和带集中在60~400 cm区域;8#孔欠饱和带集中在0~20 cm区域,近饱和带集中在20 cm区域附近,深度超过40 cm区域均为过饱和带;9#孔欠饱和带集中在0~40 cm区域,近饱和带集中在60~120 cm区域,深度超过140 cm区域均为过饱和带。5月,7#孔欠饱和带集中在0~20 cm区域,近饱和带集中在40~120 cm区域,深度超过140 cm区域均为过饱和带;8#孔欠饱和带集中在0~20 cm区域,近饱和带集中在20~60 cm区域,深度超过80 cm区域均为过饱和带;9#孔欠饱和带集中在0~60 cm区域,近饱和带范围较小,深度超过80 cm区域均为过饱和带。6月,7#孔欠饱和带集中在0~40 cm区域,近饱和带集中在60~180 cm区域,深度超过200 cm区域均为过饱和带;8#孔欠饱和带集中在0~20 cm区域,近饱和带集中在40~200 cm区域,深度超过250 cm区域均为过饱和带;9#孔欠饱和带集中在0~60 cm区域,近饱和带集中在80~250 cm区域,深度超过300 cm区域均为过饱和带。

秋季岩体内以欠饱和带为主,除此以外的其他监测时段都有欠饱和带、近饱和带和过饱和带分布,岩体内由浅到深,均呈现出欠饱和带、近饱和带、过饱和带的过渡趋势。8#孔位处岩体裂隙较发育,与外界环境的温度及水汽交换较容易,该区域的凝结水形成概率较7#孔和9#孔更大。6月,岩体的欠饱和带和近饱和带范围较4月和5月大幅增加,外界环境温度升高,水汽蒸发活动增强,不利于凝结水的形成,使得过饱和带转化为欠饱和带和近饱和带。

表8-13 2020年12月阴面水平监测孔凝结水形成区域分带划分

孔位/cm	20	40	60	80	100	120	140	160	180	200	250	300	350	400
7#孔							欠							
8#孔					欠						过	欠		
9#孔							欠							

表 8-14 2021 年 3 月阴面水平监测孔凝结水形成区域分带划分

孔位/cm	20	40	60	80	100	120	140	160	180	200	250	300	350	400
7#孔							欠							近
8#孔					欠					近		过		
9#孔							欠							

表 8-15 2021 年 4 月阴面水平监测孔凝结水形成区域分带划分

孔位/cm	20	40	60	80	100	120	140	160	180	200	250	300	350	400
7#孔		欠					过							
8#孔	近						过							
9#孔		欠			近						过			

表 8-16 2021 年 5 月阴面水平监测孔凝结水形成区域分带划分

孔位/cm	20	40	60	80	100	120	140	160	180	200	250	300	350	400
7#孔	欠			近							过			
8#孔	欠		近					过						
9#孔		欠						过						

表 8-17 2021 年 6 月阴面水平监测孔凝结水形成区域分带划分

孔位/cm	20	40	60	80	100	120	140	160	180	200	250	300	350	400
7#孔		欠				近							过	
8#孔	欠					近						过		
9#孔		欠					近						过	

8.2.2 时间分布规律

为研究裂隙岩体非饱和带内凝结水的季节分布情况,不考虑孔位空间分布,对三个监测区中相同孔深的相对湿度大于 100% 的时间点频率进行分季节统计研究。

8.2.2.1 垂直监测孔

凤凰山试验场垂直监测孔监测期的过饱和频率统计结果见图 8-4。垂直监测孔所在的岩体内均可形成凝结水,且岩体深部的凝结水过饱和频率更高。其中,冬季的 12 月,凝结水过饱和频率最高,除孔口外,各深度的过饱和频率均为 100%;夏季的 6 月,在岩体浅表处的水汽过饱和频率较低,在深度大于 150 cm 后才出现稳定的过饱和带;春秋季节的水汽过饱和频率介于两者之间。同孔内环境的温度相比,冬季外界环境的温度最低,是两者温差最大的季节,夏季外界环境的温度均值高于岩体浅表。冬季更易形成凝结水,而夏

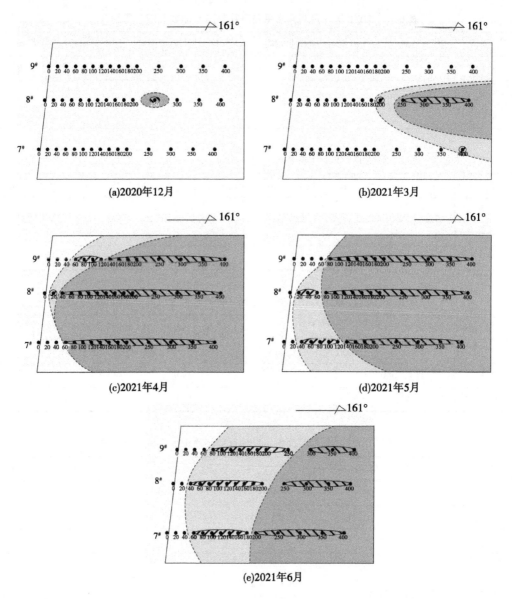

图 8-3　阴面水平监测孔凝结水形成区域空间分布 (孔深单位:cm)

季在岩体浅表不易形成凝结水。温度是影响凝结水形成的重要因素,当内外环境的温度梯度更大时,更容易形成凝结水。

8.2.2.2　阳面水平监测孔

凤凰山试验场阳面水平监测孔监测期的过饱和频率统计结果见图 8-5。阳面水平监测孔所在的岩体内均可形成凝结水,岩体深部的凝结水过饱和频率更高;春季的 4 月,凝结水过饱和频率最高;冬季的 12 月,凝结水过饱和频率最低。进入 4 月后,外界环境的温度和水汽含量明显升高,此时岩体浅表的水汽含量明显升高,水汽相对饱和度高,更易形成凝结水;冬季由于外界温度和水汽含量较低,在岩体浅表较难形成凝结水,仅在岩体深部水汽含量较高的区域形成凝结水。

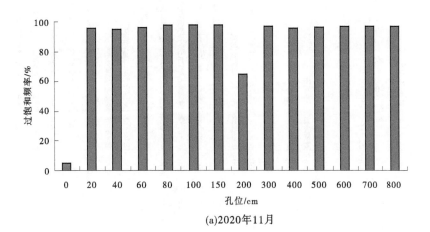

(a)2020年11月

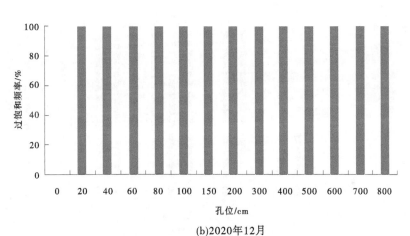

(b)2020年12月

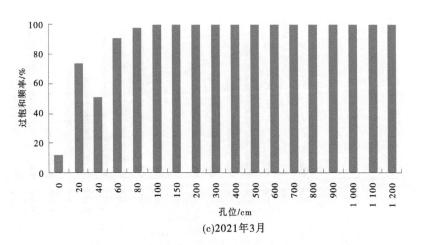

(c)2021年3月

图 8-4 垂直监测孔的过饱和频率统计结果

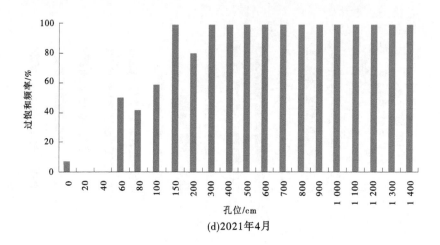

(d)2021年4月

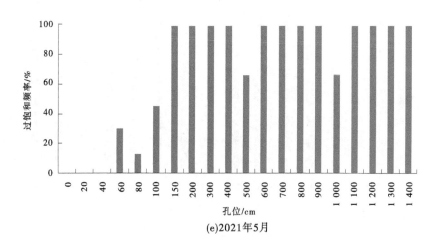

(e)2021年5月

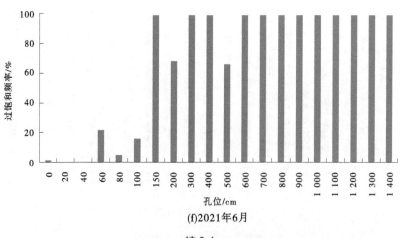

(f)2021年6月

续 8-4

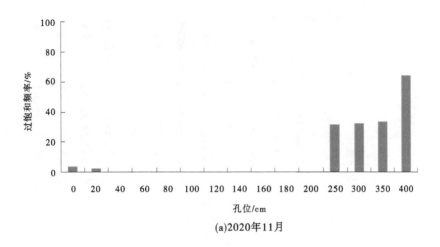

(a)2020年11月

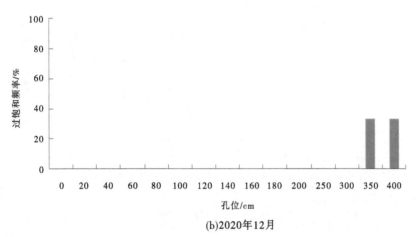

(b)2020年12月

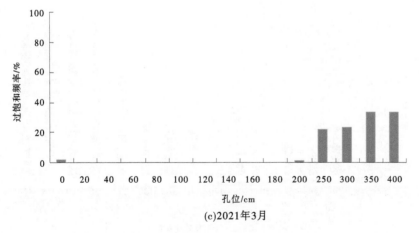

(c)2021年3月

图 8-5 阳面水平监测孔水汽过饱和频率统计结果

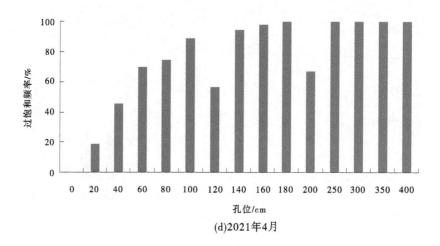

(d)2021年4月

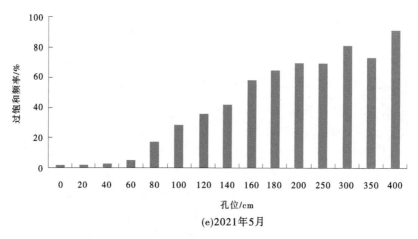

(e)2021年5月

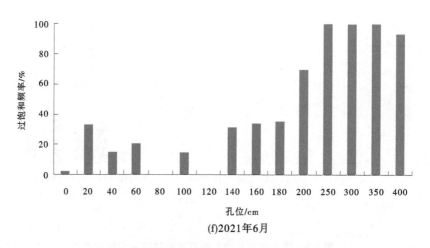

(f)2021年6月

续图 8-5

8.2.2.3　阴面水平监测孔

凤凰山试验场阴面水平监测孔监测期的过饱和频率统计结果见图 8-6。阴面水平监测孔所在的岩体内均可形成凝结水，岩体深部的凝结水过饱和频率更高；春季的 4 月，凝

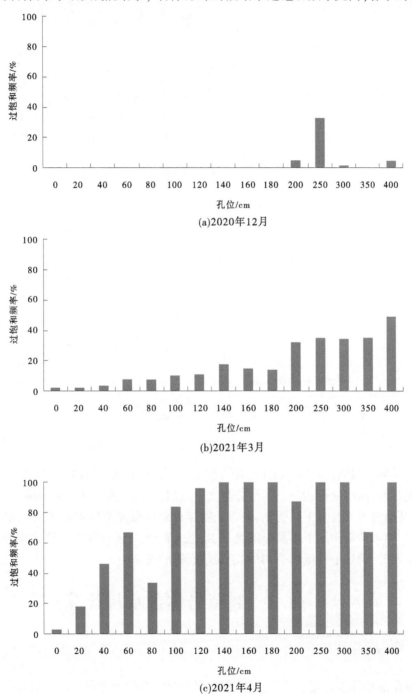

(a)2020年12月

(b)2021年3月

(c)2021年4月

图 8-6　阴面水平监测孔水汽过饱和频率统计结果

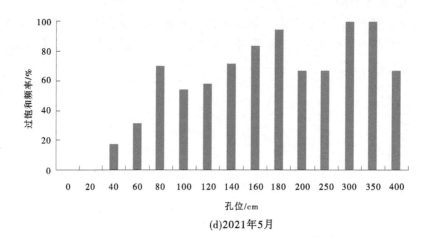

(d)2021年5月

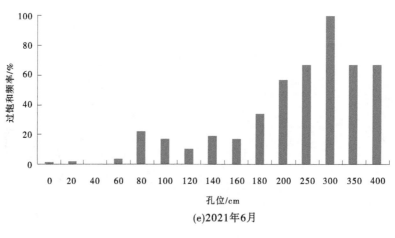

(e)2021年6月

续图 8-6

结水过饱和频率最高;冬季的 12 月,凝结水过饱和频率最低。监测区位于岩体北侧阴面,常年缺乏日照,温度变化相对于其他监测区不剧烈,水汽含量成为主要影响因素。进入冬季,外界环境的水汽含量下降明显,缺乏光照导致岩体温度全年均处于较低水平,温度降低不明显,两者共同作用下不易形成凝结水;进入春季,外界环境的水汽含量升高,岩体的温度尚未回升,仍处于较低水平,有利于凝结水的形成。

8.3 裂隙岩体含水量计算

8.3.1 计算原理

岩体非饱和带作为开放系统,其内部温度和湿度的时空分布具有宏观有序性,其分带性、渐变性可用一定时段观测值进行描述。岩体非饱和带水分定量计算对象为液态水。与孔隙介质的储存环境不同,岩体由于其特殊的裂隙条件,液态水往往储存于开放裂隙之中,呈非均匀分布,加之裂隙在岩体的分布情况很难进行精确描述,致使液态水含量很难直接定量测定,气态水质量则较容易进行测定。

根据热力学原理,水的气液二相体系中存在两类状态,即非平衡态和平衡态。若液态水蒸发和气态水凝结的速度和数量不相等,二相物质的密度和体积随温度的变化而变化,两者处于非平衡态。当水汽饱和(相对湿度为100%)时,达到平衡态,液态水蒸发的速度和质量等于气态水凝结的速度和质量,二相物质之间表现出严格的定量关系——两者的密度组分比和质量组分比为定值且只与饱和状态下的温度有关,与岩体的岩性、构造、物理性质无关。在热力学平衡状态下,推知气态水和液态水二相物质之间的定量关系,为研究液态水质量及分布位置提供了重要途径。

根据水的气液二相物质热平衡原理,严家騄教授在流体统一热物性方程的基础上,推导出了水的统一热物性方程式,通过实验计算出各种温度下饱和状态的水分物理参数,包括气态水密度、液态水密度等,并将其整理成为《水和水蒸气热力性质图表》。在水的气液二相体系的热平衡状态下,其质量组分比关系 α 为

$$\alpha = \frac{m_l}{m_g} = \frac{\rho_l V_l}{\rho_g V_g} \tag{8-1}$$

式中:m_l 为二相体系中液态水的质量,kg;m_g 为二相体系中气态水的质量,kg;V_l 为体系中液态水的体积,m³;V_g 为体系中气态水的体积,m³;ρ_l 为单位体积中液态水的质量,即液态水的密度,kg/m³;ρ_g 为单位体积中气态水的质量,即气态水的密度,kg/m³。

在水的气液二相体系的热平衡状态下,当处于饱和状态时,其密度组分比关系 $\beta_{(t)}$ 为

$$\beta_{(t)} = \frac{\rho_l}{\rho_g} \tag{8-2}$$

当二相体系中水汽达到饱和时,气态水、液态水所占据的总体积 V_T 为
$$V_T = V_l + V_g \tag{8-3}$$

对于岩体,裂隙的体积与体裂隙率有关,其公式为
$$V_T = KV \tag{8-4}$$

式中:V 为单位岩体的体积,m³;K 为岩体体裂隙率,由野外实地测量而得(%)。

当水汽达到饱和时,气态水、液态水的质量组分比为一确定的函数关系,且只与温度有关,不同温度的 $\alpha_{(t)}$ 值不同,其公式为

$$\alpha_{(t)} = \frac{m_l}{m_g} = \frac{\rho_l V_l}{\rho_g V_g} = \beta_{(t)} \frac{V_l}{V_g} = \beta_{(t)} \frac{V_{T(t)} - V_{g(t)}}{V_{g(t)}} \tag{8-5}$$

$$V_{g(t)} = \frac{\beta_{(t)} V_{T(t)}}{\alpha_{(t)} + \beta_{(t)}} \tag{8-6}$$

式中:t 为温度,℃。

二相体系中液态水的质量为

$$m_{l(t)} = \rho_{l(t)} \left[V_{T(t)} - V_{g(t)} \right] = \rho_{l(t)} \left[V_{T(t)} - \frac{\beta_{(t)} V_{T(t)}}{\alpha_{(t)} + \beta_{(t)}} \right] \tag{8-7}$$

若 $\alpha_{(t)}$ 和 $\beta_{(t)}$ 已知,则该二相体系中气态水和液态水的质量可以用表达式进行计算。通过大量实验,已经获得的函数公式为

$$\alpha_{(t)} = 10^6 \times c^{-0.081t} \tag{8-8}$$

当岩体体积取单位体积时,即 $V = 1 \text{ m}^3$,则 $V_T = KV = K$,式(8-7)可以进一步简化为

$$m_{l(t)} = K\rho_{l(t)}\left[1 - \frac{\beta_{(t)}}{\alpha_{(t)} + \beta_{(t)}}\right] = K\rho_{l(t)}\frac{\alpha_{(t)}}{\alpha_{(t)} + \beta_{(t)}} \tag{8-9}$$

$$W_{V(t)} = \frac{m_{l(t)}}{\rho_{l(t)}} = K\frac{\alpha_{(t)}}{\alpha_{(t)} + \beta_{(t)}} \tag{8-10}$$

式中:$W_{V(t)}$ 为单位岩体内饱和状态下液态水的体积。

由于热力学非平衡态问题是较为复杂的理论问题,在实际情况中,当水汽处于欠饱和或过饱和状态时,岩体内实际的液态水含量常用饱和状态下液态水质量与相对湿度百分比的乘积进行近似计算,其公式为

$$M_{V(t)}^* = W_{V(t)} \times 水汽相对湿度百分比 \times \rho_{l(t)} \tag{8-11}$$

式中:$M_{V(t)}^*$ 为单位岩体实际情况下液态水的质量。

根据上述公式,在获取了监测区岩体实际的温度和相对湿度数据后,计算岩体内液态水的质量成为可能。在裂隙岩体非饱和带中,当体系达到平衡时,气态水和液态水的密度通过查《水和水蒸气热力性质图表》获取,岩体体裂隙率 K 通过野外实地测量获得。

8.3.2 计算过程

8.3.2.1 微分单元层片含水量计算

依据微分原理,沿 y 轴方向对监测区岩体进行剖分,将岩体细分为多组足够薄的层片,选取有垂直监测孔(即 $y = 0.5 \text{ m}$)的层片,则该层片的尺寸沿 x 轴方向为 3 m,z 轴方向为 15 m,y 轴方向为 dy。当单元层片划分得足够薄,即 dy 是一个趋向于 0 的数值时,层片内沿 y 轴方向上含水量是相等的,再将该层片划分为 5 cm×5 cm 的网格(见图 8-7),各网格的含水量通过实测数据计算。

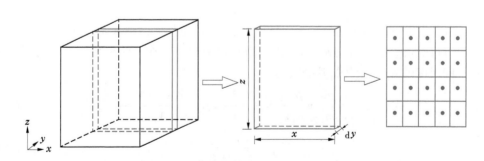

图 8-7 监测区与单元层片关系示意图

借助 Matlab 软件,可大大简化计算流程并保证数据的精确度。根据《水和水蒸气热力性质图表》,采用插值法得到监测区温度在 0~50 ℃ 范围内气态水密度 ρ_g 和液态水密度 ρ_l 的对应关系(见表 8-18)。

表 8-18　不同温度下气态水和液态水密度参考值(部分)

温度/℃	$\rho_g/$ (g/m³)	$\rho_l/$ (kg/m³)	温度/ ℃	$\rho_g/$ (g/m³)	$\rho_l/$ (kg/m³)	温度/ ℃	$\rho_g/$ (g/m³)	$\rho_l/$ (kg/m³)
0	4.84	999.840	11	10.01	999.605	24	21.77	997.295
1	5.22	999.898	12	10.66	999.497	26	24.37	996.782
2	5.56	999.940	13	11.34	999.377	28	27.23	996.231
3	5.95	999.964	14	12.06	999.244	30	30.37	995.645
4	6.36	999.972	15	12.82	999.099	32	33.82	995.024
5	6.80	999.964	16	13.63	998.943	34	37.59	994.369
6	7.26	999.940	17	14.47	998.774	36	41.72	993.681
7	7.75	999.901	18	15.36	998.595	38	46.24	992.962
8	8.27	999.848	19	16.30	998.404	42	56.52	991.440
9	8.82	999.781	20	17.29	998.203	46	68.69	989.790
10	9.40	999.699	22	19.42	997.769	50	83.02	988.040

将监测区监测数据导入 Matlab 程序,得到该温度对应的气态水密度 ρ_g 和液态水密度 ρ_l,根据式(8-1)、式(8-2)和式(8-8),计算得到 $\alpha_{(t)}$ 和 $\beta_{(t)}$;实测岩体体裂隙率 $K = 4.39\%$,将 $\alpha_{(t)}$、$\beta_{(t)}$ 和 K 数据代入式(8-9)和式(8-10)计算,得到该监测点任一监测时刻的 $W_{V(t)}$。将 $W_{V(t)}$、相对湿度 RH 及液态水的密度 ρ_l 等数据代入式(8-11)计算,得到该监测点在任一监测时刻的含水量。计算每个垂直监测孔的 $M^*_{V(t)}$,其总和即为该单元层片在任一监测时刻的含水量 m_i。以 3 月监测的部分温度和相对湿度数据为例进行计算,计算结果见表 8-19。

表 8-19　3 月部分温度和相对湿度数据计算结果汇总

时间	温度/ ℃	相对湿度/ %	$\alpha_{(t)}$	$\beta_{(t)}$	$W_{V(t)}/$ cm³	$M^*_{V(t)}/$ kg	$m_i/$ kg
03-01T08:00	2.0	45.6	8.5044×10^5	1.7985×10^5	0.0359	0.0164	1 078.50
03-01T08:10	2.8	44.7	7.9708×10^5	1.7029×10^5	0.0358	0.0160	1 078.26
03-01T08:20	4.2	41.1	7.1163×10^5	1.5508×10^5	0.0357	0.0147	1 075.60

以天为单位,求取单元层片在一天的含水量平均值,求得每个月的含水量平均值 m_{ave}(见表 8-20)。

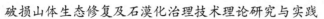

表 8-20　监测时段内控制断面水量计算结果统计

单位：kg

天	3月	4月	5月	6月	7月	8月	9月	10月	11月	12月
1	1 069.65	1 067.77	1 055.48	1 060.29	1 033.20	1 038.24	1 007.06	1 019.69	1 002.85	1 053.31
2	1 074.47	1 066.55	1 056.10	1 056.38	1 028.67	1 032.75	1 005.18	1 020.90	1 011.08	1 053.70
3	1 076.59	1 070.31	1 060.20	1 052.73	1 026.85	1 029.74	1 001.25	1 022.37	1 018.36	1 054.91
4	1 076.26	1 074.65	1 058.70	1 048.78	1 025.96	1 030.43	1 002.54	1 020.93	1 020.50	1 056.83
5	1 076.48	1 066.46	1 066.47	1 046.49	1 022.55	1 030.74	1 004.21	1 023.47	1 026.02	1 058.38
6	1 079.40	1 067.38	1 064.31	1 050.44	1 024.86	1 024.88	1 001.91	1 017.59	1 029.10	1 060.70
7	1 080.30	1 069.57	1 055.88	1 047.56	1 029.10	1 021.33	1 002.79	1 012.88	1 031.56	1 059.78
8	1 083.03	1 059.26	1 054.28	1 041.71	1 030.93	1 021.52	1 013.96	1 014.96	1 037.07	1 060.98
9	1 083.09	1 059.40	1 049.72	1 043.74	1 031.06	1 033.33	1 018.68	1 013.21	—	1 061.85
10	1 086.51	1 062.69	1 054.32	1 046.16	1 026.45	1 032.33	1 022.16	1 013.68	—	1 062.17
11	1 087.19	1 064.35	1 049.45	1 045.34	1 029.58	1 027.96	1 013.98	1 015.04	—	1 063.19
12	1 083.24	1 072.83	1 053.93	1 052.64	1 030.99	1 028.48	1 007.10	1 017.95	—	1 063.83
13	1 075.89	1 080.05	1 057.76	1 050.84	1 035.90	1 027.01	1 005.61	1 022.24	—	1 062.89
14	1 069.97	1 080.27	1 061.66	1 048.37	1 036.39	1 027.57	1 010.92	1 024.08	—	1 063.79
m_{ave}	1 078.72	1 068.68	1 057.02	1 049.39	1 029.46	1 029.02	1 008.38	1 018.50	1 022.07	1 059.74

8.3.2.2 试验场含水量计算

采用上述办法仅仅计算了 $y=0.5$ m 这一个单元层片的含水量,事实上沿 y 轴方向布设有水平监测孔,是垂直于岩壁面向岩体深部进行布设的,自下而上共布设 3 组,监测孔间距为 0.2 m,深度为 1 m,共 6 层。采用与 8.3.2.1 节同样的方法计算各监测孔的数据,可得到 y 在[0 m,1 m]区间上的 6 个含水量值。在 8.3.2.1 节已经计算出 $y=0.5$ m 的含水量值,设置一个系数 k_i,其物理意义为以上 6 个含水量值和 $y=0.5$ m 对应含水量值的比例关系,其公式为

$$k_i = \frac{m(y_i)}{m_{ave}} \tag{8-12}$$

式中: $m(y_i)$ 为水平监测孔上各个位置的含水量, i 取值为 1~6,分别对应 $y=0$ m、0.2 m、0.4 m、0.6 m、0.8 m 和 1 m 深度; m_{ave} 为 $y=0.5$ m 处单元层片的含水量,在 8.3.2.1 节已经计算得出。由此得到 k_i 在[0 m,1 m]区间上的 6 个值(见表 8-21),将 k_i 拟合得到一函数关系 $f(y)$(见表 8-22)。

表 8-21　监测时段内各水平监测孔含水量比值关系 k_i 统计

月份	$y=0$ m	$y=0.2$ m	$y=0.4$ m	$y=0.6$ m	$y=0.8$ m	$y=1$ m
3 月	0.974 5	0.970 2	0.991 7	1.008 3	1.008 8	1.035 4
4 月	0.520 9	0.879 4	0.988 4	1.011 6	1.021 5	1.038 2
5 月	0.581 4	0.819 6	0.996 6	1.003 4	1.012 1	1.046 5
6 月	0.513 7	0.958 5	0.998 0	1.002 0	0.990 7	1.027 4
7 月	0.622 2	0.881 1	0.999 9	1.000 1	1.030 2	1.094 4
8 月	0.524 5	0.957 7	0.994 4	1.005 6	1.011 2	1.049 8
9 月	0.813 9	0.923 7	0.979 9	1.020 1	1.058 0	1.076 3
10 月	0.819 1	0.978 9	0.998 0	1.002 0	1.024 6	1.019 2
11 月	1.124 2	1.083 1	1.014 4	0.985 6	0.955 3	0.922 0
12 月	1.076 0	1.016 8	1.001 8	0.998 2	0.942 4	0.900 1

表 8-22　各月份函数关系 $f(y)$ 汇总

月份	函数关系
3 月	$f(y) = 0.897\ 1y^5 - 1.289\ 8y^4 + 0.010\ 5y^3 + 0.570\ 4y^2 - 0.127\ 3y + 0.974\ 5$
4 月	$f(y) = 0.988\ 3y^5 - 4.339\ 6y^4 + 7.624\ 6y^3 - 6.595\ 5y^2 + 2.839\ 5y + 0.520\ 9$
5 月	$f(y) = -11.175y^5 + 29.667y^4 - 26.696y^3 + 8.286\ 9y^2 + 0.381\ 8y + 0.581\ 4$
6 月	$f(y) = 10.208y^5 - 29.509y^4 + 32.902y^3 - 17.768y^2 + 4.681y + 0.513\ 7$
7 月	$f(y) = -7.082\ 3y^5 + 17.482y^4 - 13.452y^3 + 2.276y^2 + 1.248\ 7y + 0.622\ 2$
8 月	$f(y) = 9.609\ 9y^5 - 28.353y^4 + 32.14y^3 - 17.454y^2 + 4.582\ 9y + 0.524\ 5$
9 月	$f(y) = -0.163\ 6y^5 - 0.305\ 2y^4 + 1.316\ 3y^3 - 1.355\ 3y^2 + 0.770\ 1y + 0.813\ 9$
10 月	$f(y) = 0.280\ 7y^5 - 2.944\ 9y^4 + 5.866\ 2y^3 - 4.486\ 5y^2 + 1.484\ 6y + 0.819\ 1$
11 月	$f(y) = 3.904\ 5y^5 - 10.659y^4 + 10.297y^3 - 4.008\ 2y^2 + 0.263\ 4y + 1.124\ 2$
12 月	$f(y) = 4.170\ 8y^5 - 9.144\ 1y^4 + 6.118\ 1y^3 - 1.057\ 9y^2 - 0.262\ 8y + 1.076$

对上述函数在$[0\text{ m},1\text{ m}]$区间进行定积分,定积分的结果为k,得到单元层片含水量m_ave与监测区岩体含水量$M_\text{监测区}$关系图(见图8-8),其公式为

$$k = \int_0^1 f(y)\,\mathrm{d}y \qquad\qquad (8\text{-}13)$$

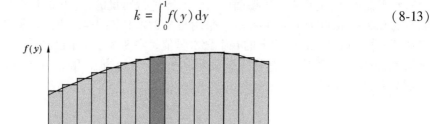

图8-8 单元层片含水量m_ave与监测区岩体含水量$M_\text{监测区}$关系示意图

$f(y)$在$[0\text{ m},1\text{ m}]$区间的积分k即为$M_\text{监测区}$和m_ave的倍数关系,则监测区岩体的含水量为

$$M_\text{监测区} = m_\text{ave} \times k \qquad\qquad (8\text{-}14)$$

式中:m_ave为$y = 0.5\text{ m}$处单元层片的含水量;$M_\text{监测区}$为岩体非饱和带监测区的含水量。

由于试验场横向宽度为30 m,监测区宽度为3 m,试验场总体含水量应为监测区的10倍。根据式(8-13)和式(8-14),计算得到试验场总体含水量(见表8-23、图8-9)。试验场岩体含水量在10个月的监测周期内呈波动变化,最大值出现在3月,含水量为10 735.42 kg;最小值出现在6月,含水量为9 707.91 kg,最大差值为1 027.51 kg。

表8-23 2021年监测时段内试验场岩体单元体含水量计算结果统计

月份	k	m_ave/kg	$M_\text{监测区}$/kg	$M_\text{试验场}$/kg	单位裂隙体积含水率/%
3月	0.995 2	1 078.72	1 073.54	10 735.42	54.33
4月	0.945 1	1 068.75	1 010.08	10 100.76	51.12
5月	0.931 5	1 057.02	984.61	9 846.14	49.83
6月	0.925 1	1 049.39	970.79	9 707.91	49.13
7月	0.958 2	1 029.46	986.43	9 864.29	49.92
8月	0.964	1 029.02	991.98	9 919.75	50.20
9月	0.988 0	1 008.38	996.28	9 962.79	50.42
10月	0.990 3	1 018.50	1 008.62	10 086.21	51.04
11月	1.013	1 022.07	1 035.35	10 353.57	52.40
12月	0.987 8	1 059.74	1 046.81	10 468.11	52.98

注:监测区岩体体积为45 m³,试验场岩体体积为450 m³,岩体裂隙体积为19.76 m³。

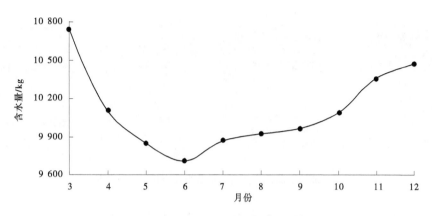

图 8-9　监测时段内试验场岩体含水量统计

8.3.3　试验场水分分布模拟

通过计算,获得 7 个层片($y=0$ m、$y=0.2$ m、$y=0.4$ m、$y=0.5$ m、$y=0.6$ m、$y=0.8$ m 和 $y=1$ m)各点位监测期的平均含水量,将其构造为如下函数关系:

$$F = F[x,y,z,m_i] \tag{8-15}$$

式中:x、y、z 代表点位的空间位置;m_i 代表该监测点的含水量值。

使用 Matlab 软件对该函数进行分析。首先对保存至 Excel 文档中的 $F[x,y,z,m_i]$ 函数使用 xlsread 命令,自动识别 x、y、z 和 m_i 四种数据,另外依次使用 repelem、repmat 和 cell2mat 命令将以上数据构造为坐标矩阵,得到 7 个层片的空间位置与含水量大小;其次使用 linspace 命令,从 x、y 和 z 轴三个角度生成线型矢量,实现微分操作,将有限的监测点数据转化为层片上分布连续数据,实现含水量由点到面的转化;再次使用 meshgrid 命令,从 x、y 和 z 轴三个角度构建网格,依据各层片的含水量数据,使用 griddata 命令对岩体内每个区域均进行插值拟合,得到监测区岩体内任一点的含水量大小;最后按含水量大小对其赋颜色,使用软件自带的 parula 颜色条带进行标定,得到岩体含水量的分布情况;另外,为了方便展示岩体内部情况,再添加 slice 命令,分别展示 $x=1.5$ m 和 $y=0.5$ m 处横截面的含水量分布情况。

监测区各月岩体含水量结果见图 8-10,其中第 1 列为监测区岩体的含水量分布情况,第 2 列为监测区岩体内部空间(该尺寸可人为设置更改,本次范围为 $x\in[0$ m,1.5 m],$y\in[0$ m,0.5 m],$z\in[0$ m,8 m])的含水量分布情况,第 3 列为 $x=1.5$ m 处横截面的含水量分布情况,第 4 列为 $y=0.5$ m 处横截面的含水量分布情况。各层面监测点处的含水量值范围为 0.081 7~0.594 6 kg,设置图例范围为 0.05~0.6 kg,从低到高颜色表现为自深蓝向黄色变化,以便于表征含水量分布及变化情况。

 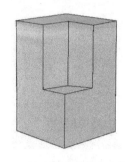  

(a)3月监测区岩体含水量及沿x、y截面分布情况

(b)4月监测区岩体含水量及沿x、y截面分布情况

(c)5月监测区岩体含水量及沿x、y截面分布情况

(d)6月监测区岩体含水量及沿x、y截面分布情况

图 8-10　监测区岩体含水量分布情况可视化图

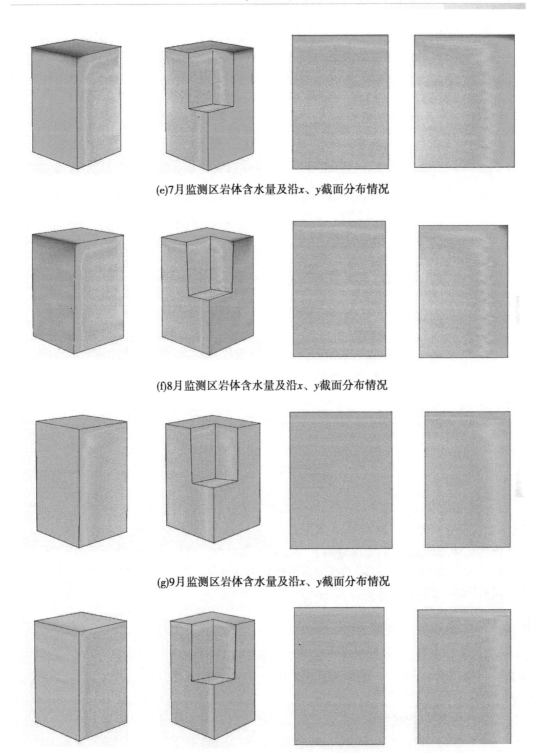

(e)7月监测区岩体含水量及沿x、y截面分布情况

(f)8月监测区岩体含水量及沿x、y截面分布情况

(g)9月监测区岩体含水量及沿x、y截面分布情况

(h)10月监测区岩体含水量及沿x、y截面分布情况

续图 8-10

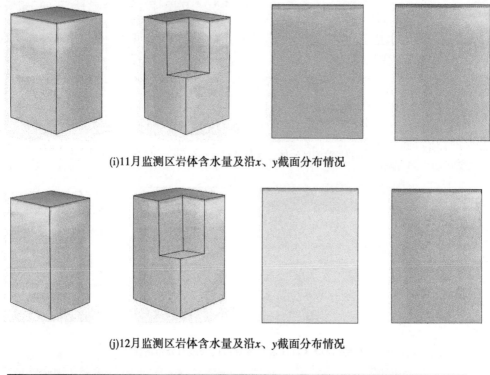

(i)11月监测区岩体含水量及沿*x*、*y*截面分布情况

(j)12月监测区岩体含水量及沿*x*、*y*截面分布情况

0.05　0.10　0.15　0.20　0.25　0.30　0.35　0.40　0.45　0.50　0.55　0.60 kg

续图 8-10

三维裂隙岩体为一非均质介质,岩体内的裂隙分布错综复杂,若某一区域岩体裂隙率高,则储存液态水的裂隙空间大,含水率高;反之,则储存液态水的裂隙空间小,含水率低。本次依据监测的原始数据,对岩体含水量进行了精确计算并模拟了水分分布情况,同一层片不同位置以及不同层片之间的水分含量彼此存在差异,可以反映岩体的非均质特性对含水量的影响,计算结果真实可靠。

8.3.4　岩体含水量变化规律

2021 年 3—6 月,试验场岩体含水量持续下降,累计下降了 1 027.51 kg,处于水分散失阶段;7—12 月,试验场岩体含水量持续升高,累计增加了 760.2 kg,处于水分补给阶段(见表 8-23)。

2021 年 3 月,试验场岩体含水总量为 10 735.42 kg,为监测时段内的最大值,单位裂隙体积含水率为 54.33%。沿 *z* 轴方向,岩体顶部 0~0.2 m 含水量较低,当深度大于 0.2 m 后,含水量变化不明显,各处含水量均较为一致,彼此间大小差异不明显[见图 8-10(a)]。

4 月,试验场岩体含水总量为 10 100.76 kg,环比下降了 634.66 kg,单位裂隙体积含水率为 51.12%。沿 *x* 轴方向,岩体内各处含水量变化不明显;沿 *y* 轴方向,岩体浅部 0~

0.4 m 含水量较低,随深度增加含水量明显升高,当深度大于 0.4 m 时,含水量基本保持恒定;沿 z 轴方向,在岩体顶部 0~0.6 m 含水量较低,随深度增加含水量明显升高,当深度大于 0.6 m 时,含水量基本保持恒定。与 3 月相比,岩体浅表区域含水量下降明显,岩体深部含水量无明显变化[见图 8-10(b)]。

5 月,试验场岩体含水总量为 9 846.14 kg,环比下降了 254.62 kg,单位裂隙体积含水率为 49.83%。沿 x 轴方向,岩体内各处含水量变化不明显;沿 y 轴方向,岩体浅部 0~0.4 m 含水量较低,随深度增加含水量明显升高,当深度大于 40 cm 时,含水量基本保持恒定;沿 z 轴方向,在岩体顶部 0~1 m 含水量较低,随深度增加含水量明显升高,当深度大于 1 m 时,含水量基本保持恒定。与 4 月相比,岩体浅表区域的含水量进一步下降,且低含水量区域的深度范围有所增加[见图 8-10(c)]。

6 月,试验场岩体含水总量为 9 707.91 kg,环比下降了 138.23 kg,单位裂隙体积含水率为 49.13%。沿 x 轴方向,岩体内各处含水量变化不明显;沿 y 轴方向,岩体浅部 0~0.4 m 含水量较低,随深度增加含水量明显升高,当深度大于 0.4 m 时,含水量基本保持恒定;沿 z 轴方向,在岩体顶部 0~1.2 m 含水量较低,随深度增加含水量明显升高,当深度大于 1.2 m 时,含水量基本保持恒定。与 5 月相比,岩体浅表低含水量区域的范围进一步增大[见图 8-10(d)]。

7 月,试验场岩体含水总量为 9 864.29 kg,环比增加了 156.38 kg,单位裂隙体积含水率为 49.92%。沿 x 轴方向,岩体内各处含水量变化不明显;沿 y 轴方向,岩体浅部 0~0.4 m 含水量较低,随深度增加含水量明显升高,当深度大于 0.4 m 时,含水量基本保持恒定;沿 z 轴方向,在岩体顶部 0~1 m 含水量较低,随深度增加含水量明显升高,当深度大于 1 m 时,含水量基本保持恒定。与 6 月相比,岩体浅表低含水量区域的范围有所缩小[见图 8-10(e)]。

8 月,试验场岩体含水总量为 9 919.75 kg,环比增加了 55.46 kg,单位裂隙体积含水率为 50.20%。沿 x 轴方向,岩体内各处含水量变化不明显;沿 y 轴方向,岩体浅部 0~0.4 m 含水量较低,随深度增加含水量明显升高,当深度大于 0.4 m 时,含水量基本保持恒定;沿 z 轴方向,在岩体顶部 0~0.8 m 含水量较低,随深度增加含水量明显升高,当深度大于 0.8 m 时,含水量基本保持恒定。与 7 月相比,岩体浅表低含水量区域的范围进一步缩小[见图 8-10(f)]。

9 月,试验场岩体含水总量为 9 962.79 kg,环比增加了 43.04 kg,单位裂隙体积含水率为 50.42%。沿 x 轴方向,岩体内各处含水量变化不明显;沿 y 轴方向,岩体浅部 0~0.4 m 含水量较低,随深度增加含水量明显升高,当深度大于 0.4 m 时,含水量基本保持恒定;沿 z 轴方向,在岩体顶部 0~0.8 m 含水量较低,随深度增加含水量明显升高,当深度大于 0.8 m 时,含水量基本保持恒定。与 8 月相比,岩体浅表低含水量区域的范围发生明显缩小,且该范围内含水量有明显增加[见图 8-10(g)]。

10 月,试验场岩体含水总量为 10 086.21 kg,环比增加了 123.42 kg,单位裂隙体积含水率为 51.04%。沿 x 轴方向,岩体内各处含水量变化不明显;沿 y 轴方向,岩体浅部 0~0.2 m 含水量较低,随深度增加含水量明显升高,当深度大于 0.2 m 时,含水量基本保持恒定;沿 z 轴方向,在岩体顶部 0~0.8 m 含水量较低,随深度增加含水量明显升高,当深度大于 0.8 m 时,含水量基本保持恒定。与 9 月相比,岩体浅表低含水量区域的范围进一步缩小[见图 8-10(h)]。

11 月,试验场岩体含水总量为 10 353.57 kg,环比增加了 267.36 kg,单位裂隙体积含水率为 52.40%。从 11 月开始,岩体内水分分布格局与之前各月发生明显变化。沿 x 轴方向,岩体内各处含水量变化不明显;沿 y 轴方向,含水量随深度增加而下降;沿 z 轴方向,在岩体顶部 0~0.2 m 含水量较低,随深度增加含水量发生明显升高,当深度大于 0.2 m 时,含水量基本保持恒定。与 10 月相比,岩体浅表含水量发生明显升高,已经成为岩体内含水量最高的区域,岩体顶部低含水量区域的范围也发生了明显减小[见图 8-10(i)]。

12 月,试验场岩体含水总量为 10 468.11 kg,环比增加了 114.54 kg,单位裂隙体积含水率为 52.98%。沿 x 轴方向,岩体内各处含水量变化不明显;沿 y 轴方向,含水量随深度增加而下降;沿 z 轴方向,在岩体顶部 0~0.2 m 含水量较低,随深度增加含水量发生明显升高,当深度大于 0.2 m 时,含水量基本保持恒定。与 11 月相比,岩体浅表含水量进一步升高[见图 8-10(j)]。

监测区岩体体裂隙率平均值为 4.39%,计算岩体含水率范围为 2.16%~2.39%,含水率小于休裂隙率平均值,计算结果真实可靠。岩体内水分分布变化最明显的区域为岩体浅表。岩体浅表与外界环境直接接触,是连通外界环境与岩体深部的缓冲区域,外界环境的温度变化对岩体浅表产生直接影响,而岩体深部往往是在受到浅表变化的影响之后产生一系列变化,从时间上来说存在滞后性,从强度上来说也不如浅表区域明显。

8.3.5 岩体含水量变化原因

岩体中水分的补给和散失可以改变含水量的大小,引起含水量的动态变化。水分补给时,气态水凝结是岩体含水量升高的主要原因,当温度出现明显下降时,对凝结有促进作用,在雨季降水丰富时,岩体也可接受大气降水的直接补给;水分散失时,液态水蒸发为气态水,气态水直接散失到外界环境及岩体深部区域。依据岩体含水量的计算结果和分布情况,结合实地监测的温度和气态水含量值,研究岩体含水量的变化特征及原因。

绝对湿度可以反映岩体内气态水含量。水汽的凝结和蒸发直接改变岩体中的气态水含量,引起绝对湿度值的增大或减小,通过研究岩体内绝对湿度的变化,可以研究岩体含水量和水分分布变化规律。严家騄在《水和水蒸气热力性质图表》中对各温度下气态水的饱和蒸汽值进行了精确计算,相对湿度等于某温度下水汽的绝对湿度与该温度在饱和状态下绝对湿度的比值,在确定温度与相对湿度的情况下,可求取绝对湿度。

试验场各月温度平均值见图 8-11。根据监测数据的范围,结合《水和水蒸气热力性质图表》给定的数值,通过式(7-1)对各深度的绝对湿度进行计算,各月绝对湿度平均值见图 8-12,0 m 深度对应岩体外部的大气环境,0~14 m 代表岩体内部,随深度增加逐渐向岩体深部过渡。

裂隙岩体含水量变化过程分为水分散失阶段(3—6 月)和水分补给阶段(7—12 月)两个阶段,结合岩体含水量、温度和绝对湿度变化,根据补给水分来源不同,将水分补给阶段进一步细分为两个亚阶段,即降水入渗增加为主要影响因素的阶段(7—8 月)和温度下

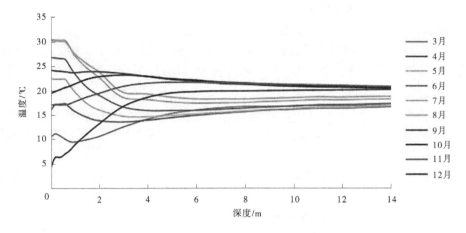

图 8-11 试验场各月温度平均值

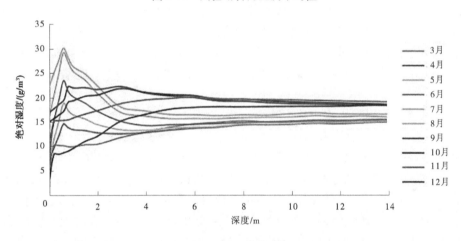

图 8-12 试验场各月绝对湿度平均值

降为主要影响因素的阶段(9—12 月)。

8.3.5.1 水分散失阶段

该阶段为 3—6 月,监测区从春季进入到初夏时期。外界环境温度呈显著上升趋势,平均温度依次为 10.32 ℃、16.94 ℃、22.29 ℃和 26.72 ℃。岩体浅表接受外界环境的热量传递,温度也呈现出显著上升趋势,岩体浅表区域的热量向岩体深部传递较慢,随深度增加,温度变化强度逐渐减弱,岩体深部的温度变化不明显,各月间温度较为一致(见图 8-11)。外界环境绝对湿度呈上升趋势,平均相对湿度依次为 5.44 g/m³、7.28 g/m³、7.67 g/m³ 和 11.09 g/m³,岩体浅表区域绝对湿度出现显著上升,并逐渐成为岩体内的最大值,气态水运移方向为自岩体浅表向外界环境和岩体深部运移(见图 8-12)。

岩体含水量逐月减少,含水率降低(见表 8-23),岩体水分处于散失阶段,水分散失主要发生在岩体浅表区域[见图 8-10(a)~(d)],温度升高是水分散失的主要影响因素,岩体浅表区域的温度显著升高,液态水蒸发活动增强,气态水含量增加,浅表区域绝对湿度出现明显增加。岩体深部的温度变化不明显,含水量一直变化不大。

8.3.5.2 降水入渗水分补给阶段

该阶段为7—8月,监测区处于盛夏雨季时期。7—8月岩体浅表温度平均值依次为30.30 ℃和30.11 ℃,岩体浅表区域成为温度最高的区域,随深度增加温度持续下降,热量传递方向为自外界环境向岩体浅表最终向岩体深部运移,无论是外界环境还是岩体内部,两个月的温度总体相差不大(见图8-11)。外界环境的绝对湿度出现显著升高,绝对湿度平均值依次为15.87 g/m³和22.27 g/m³,岩体浅表的绝对湿度也出现明显升高,依旧高于外界环境和岩体深部,气态水运移方向为自岩体浅表向外界环境和岩体深部运移(见图8-12)。

岩体含水量逐月增加,含水率增高(见表8-23),岩体水分处于补给阶段,外界降水入渗是促使水分增加的主要原因。岩体浅表低含水量区域的范围有小幅缩减,岩体深部含水量变化不明显。岩体浅表温度和绝对湿度处于全年最高的时段,水分补给来源主要为大气降水入渗。试验场雨季降水充沛,当雨水流经岩体表面时,部分水量通过坡面和地表径流流失,部分水量从坡顶直接下渗,或者经由坡面径流时被植被、岩块等截留,并通过张开裂隙渗入到岩体内部。当雨水进入岩体内部后,受岩体高温影响,部分迅速蒸发为气态水,部分以液态水的形式进一步入渗补给地下水[见图8-10(e)~(f)]。该时段,虽然蒸发活动强烈,但岩体含水量小幅增加,增加区域位于岩体浅表区域,岩体含水的补给来源为降水。

8.3.5.3 温度下降凝结水水分补给阶段

该阶段为9—12月,监测区处于秋季和冬季。外界环境的温度开始出现下降,平均温度依次为24.03 ℃、19.32 ℃、15.74 ℃和3.87 ℃;岩体浅表的温度相应出现下降,并从接受外界环境热量传递逐渐过渡到向外界环境传递热量;由于热量传递的滞后性,前两个阶段接受的热量刚刚运移至岩体深部,岩体深部成为温度最高的区域,热量传递方向为自岩体深部向岩体浅表区域最终向外界环境运移(见图8-11)。外界环境的绝对湿度出现明显降低,绝对湿度平均值依次为16.90 g/m³、15 g/m³、7.52 g/m³和2.99 g/m³;岩体浅表区域绝对湿度也出现明显降低,9—10月,岩体浅表区域仍为岩体内绝对湿度最大值区域,11—12月,已经低于岩体深部,此时气态水运移方向为自岩体深部向岩体浅表最终向外界环境运移(见图8-12)。

岩体含水量逐月增加,含水率增高(见表8-23),岩体水分处于补给阶段,但水分来源与前一阶段有明显不同,温度降低是促进气态水凝结补给的主要因素。9—10月时,岩体浅表区域的温度已经出现明显降低,前两个阶段经由岩体浅表的热量已经传递到岩体深部,岩体深部的温度出现明显升高,逐渐与岩体浅表区域持平;岩体浅表区域的水汽蒸发活动明显下降,岩体深部的气态水含量明显升高,逐渐与岩体浅表区域持平;岩体内岩体浅表区域气态水凝结活动开始增强,岩体含水量进一步回升,相对而言,岩体深部的蒸发活动有所增强。11—12月时,岩体浅表区域的温度进一步降低,气态水凝结活动显著加强,岩体浅表含水量持续升高,绝对湿度下降明显;岩体深部的温度处于最高值,蒸发活动明显,气态水含量也处于最高水平,气态水向岩体浅表区域持续运移,随着温度降低逐渐冷凝,最终浅表区域含水量高于岩体深部[见图8-10(g)~(j)]。该阶段岩体水分的补给来源主要为岩体深部的气态水。

9 裂隙岩体中二维水−汽−热耦合运移数值模拟

　　野外调查仅获得了体裂隙率的数据,难以对裂隙岩体内部裂隙的分布情况进行精准描述,难以建立离散裂隙网络模型和混合模型(离散型裂隙网络与等效连续介质的耦合模型),但可采用假定裂隙介质为具有足够多数目、产状随机、相互连通的裂隙,能够在统计角度和平均意义上定义每个点的平均性质的等效模型进行研究。本次采用 HYDRUS 2D 数值模拟软件建立裂隙岩体剖面二维水汽运移过程的数值模型,考虑了水汽热的相互耦合作用,对不同季节温度传递方向和水汽的运移规律进行研究。

9.1　裂隙岩体中水−汽−热耦合运移数学模型

9.1.1　二维液态水和汽态水运动模型

　　根据质量守恒定律,非饱和带多孔介质二维液态水和汽态水运动的方程可表示为

$$\frac{\partial \theta}{\partial t} = -\frac{\partial q_L}{\partial x} - \frac{\partial q_L}{\partial z} - \frac{\partial q_V}{\partial x} - \frac{\partial q_V}{\partial z} - S \tag{9-1}$$

式中:θ 为土壤总体积含水率,$[L^3/L^3]$;q_L 与 q_V 分别为液态水和汽态水通量,$[L/T]$;t 为时间,$[T]$;S 为根系吸水项。

　　土壤总体积含水率可以表示为

$$\theta = \theta_L + \theta_V \tag{9-2}$$

式中:θ_L 与 θ_V 分别为液态水和汽态水的体积含水率,$[L^3/L^3]$。

　　对于液态水通量 q_L,可表示为

$$q_L = q_{Lh} + q_{LT} = -K_{Lh}\left(\frac{\partial h}{\partial x} + \cos\alpha\right) - K_{Lh}\left(\frac{\partial h}{\partial z} + 1\right) - K_{LT}\frac{\partial T}{\partial x} - K_{LT}\frac{\partial T}{\partial z} \tag{9-3}$$

式中:q_{Lh} 与 q_{LT} 分别为土壤水势梯度和温度梯度作用下的液态水通量,$[L/T]$;K_{Lh} 与 K_{LT} 分别为土壤水势梯度和温度梯度作用下的液态水水力传导率,$[L/T]$ 和 $[K^2/(K \cdot T)]$;T 为土壤温度,$[K]$;α 为土柱与水平面的夹角。

　　对于汽态水通量 q_V,可表示为

$$q_V = q_{Vh} + q_{VT} = -K_{Vh}\left(\frac{\partial h}{\partial x} + \cos\alpha\right) - K_{Vh}\left(\frac{\partial h}{\partial z} + 1\right) - K_{VT}\frac{\partial T}{\partial x} - K_{VT}\frac{\partial T}{\partial z} \tag{9-4}$$

式中：q_{Vh} 与 q_{VT} 分别为土壤水势梯度和温度梯度作用下的汽态水通量，$[L/T]$；K_{Vh} 与 K_{VT} 分别为土壤水势梯度和温度梯度作用下的汽态水水力传导率，$[L/T]$ 和 $[L^2/(K \cdot T)]$；α 为土柱与水平面的夹角。

将式(9-3)、式(9-4)代入式(9-1)，得到非饱和带多孔介质二维液态水和汽态水运动的综合表达式：

$$\frac{\partial \theta}{\partial t} = \frac{\partial}{\partial x}\left[K_{Lh}\left(\frac{\partial h}{\partial x} + \cos\alpha\right) + K_{Lh}\left(\frac{\partial h}{\partial z} + 1\right) + K_{LT}\frac{\partial T}{\partial x} + K_{LT}\frac{\partial T}{\partial z} + K_{Vh}\left(\frac{\partial h}{\partial x} + \cos\alpha\right) + \right.$$

$$K_{Vh}\left(\frac{\partial h}{\partial z} + 1\right) + K_{VT}\frac{\partial T}{\partial x} + K_{VT}\frac{\partial T}{\partial z}\right] + \frac{\partial}{\partial z}\left[K_{Lh}\left(\frac{\partial h}{\partial x} + \cos\alpha\right) + K_{Lh}\left(\frac{\partial h}{\partial z} + 1\right) + \right.$$

$$\left. K_{LT}\frac{\partial T}{\partial x} + K_{LT}\frac{\partial T}{\partial z} + K_{Vh}\left(\frac{\partial h}{\partial x} + \cos\alpha\right) + K_{Vh}\left(\frac{\partial h}{\partial z} + 1\right) + K_{VT}\frac{\partial T}{\partial x} + K_{VT}\frac{\partial T}{\partial z}\right] - S =$$

$$\frac{\partial}{\partial x}\left[K_{Th}\left(\frac{\partial h}{\partial x} + \cos\alpha\right) + K_{Th}\left(\frac{\partial h}{\partial z} + 1\right) + K_{TT}\frac{\partial T}{\partial x} + K_{TT}\frac{\partial T}{\partial z}\right] +$$

$$\frac{\partial}{\partial x}\left[K_{Th}\left(\frac{\partial h}{\partial x} + \cos\alpha\right) + K_{Th}\left(\frac{\partial h}{\partial z} + 1\right) + K_{TT}\frac{\partial T}{\partial x} + K_{TT}\frac{\partial T}{\partial z}\right] - S \qquad (9-5)$$

式中：K_{Th} 与 K_{TT} 分别为土壤水势梯度和温度梯度作用下总的导水率，即

$$K_{Th} = K_{Lh} + K_{Vh} \qquad (9-6)$$

$$K_{TT} = K_{LT} + K_{VT} \qquad (9-7)$$

9.1.2　土壤水力特性

根据 van Genuchten 方程和 Mualem 模型，可以估计土壤水分特征曲线 $\theta_{(h)}$ 和非饱和水势梯度作用下的液态水水力传导率 $K_{Lh}(h)$：

$$\theta(h) = \begin{cases} \theta_r + \dfrac{\theta_s - \theta_r}{[1 + |\alpha h|^n]^m} & (h < 0) \\ \theta_s & (h \geqslant 0) \end{cases} \qquad (9-8)$$

$$K_{Lh}(h) = K_s S_e^l \left[1 - \left(1 - S_e^{\frac{1}{m}}\right)^m\right]^2 \qquad (9-9)$$

$$S_e = \frac{\theta - \theta_r}{\theta_s - \theta_r} \qquad (9-10)$$

式中：K_s 为饱和水力传导率，$[L/T]$；S_e 为有效饱和度；θ_s 与 θ_r 分别为饱和体积含水率和残余体积含水率，$[L^3/L^3]$；$\alpha[L^{-1}]$、$n[-]$ 与 m 为经验形状参数。

土壤水势梯度作用下的液态水水力传导率 K_{LT} 可用下式表示：

$$K_{LT}(T) = K_{Lh}(h)\left(hG_{wT}\frac{1}{\gamma_0}\frac{\mathrm{d}\gamma}{\mathrm{d}T}\right) \qquad (9-11)$$

式中：G_{wT} 为温度影响土壤水分特征曲线的增强因子；γ_0 为 25 ℃时的土壤表面张力，为 71.89 g/s^2；γ 为土壤水的表面张力，J/m^2，与温度有关的 γ 可表示为

$$\gamma = 75.6 - 0.142\,5T - 2.38 \times 10^{-4}T^2 \qquad (9-12)$$

水势梯度作用下的汽态水水力传导率 K_{Vh} 与温度梯度作用下的汽态水水力传导率 K_{VT} 可以表示为

$$K_{Vh} = \frac{D_v}{\rho_w} \rho_{vs} \frac{Mg}{R_u T} H_r \tag{9-13}$$

$$K_{VT} = \frac{D_v}{\rho_w} \eta_e H_r \frac{d\rho_{vs}}{dT} \tag{9-14}$$

式中:D_v 为土壤中的水汽扩散率,$[L^2/T]$;ρ_w 为液态水密度,$[M/L^3]$;ρ_{vs} 为饱和水汽的密度,$[M/L^3]$;M 为水分子的摩尔质量,M/mol,为 0.018 015 kg/mol;g 为重力加速度,$[L/T^2]$,为 9.81 m/s^2;R_u 为气体常数,J/(mol·K),为 8.314 J/(mol·K);H_r 为相对湿度;$[-]$;T 为土壤温度,$[K]$。

土壤中的水汽扩散率 D_v 可表示为

$$D_v = \tau_g \alpha_v D_a \tag{9-15}$$

式中:α_v 为有空气时的孔隙度,$[L^3/L^3]$;τ_g 为弯曲系数;D_a 为水汽在空气中的扩散率,$[L^2/T]$。

τ_g 与 D_a 可由下式计算:

$$\tau_g = \frac{\theta_a^{7/3}}{\theta_s^2} \tag{9-16}$$

$$D_a = 2.12 \times 10^{-5} \times \left(\frac{T}{273.15}\right)^2 \tag{9-17}$$

饱和水汽的密度 ρ_{vs} 可表示为

$$\rho_{vs} = 10^{-3} \frac{\exp\left(31.376 - \frac{6\,014.79}{T} - 7.924\,95 \times 10^{-3} T\right)}{T} \tag{9-18}$$

相对湿度 H_r 可由下式计算(h 为基质势):

$$H_r = \exp\left(-\frac{hMg}{RT}\right) \tag{9-19}$$

当土壤中汽态水与液态水处于平衡状态时,土壤中的水汽密度 ρ_v 可表示为

$$\rho_v = \rho_{vs} H_r$$

汽态水的体积含水率 θ_v 可以由下式计算:

$$\theta_v = \rho_v \frac{\theta_s - \theta}{\rho_w} = \rho_{vs} H_r \frac{\theta_s - \theta}{\rho_w}$$

加强因子 η_e 可由下式计算:

$$\eta_e = 9.5 + 3 \frac{\theta}{\theta_s} - 8.5 \exp\left\{-\left[\left(1 + \frac{2.6}{\sqrt{f_c}}\right)\frac{\theta}{\theta_s}\right]^4\right\} \tag{9-20}$$

式中:f_c 为土壤中黏土的质量分数。

9.1.3 二维热传输数学模型

根据能量守恒定律,热运移的控制性方程可表达为

$$\frac{\partial S_h}{\partial t} = -\frac{\partial q_h}{\partial x} - \frac{\partial q_h}{\partial z} - Q \tag{9-21}$$

式中:S_h 为土壤中热量的储存量;q_h 为土壤的热通量;Q 为能量的源汇项。

其中,S_h 可由下式确定:

$$S_h = C_n T\theta_n + C_w T\theta_L + C_V T\theta_V + L_0\theta_V = (C_n\theta_n + C_w\theta_L + C_V\theta_V)T + L_0\theta_V = C_P T + L_0\theta_V$$

$$(9-22)$$

式中:T 为温度,[K];θ_n、θ_L 与 θ_V 分别为固相、液相和汽相的体积百分数,[L^3/L^3];C_n、C_w、C_V 和 C_P 分别为固相、液相、汽相和湿润土壤的体积热容量,[$J/(L^3 \cdot K)$];L_0 为液态水体积汽化潜热,[J/M^3],可由下式计算:

$$L_0 = L_w\rho_w$$

$$(9-23)$$

式中:L_w 为液态水汽化潜热(J/M,$L_w[J/M] = 2.501 \cdot 10^6 - 2369.2T[℃]$)。

热通量 q_h 可考虑为热传导和热对流的总和,可由下式表示:

$$q_h = -\lambda(\theta)\frac{\partial T}{\partial x} - \lambda(\theta)\frac{\partial T}{\partial z} + C_w T q_L + C_V T q_V + L_0 q_V$$

$$(9-24)$$

式中:$\lambda(\theta)$ 为表观导热系数,$J/(L \cdot T \cdot K)$;q_L 与 q_V 分别为液态水和汽态水通量密度,L/T。

综合以上各式,可以得到热传输方程:

$$\frac{\partial C_P T}{\partial t} + L_0\frac{\partial\theta_V}{\partial t} = \frac{\partial}{\partial x}\left[\lambda(\theta)\frac{\partial T}{\partial x} + \lambda(\theta)\frac{\partial T}{\partial z} - C_w T q_L - C_V T q_V - L_0 q_V\right] +$$

$$\frac{\partial}{\partial z}\left[\lambda(\theta)\frac{\partial T}{\partial x} + \lambda(\theta)\frac{\partial T}{\partial z} - C_w T q_L - C_V T q_V - L_0 q_V\right]$$

$$(9-25)$$

式中:C_w 代表着与植物根系吸水项相关的热量源汇项,当没有植被时,可以忽略。

9.1.4　土壤热力学特性

考虑土壤颗粒的导热性以及水流运移的宏观性,土壤表观导热系数 $\lambda(\theta)$ 可以看作是流速的线性函数。其可以表示为

$$\lambda(\theta) = \lambda_0(\theta) + \beta C_w \mid q_L \mid$$

$$(9-26)$$

式中:β 为土壤的热扩散量,L,由于热扩散性仅在液态水流动较大时才起重要作用,因此只有少数的研究确定了其值。

而土壤导热系数 $\lambda_0(\theta)$ 可以表述为土壤含水率的函数:

$$\lambda_0(\theta) = b_1 + b_2\theta + b_3\theta^{0.5}$$

$$(9-27)$$

式中:b_1、b_2、b_3 为常数,与介质有关;θ 为介质中的含水率。

9.1.5　初始值与边界条件

9.1.5.1　水流运移初始值与边界条件

(1)水流运移初始值如下:

$$\theta(x,z,t) = \theta_0(x_i,z_j) \quad (t = t_0)$$

$$(9-28)$$

式中:θ_i 为整个土壤剖面第 i 个节点的土壤含水率。

(2)水流运移的边界条件:

①上边界条件:

$$\left| -K\frac{\partial h}{\partial z} - K \right| \leqslant E \quad (z = Z) \tag{9-29}$$

$$h_A \leqslant h \leqslant h_s \quad (z = Z) \tag{9-30}$$

式中: E 为最大潜在入渗率或蒸发率, $[\text{L/T}]$; h_A 与 h_s 分别为一般条件下土壤表层的最小压力水头和最大压力水头, $[\text{L}]$; h_A 由土壤含水率和大气中的水汽含量决定, h_s 一般设为 0, 正值则表示地表有一定量的积水, 通常由于大雨或者灌溉, 还来不及引起入渗。

②下边界条件:

$$\frac{\partial h}{\partial z} = 0, z = 0 \tag{9-31}$$

③侧边界条件:

$$h(x, z, t) = h(x, z_j) \quad (x = 0 \text{ 或 } x = X) \tag{9-32}$$

9.1.5.2　热运移的初始值与边界条件

(1)热运移的初始值如下:

$$T(x, z, t) = T_0(x_i, z_j) \quad (t = t_0) \tag{9-33}$$

(2)热运移的边界条件有如下两种:

①第一类边界条件(Dirichlet type):

$$T(x, z, t) = T(x_i, z) \quad (z = 0 \text{ 或 } z = Z) \tag{9-34}$$

$$T(x, z, t) = T(x, z_j) \quad (x = 0 \text{ 或 } x = X) \tag{9-35}$$

②第二类边界条件(Cauchy type conditions):

$$-\gamma\frac{\partial T}{\partial x} + TC_w = T_0 C_w q_0 \quad (z = 0 \text{ 或 } z = Z) \tag{9-36}$$

$$-\gamma\frac{\partial T}{\partial z} + TC_w = T_0 C_w q_0 \quad (x = 0 \text{ 或 } x = X) \tag{9-37}$$

式中: T_0 是流入流体的温度或者是边界处的温度。

9.2　裂隙岩体中二维水-汽-热耦合运移数值方法

采用 HYDRUS 2D 软件来求解上述模型, HYDRUS 2D 是一套水流溶质运移模拟软件, 主要用于模拟饱和-非饱和多孔介质中水、热和多溶质运移的二维有限元计算机模型。模型水流状态为二维或轴对称三维等温饱和-非饱和达西水流, 忽略空气对土壤水流运动的影响, 水流控制方程采用修改过的 Richards 方程, 即嵌入汇源项以考虑作物根系吸水。可以灵活处理各类水流边界, 包括定水头和变水头边界、给定流量边界、渗水边界、自由排水边界、大气边界及排水沟等。水流区域可以是不规则水流边界, 甚至还可以由各向异性的非均质土壤组成。通过对水流区域进行不规则三角形网格剖分, 控制方程采用伽辽金线状有限元法进行求解, 无论饱和或非饱和条件, 对时间的离散均采用隐式差分, 采用迭代法将离散化后的非线性控制方程组线性化。HYDRUS 2D 采用 VG 模型进行描述, 假定吸湿(脱湿)扫描线与主吸湿(脱湿)曲线呈比例变化, 将用户定义的水力传导曲线与参考土壤相比较, 通过线性比例变换, 在给定的土壤剖面参数近似水力传导变量。

热传导方程考虑了水流和对流运动。用对流扩散的对流输运方程描述热传导过程，包括固体和液体非线性非平衡反应的调节以及液体和气体的线性平衡反应。溶质运移方程包括溶质的初级降解，以及一级衰减和生产反应的影响，以在连续的主链中提供溶质之间所需的耦合。迁移模拟还引起液体相对流动和扩散，气相扩散，二级模型可以同时模拟液体和气体条件下的溶质运移。

9.3 裂隙岩体中水−汽−热耦合运移模拟与预测

根据实测数据，采用 HYDRUS 2D 软件对裂隙岩体的每一个剖面进行秋季、冬季、春季和夏季的水汽运移模拟。主要用到了 HYDRUS 2D 的 waterflow 和 Heat Transport 模块，研究中的水力特征参数（θ_s、θ_r、α、n、K_s、I）的参数值与热传输参数（Solid、Org. M.、Disp. L.、Disp. T.、b_1、b_2、b_3、C_n、C_o、C_w）是通过查阅相关文献等资料得到的，具体取值见表 9-1、表 9-2。

表 9-1　包气带水力特征参数

$\theta_s/(\mathrm{L}^3/\mathrm{L}^3)$	$\theta_r/(\mathrm{L}^3/\mathrm{L}^3)$	$\alpha/(1/\mathrm{cm})$	n	$K_s/(\mathrm{cm/min})$	I
0.43	0.002	0.036	1.56	0.017 333 33	0.5

注：θ_r：最大分子持水率；θ_s：饱和含水率；α、n 经验参数；K_s：饱和土壤水导水率，或称渗透系数；I：导水率函数中的弯曲度参数。

表 9-2　包气带热传输参数

Solid	Org. M.	Disp. L.	Disp. T.	b_1
0.8	0	10	2	15 673 000
b_2	b_3	C_n	C_o	C_w
25347000	98 939 000	14 333 000	18 730 000	31 200 000

水流模块的初始条件设置为监测孔不同位置插值得到的含水率空间分布值。对于边界条件，考虑到监测期间尽量避开降水时段，水流上、下边界条件均选择随时间变化的定水头边界，依据监测温度、监测湿度、van Genuchten 模型计算得到。

热传输的初始条件设置为监测孔不同位置插值得到的温度空间分布值，温度变化连续，上下边界选择随时间变化的定温度边界。使用 HYDRUS 2D 软件对凤凰山垂直监测剖面、凤凰山阳面水平监测剖面、凤凰山阴面水平监测剖面进行有限单元剖分，并设置观测点（见图 9-1~图 9-3）。

9.3.1 各季节裂隙岩体的温度模拟研究

水汽场属于开放系统，其与外部环境有物质、能量的交换。气温昼夜的周期变化、季节的交替循环及地温随深度的阶梯变化都会导致岩体水分汽、液的相互转化。随着温度的变化，岩土体内部水分会通过不断地汽化与液化进行响应，实现一定的自主调节功能，维持整个裂隙非饱和带生态系统的可持续性。由于岩体的导热系数较大，外界气温的变化使岩体浅部温度快速改变，对于深部岩体，受到气温周期变化的影响较小，呈现出较缓慢的温度变化,温度差异导致岩体内部的热能对流影响着岩体内部水汽的运移,进而促进岩体浅部与岩体内部形成水汽大循环,研究不同季节岩体内温度的变化规律和水汽的运移规律,对维持裂隙岩体植物生长至关重要。

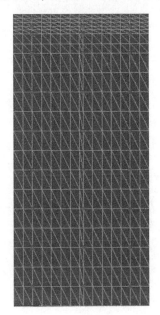 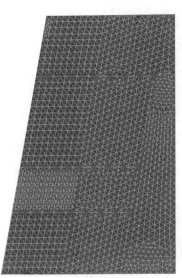 

图 9-1　垂直监测剖面　　　　　图 9-2　阳面水平监测剖面　　　　图 9-3　阴面水平监测剖面
　　　有限单元网格模型　　　　　　　有限单元网格模型　　　　　　　有限单元网格模型

9.3.1.1　秋季

使用 HYDRUS 2D 软件对研究区秋季水汽场内温度进行模拟。将 2020 年 11 月 16 日开始监测时的温度作为初始条件,11 月 16—23 日,地表监测的温度和最深部的监测温度分别作为上、下边界,分别对 $t = 1$ d、$t = 7$ d、$t = 13$ d 的工况进行模拟。

1. 垂直监测剖面

以 11 月的监测数据代表秋季温度变化特征进行模拟(见图 9-4~图 9-7)。11 月,凤凰山垂直监测剖面初始温度的变化规律为:随着深度增加岩体温度增加,局部存在先明显上升,至岩体中部区域后达到最高温度,之后温度有小幅下降趋势(见图 9-4)。工况 $t = 1$ d、$t = 7$ d、$t = 13$ d 情况下,岩体内部温度都呈现出岩体深部温度高、岩体浅部温度低的特点,研究区正处于深秋时节,外界温度逐渐降低,岩体浅表温度较低,岩体内热量传递方向为岩体深部向岩体浅部传递,随时间的持续,深部热能不断散失,温度略有下降趋势(见图 9-5~图 9-7)。

2. 阳面水平监测剖面

凤凰山试验场阳面水平监测剖面初始温度的特点为:各监测孔的温度在浅表区域温度较高,随深度增加而不断升高,可能是在模拟开始时刻,有一次明显的气温升高,导致地表的热能急剧增加(见图 9-8)。在整个秋季模拟期内(见图 9-9~图 9-11),岩体内部温度都呈现出岩体深部温度高、岩体浅部温度低的现象。11 月,研究区处于深秋时节,除模拟初期有短暂的升温外,外界温度整体下降,岩体浅表温度较低,岩体内热量传递方向为岩

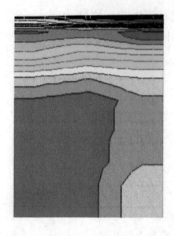
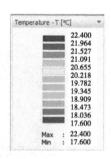

图9-4　11月凤凰山垂直监测剖面的初始温度分布

体深部向岩体浅部传递,随模拟时间的持续,深部热能不断散失,温度略有下降趋势。由于监测孔的深度较小,监测开始前岩体所累积的热量已经运移到监测孔的深部。

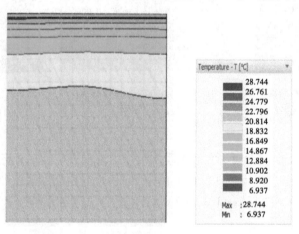

图9-5　11月凤凰山垂直监测剖面1 d温度模拟

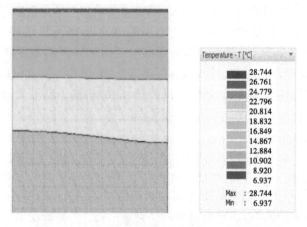

图9-6　11月凤凰山垂直监测剖面7 d温度模拟

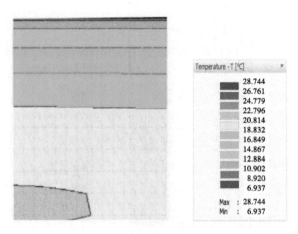

图 9-7　11 月凤凰山垂直监测剖面 13 d 温度模拟

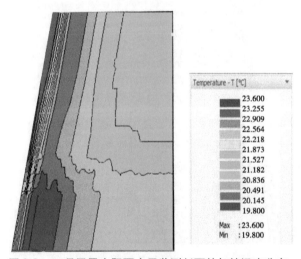

图 9-8　11 月凤凰山阳面水平监测剖面的初始温度分布

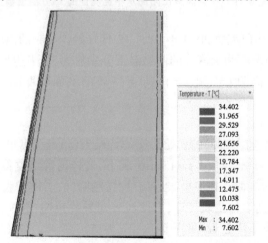

图 9-9　11 月凤凰山阳面水平监测剖面 1 d 温度模拟

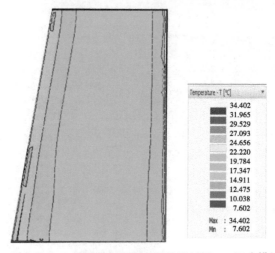

图 9-10　11 月凤凰山阳面水平监测剖面 7 d 温度模拟

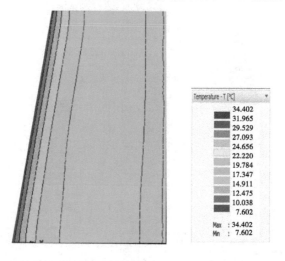

图 9-11　11 月凤凰山阳面水平监测剖面 13 d 温度模拟

9.3.1.2　冬季

冬季温度变化规律研究将 2020 年 12 月 12 日开始监测时的温度作为初始条件,12 月 12—26 日地表监测的温度和最深部的监测温度分别作为上、下边界,使用 HYDRUS 2D 软件进行模拟。依据模拟期 $t = 1$ d、$t = 7$ d、$t = 13$ d 的剖面温度图,分析冬季温度的变化规律。

1. 垂直监测剖面

12 月,凤凰山垂直监测剖面的初始温度的特点为:随着深度增加,岩体温度持续增加(见图 9-12)。工况 $t = 1$ d、$t = 7$ d、$t = 13$ d 情况下,岩体内部温度都呈现出岩体深部温度高、岩体浅表温度低的规律。在冬季,外界温度持续降低,岩体浅表温度较低,岩体内热量传递方向为岩体深部向岩体浅表传递,岩体浅表向外界传递,随模拟时间的持续,深部热能不断散失,温度略有下降趋势(见图 9-13～图 9-15)。

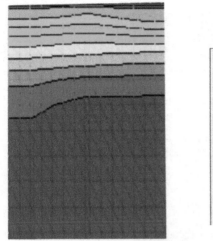
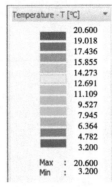

图 9-12　12 月凤凰山垂直监测剖面的初始温度分布

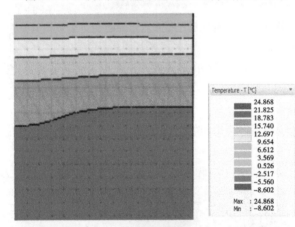

图 9-13　12 月凤凰山垂直监测剖面 1 d 温度模拟

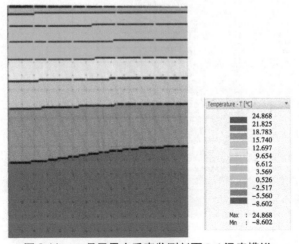

图 9-14　12 月凤凰山垂直监测剖面 7 d 温度模拟

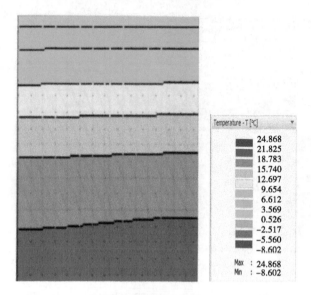

图 9-15　12 月凤凰山垂直监测剖面 13 d 温度模拟

2. 阳面水平监测剖面

冬季凤凰山阳面水平监测剖面的温度变化规律与垂直监测剖面相同(见图 9-16~图 9-19)。

3. 阴面水平监测剖面

12 月,凤凰山阴面水平监测剖面初始温度的特点为:随着深度增加,岩体温度不断增加(见图 9-20)。工况 $t=1$ d、$t=7$ d、$t=13$ d 情况下,与阳面水平监测剖面的变化规律一致,但是由于监测剖面位于阴面,接收的太阳辐射较少,致使靠近地表的低温区域较大

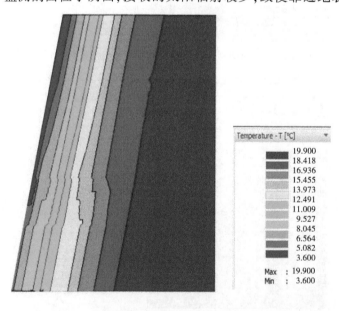

图 9-16　12 月凤凰山阳面水平监测剖面的初始温度分布

（见图 9-21～图 9-23）。

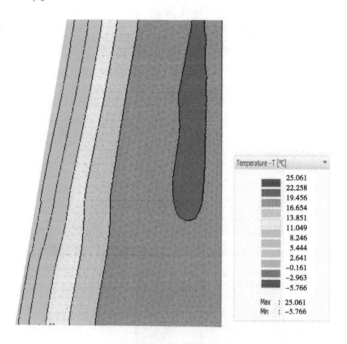

图 9-17 12 月凤凰山阳面水平监测剖面 1 d 温度模拟

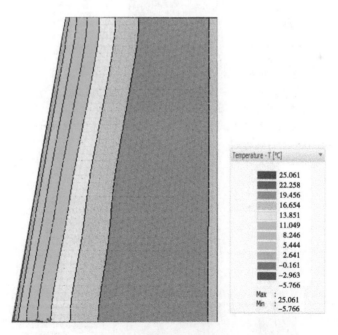

图 9-18 12 月凤凰山阳面水平监测剖面 7 d 温度模拟

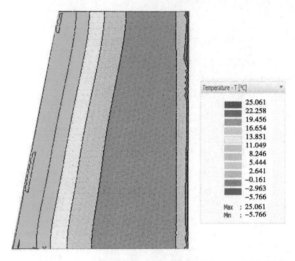

图 9-19　12 月凤凰山阳面水平监测剖面 13 d 温度模拟

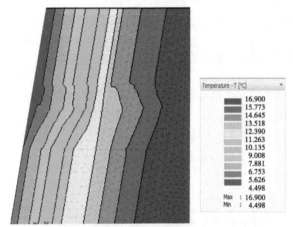

图 9-20　12 月凤凰山阴面水平监测剖面的初始温度分布

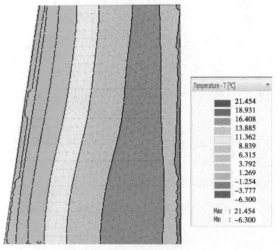

图 9-21　12 月凤凰山阴面水平监测剖面 1 d 温度模拟

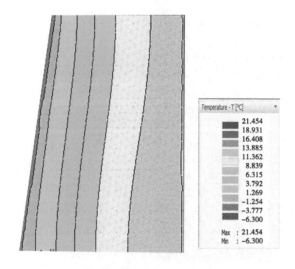

图 9-22　12 月凤凰山阴面水平监测剖面 7 d 温度模拟

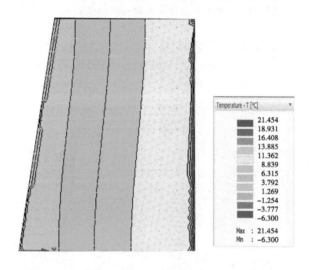

图 9-23　12 月凤凰山阴面水平监测剖面 13 d 温度模拟

9.3.1.3　春季

将 2021 年 2 月 24 日开始监测时的温度作为初始条件,2 月 24 日至 3 月 10 日地表监测的温度和最深部的监测温度分别作为上、下边界。依据模拟期 $t=1$ d、$t=7$ d、$t=13$ d 的剖面温度图,分析春季时段温度的变化规律。

1. 垂直监测剖面

春季凤凰山垂直监测剖面的初始温度的变化规律见图 9-24,随着深度增加,岩体温度持续增加,与 12 月相比,岩体深部的高温区域略有缩减。在模拟期 $t=1$ d、$t=7$ d、$t=13$ d 内,岩体内部温度都呈现出岩体深部温度高、浅部温度低的规律,在模拟后期,出现近地表温度高于岩体中部。该时段热量传递规律为外界环境和岩体深部的热量同时向岩体浅表传递(见图 9-25～图 9-27)。

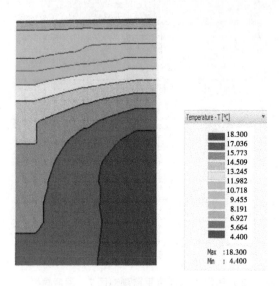

图 9-24 3 月凤凰山垂直监测剖面的初始温度分布

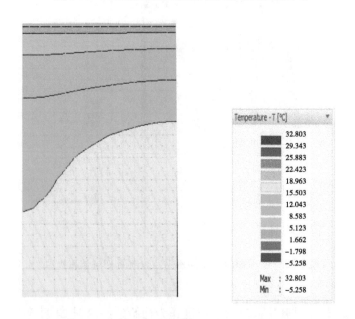

图 9-25 3 月凤凰山垂直监测剖面 1 d 温度模拟

2. 阳面水平监测剖面

3 月,凤凰山试验场阳面水平监测剖面初始温度的特点与垂直监测剖面相同(见图 9-28)。在整个春季,岩体浅部温度出现小幅波动;研究区处于冬春过渡期,外界气温波动较大,岩体浅表处受外界气温变化影响较大,岩体中部及深部区域温度较高,受外界气温变化产生的影响不明显;岩体内的热量传递规律为,岩体中部和深部热量向岩体浅表传递,岩体浅表热量与外界传递方向变化频繁,与气温波动有关(见图 9-29~图 9-31)。

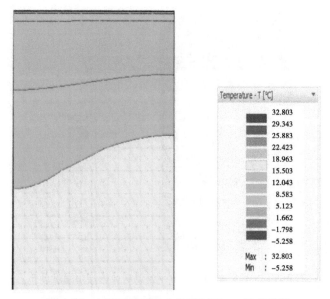

图 9-26　3 月凤凰山垂直监测剖面 7 d 温度模拟

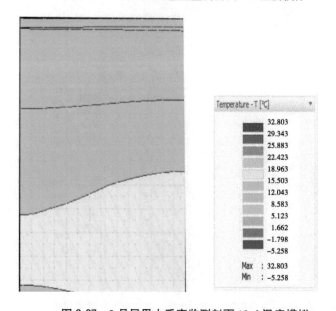

图 9-27　3 月凤凰山垂直监测剖面 13 d 温度模拟

3. 阴面水平监测剖面

　　春季凤凰山试验场阴面水平监测剖面初始温度的变化特征见图 9-32,外界环境温度出现一定程度的回升,随着深度增加,岩体温度持续增加。岩体浅表区域受外界温度变化影响强烈,出现小幅回升,随着深度增加,岩体内温度由最低值逐渐升高,但最深区域温度仍高于外界温度。热量自外界环境和岩体深部向岩体浅表传递(见图 9-33～图 9-35)。

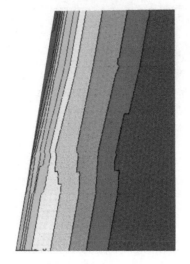
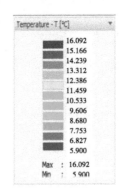

图 9-28　3 月凤凰山阳面水平监测剖面的初始温度分布

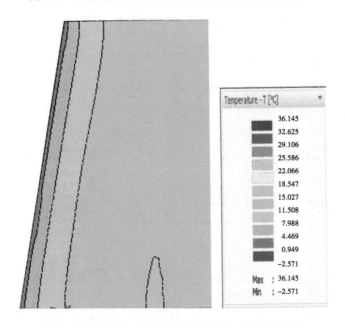

图 9-29　3 月凤凰山阳面水平监测剖面 1 d 温度模拟

9.3.1.4　夏季

夏季以 2021 年 5 月 21 日开始监测时的温度作为初始条件,5 月 21 日至 6 月 4 日地表监测的温度和最深部的监测温度分别作为上、下边界。模拟 $t=1$ d、$t=7$ d、$t=13$ d 的剖面温度图,研究夏季温度的变化规律。

1. 垂直监测剖面

夏季 6 月,垂直监测剖面的初始温度表现为随着深度增加,岩体内部温度先降低后增加的趋势,地表温度远高于岩体深部温度(见图 9-36)。岩体浅表的高温区域进一步扩大,不断向岩体内部进行热量传递,岩体内温度最低值出现的位置更深。在外界及岩体深

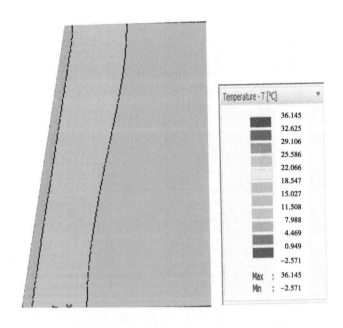

图 9-30 3 月凤凰山阳面水平监测剖面 7 d 温度模拟

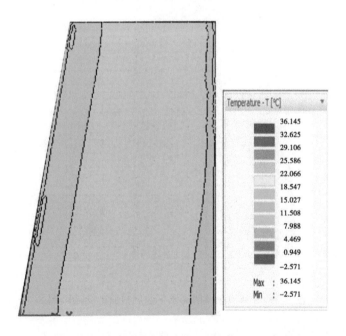

图 9-31 3 月凤凰山阳面水平监测剖面 13 d 温度模拟

部热量的影响下,岩体内热量较低的区域向着岩体深部运移,外界气温显著高于岩体深部,源源不断的热量从外界向岩体传递,模拟期气温对于岩体内部热能的影响,没有达到岩体深处,岩体热量传递规律为外界热量向岩体浅表传递,岩体浅表和岩体深部的热量向岩体中部传递(见图 9-37~图 9-39)。

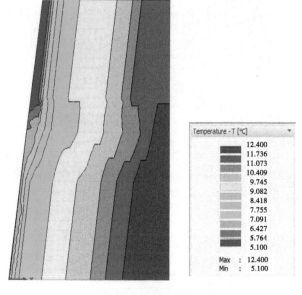

图 9-32　3 月凤凰山阴面水平监测剖面的初始温度分布

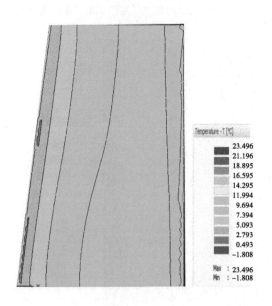

图 9-33　3 月凤凰山阴面水平监测剖面 1 d 温度模拟

2. 阳面水平监测剖面

6 月,凤凰山试验场阳面水平监测剖面的初始温度随着深度增加而减小(见图 9-40)。温度由岩体浅表至中部随深度增加不断下降,监测孔位于阳面且高于地表,光照条件较好,夏季气温高,岩体浅表的温度也迅速升高,并不断向岩体深部进行热量传递,热能在岩体深部不断积聚。热量传递规律为,外界热量向岩体浅表传递,岩体浅表的热量向岩体深部传递(见图 9-41~图 9-43)。

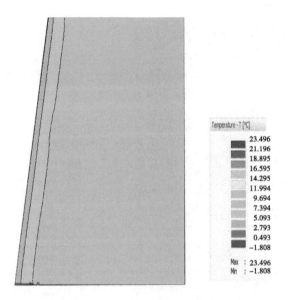

图 9-34　3 月凤凰山阴面水平监测剖面 7 d 温度模拟

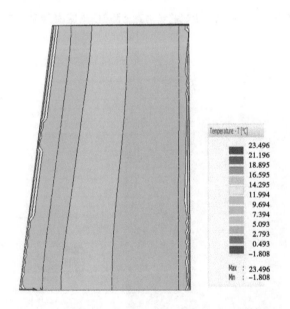

图 9-35　3 月凤凰山阴面水平监测剖面 13 d 温度模拟

3. 阴面水平监测剖面

6 月,凤凰山试验场阴面水平监测剖面初始温度随着深度增加而减小(见图 9-44),岩体浅表和岩体深部的温差更大。模拟期由于外界温度已经出现明显升高,热量传递活动相比于 5 月更为强烈,岩体深部热量不断积聚(见图 9-45~图 9-47)。

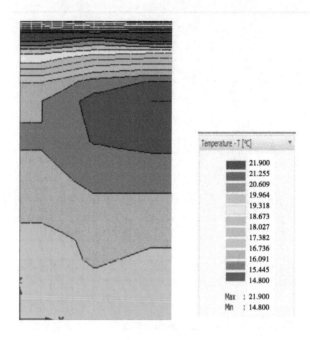

图 9-36　6 月凤凰山试验场垂直监测剖面的初始温度分布

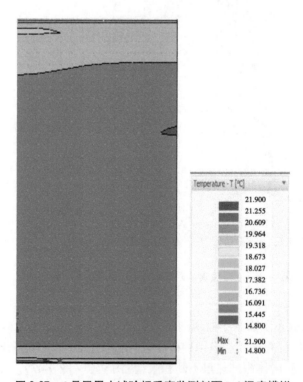

图 9-37　6 月凤凰山试验场垂直监测剖面 1 d 温度模拟

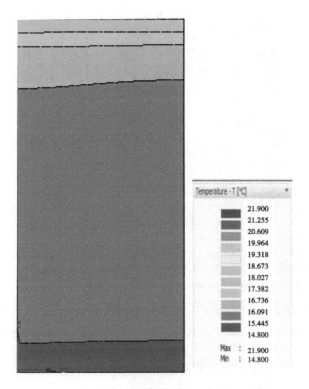

图 9-38　6 月凤凰山试验场垂直监测剖面 7 d 温度模拟

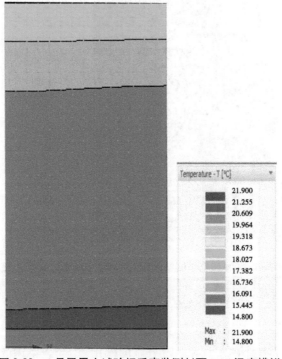

图 9-39　6 月凤凰山试验场垂直监测剖面 13 d 温度模拟

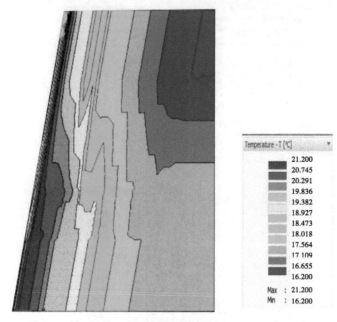

图 9-40　6 月凤凰山试验场阳面水平监测剖面的初始温度分布

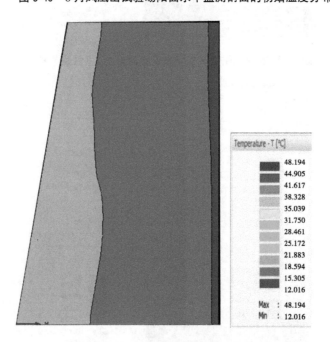

图 9-41　6 月凤凰山试验场阳面水平监测剖面 1 d 温度模拟

9.3.2　各季节裂隙岩体的水汽运移模拟研究

裂隙岩体作为一个开放系统,与外界不断地进行水汽的交换。季节的变化影响大气中水汽的含量,外界大气中的水汽在水汽分压的作用下,与岩体内的水分进行交换,岩体内的水分得到补充或者消耗。岩体内汽、液转化过程中均伴随着能量的耗散,而热能是驱

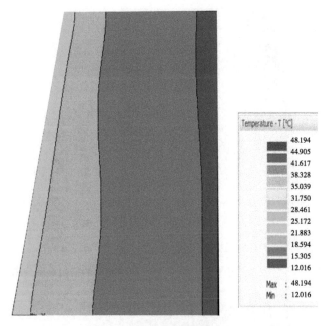

图 9-42　6 月凤凰山试验场阳面水平监测剖面 7 d 温度模拟

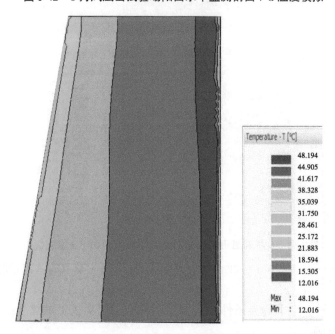

图 9-43　6 月凤凰山试验场阳面水平监测剖面 13 d 温度模拟

动汽、液内循环的主要驱动力。上节研究了岩体内外及岩体内温度和热量的变化传递规律,本节主要研究岩体内外及岩体内水汽含量变化及运移规律。

选择不同季节的 1 d 作为起始日期,将起始日期监测的绝对湿度转化为液态水含量,进而转化为含水率数据,作为初始条件输入 HYDRUS 2D 软件,将随后 15 d 监测的绝对湿度转化为含水率数据,使用 van Genuchten 模型转为负压,作为模型的上、下边界进行数值模

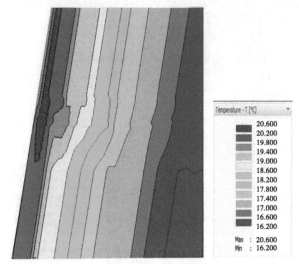

图 9-44　6 月凤凰山试验场阴面水平监测剖面的初始温度分布

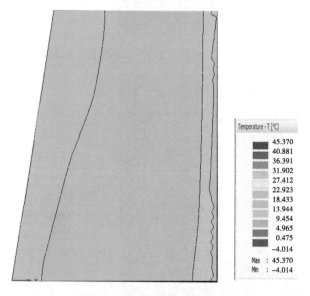

图 9-45　6 月凤凰山试验场阴面水平监测剖面 1 d 温度模拟

拟。进行 $t=1$ d、$t=7$ d、$t=13$ d 剖面水汽含量模拟,探讨相应季节的水汽运移规律。

9.3.2.1　秋季

选定的初始条件、上下边界条件的监测日及模拟期同 9.3.1.1 部分。

1. 垂直监测剖面

秋季,$t=1$ d、$t=7$ d、$t=13$ d 的三个垂直监测剖面的绝对湿度随深度的变化较为一致(见图 9-48~图 9-50)。在岩体浅表区域,绝对湿度值出现较大增加,随后缓慢增加直至保持稳定。监测期处于秋冬过渡时期,外界环境的绝对湿度值较小,在水汽分压的作用下,水汽由岩体深部向岩体浅表运移,并最终散失到外界环境中,水汽运移方向同温度的变化和热量的运移方向相似。

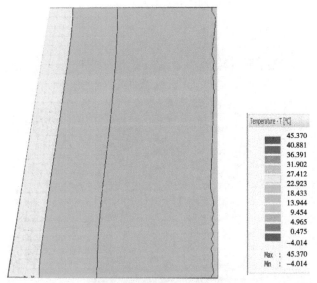

图 9-46　6 月凤凰山试验场阴面水平监测剖面 7 d 温度模拟

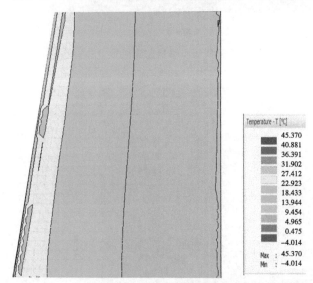

图 9-47　6 月凤凰山试验场阴面水平监测剖面 13 d 温度模拟

2. 阳面水平监测剖面

各阳面水平监测剖面的绝对湿度随深度变化的趋势较为一致,随深度增加其绝对湿度均出现增加。垂向上,各孔的绝对湿度均为相对位置高的区域,温度和水汽都较高,该区域微裂隙发育,在多年的气候作用下,形成一个赋水空间,对温度的传递和水汽的运移产生了影响。阳面水平监测孔深度仅有 4 m,且近地表水汽含量高,水汽运移强烈。岩体内的水汽运移方向为岩体深部向岩体浅表运移,并由岩体浅表向外界环境运移(见图 9-51~图 9-53)。

9.3.2.2　冬季

选定的初始条件、上下边界条件的监测日及模拟期同 9.3.1.2 部分。

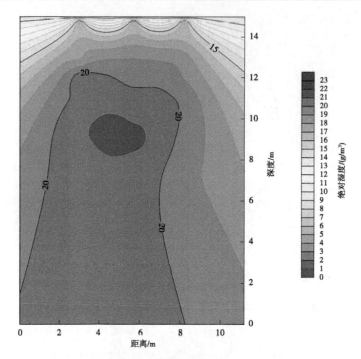

图 9-48　11 月凤凰山垂直监测剖面 1 d 水汽模拟

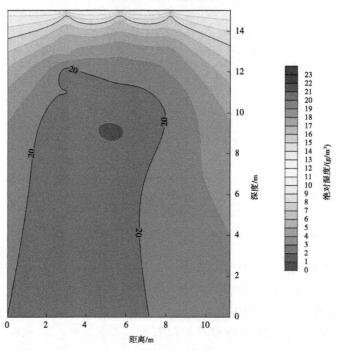

图 9-49　11 月凤凰山垂直监测剖面 7 d 水汽模拟

1. 垂直监测剖面

冬季，$t=1$ d、$t=7$ d、$t=13$ d 的绝对湿度均表现为随深度的增加而增加。在水汽分压的驱动下,水汽运移方向为从岩体中部向岩体浅表层和岩体深部方向运移,这与温度的运移方向一致(见图9-54~图9-56)。

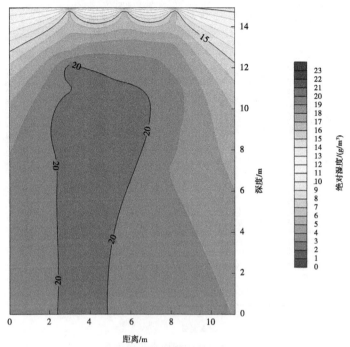

图9-50　11月凤凰山垂直监测剖面13 d水汽模拟

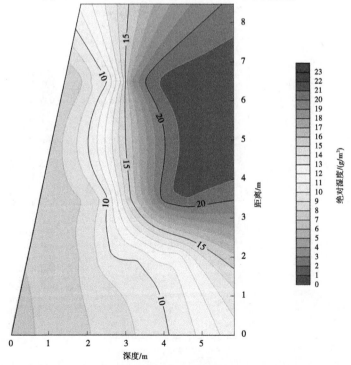

图9-51　11月凤凰山阳面水平监测剖面1 d水汽模拟

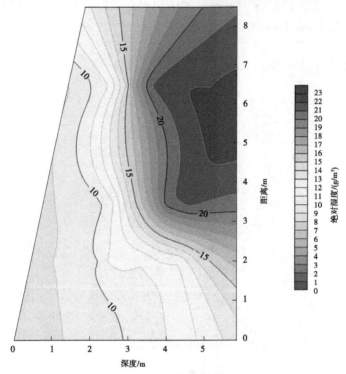

图 9-52 11 月凤凰山阳面水平监测剖面 7 d 水汽模拟

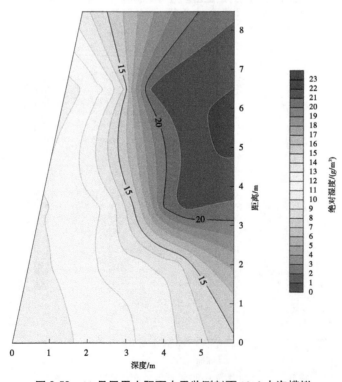

图 9-53 11 月凤凰山阳面水平监测剖面 13 d 水汽模拟

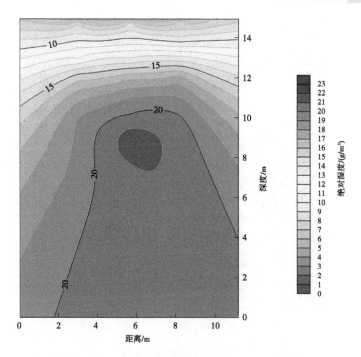

图 9-54　12 月凤凰山垂直监测剖面 1 d 水汽模拟

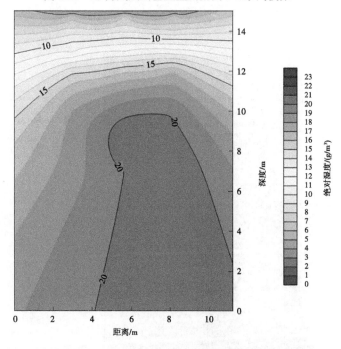

图 9-55　12 月凤凰山垂直监测剖面 7 d 水汽模拟

2. 阳面水平监测剖面

与秋季相比,无论是岩体浅表还是岩体深部,冬季的水汽含量都更低,说明从秋季到冬季,水汽的运移规律一致,都表现为水平方向上,水汽从岩体深部向岩体浅表运移,并由

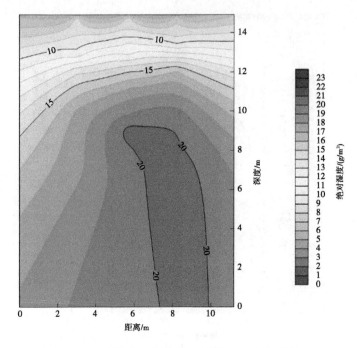

图 9-56　12 月凤凰山垂直监测剖面 13 d 水汽模拟

岩体浅表向外界环境运移。在垂向上,水汽从相对位置高的地方向位置低的方向迁移
(见图 9-57~图 9-59)。

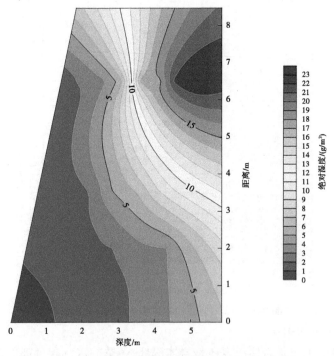

图 9-57　12 月凤凰山阳面水平监测剖面 1 d 水汽模拟

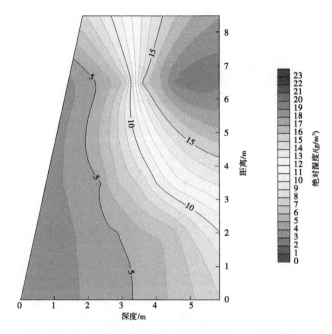

图 9-58　12 月凤凰山阳面水平监测剖面 7 d 水汽模拟

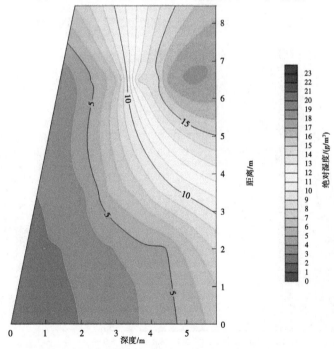

图 9-59　12 月凤凰山阳面水平监测剖面 13 d 水汽模拟

3. 阴面水平监测剖面

凤凰山阴面水平监测剖面的水汽含量整体都低于凤凰山阳面水平监测剖面,最高水汽含量也仅仅达到 14 g/m³,阴面常年不直接接收太阳辐射,同期内温度更低,容纳的水汽含量也较低,岩体水汽含量偏小。岩体深部的水汽含量高于岩体浅表的水汽含量,在水汽分压的驱动下,模拟期岩体内的水汽运移方向为岩体深部向岩体浅表运移,并由岩体浅表向外界环境运移,与裂隙较发育的 8# 监测孔实际情况相符(见图 9-60~图 9-62)。

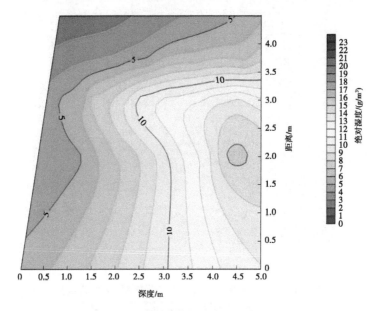

图 9-60　12 月凤凰山阴面水平监测剖面 1 d 水汽模拟

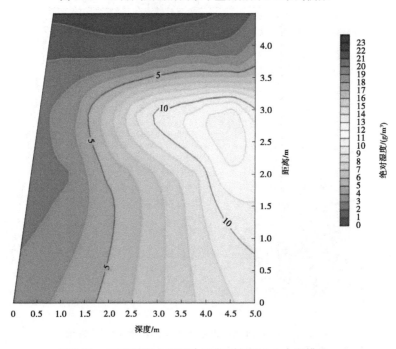

图 9-61　12 月凤凰山阴面水平监测剖面 7 d 水汽模拟

9.3.2.3　春季

选定的初始条件、上下边界条件的监测日及模拟期同 9.3.1.3 部分。

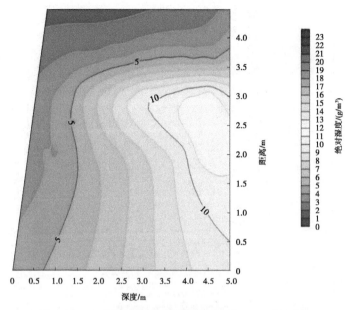

图 9-62　12 月凤凰山阴面水平监测剖面 13 d 水汽模拟

1. 垂直监测剖面

在春季,水汽的运移规律同冬季,表现出水汽由岩体深部向岩体浅表运移,并最终散失到外界环境的运移规律。在模拟的第 7 天,岩体浅表区域的水汽含量明显高于第 1 天和第 13 天,这是因为第 7 天有降水,降水渗入岩体,致使岩体中水汽含量升高。受早春气温回暖的影响,春季的水汽含量整体分布更均匀(见图 9-63~图 9-65)。

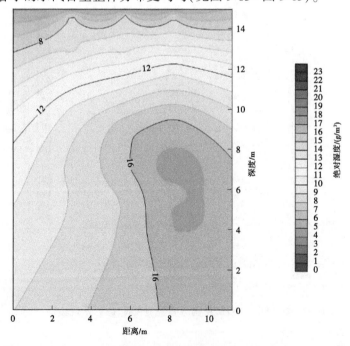

图 9-63　3 月凤凰山垂直监测剖面 1 d 水汽模拟

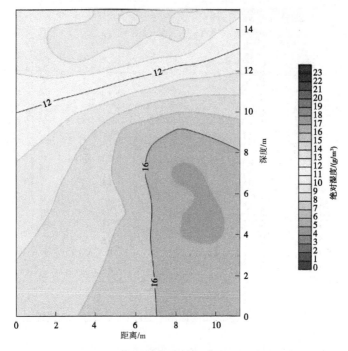

图 9-64　3 月凤凰山垂直监测剖面 7 d 水汽模拟

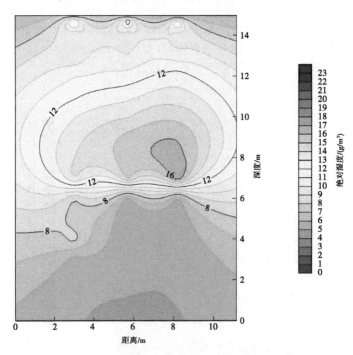

图 9-65　3 月凤凰山垂直监测剖面 13 d 水汽模拟

2. 阳面水平监测剖面

春季时段的水汽变化规律与秋季和冬季的水汽变化规律一致,水平方向上,水汽从岩体深部向岩体浅表运移,并由岩体浅表向外界环境运移。垂向上,水汽从相对位置高的地方向位置低的方向迁移。在模拟的第 7 天,岩体浅表区域的水汽含量明显高于第 1 天和第 13 天,和凤凰山垂直监测剖面的现象一致,第 7 天监测场地有降水。在早春时段,岩体深部的水汽含量较冬季减少,而岩体浅表的水汽含量较冬季略有增加(见图 9-66~图 9-68)。

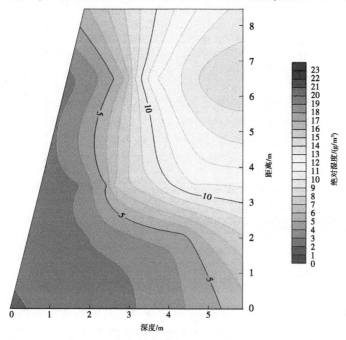

图 9-66　3 月凤凰山阳面水平监测剖面 1 d 水汽模拟

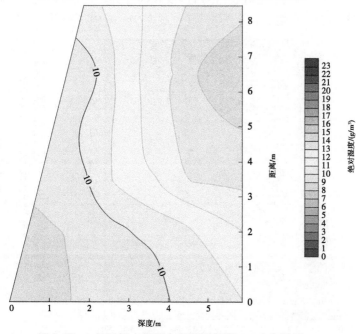

图 9-67　3 月凤凰山阳面水平监测剖面 7 d 水汽模拟

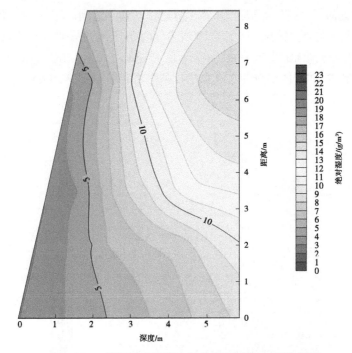

图 9-68　3 月凤凰山阳面水平监测剖面 13 d 水汽模拟

3. 阴面水平监测剖面

在春季,凤凰山阴面水平监测剖面的水汽含量整体依旧低于凤凰山阳面水平监测剖面,最高水汽含量也仅仅达到 12 g/m³。水汽运移的规律与冬季一致,岩体内的水汽运移方向为岩体深部向岩体浅表运移,并由岩体浅表向外界环境运移。受到春季温度回暖的影响,岩体浅表的水汽含量有一定的增长(见图 9-69~图 9-71)。

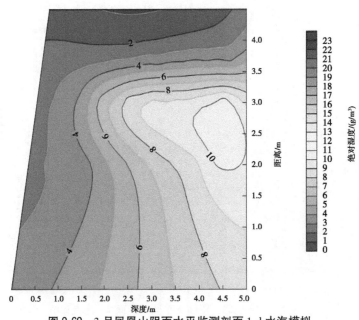

图 9-69　3 月凤凰山阴面水平监测剖面 1 d 水汽模拟

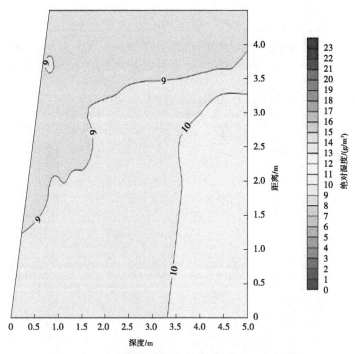

图 9-70 3月凤凰山阴面水平监测剖面 7 d 水汽模拟

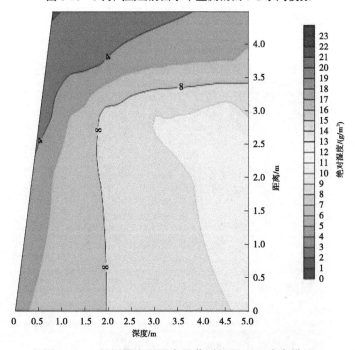

图 9-71 3月凤凰山阴面水平监测剖面 13 d 水汽模拟

9.3.2.4 夏季

选定的初始条件、上下边界条件的监测日及模拟期同 9.3.1.4 部分。

1. 垂直监测剖面

夏季,短短数日,岩体浅表的水汽含量急剧增加,在较大水汽分压差的推动下,水汽快速进入岩体深部,并持续改变岩体内部的水汽分布情况。水汽运移方向先为自岩体深部和岩体浅表向岩体中部运移,后为岩体浅表向岩体深部运移(见图9-72~图9-74)。

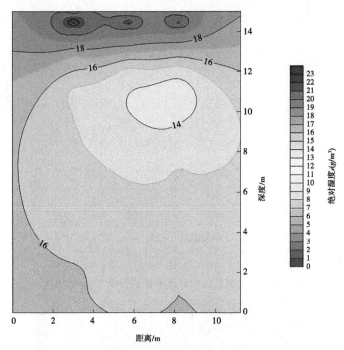

图9-72　6月凤凰山垂直监测剖面1 d水汽模拟

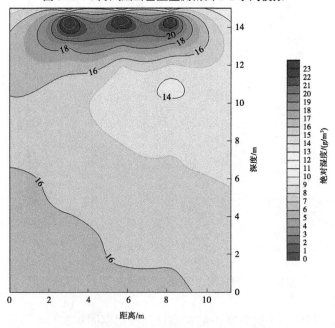

图9-73　6月凤凰山垂直监测剖面7 d水汽模拟

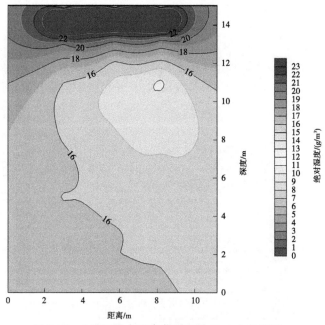

图 9-74 6月凤凰山垂直监测剖面 13 d 水汽模拟

2. 阳面水平监测剖面

和春季相比,水汽含量有了显著的提升。水平监测孔实现了岩体浅表水汽补给岩体深部,由 $t = 1$ d、$t = 7$ d、$t = 13$ d 水汽模拟图可以看出,该季节的水汽运移强烈。水汽运移方向为岩体浅表向岩体深部运移(见图 9-75~图 9-77)。

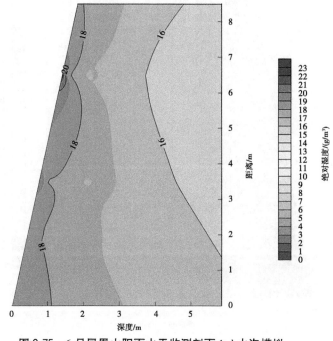

图 9-75 6月凤凰山阳面水平监测剖面 1 d 水汽模拟

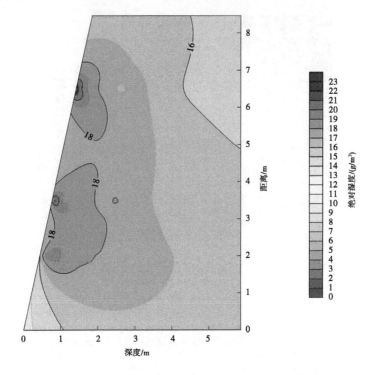

图 9-76　6 月凤凰山阳面水平监测剖面 7 d 水汽模拟

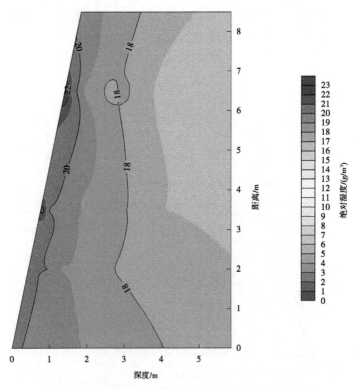

图 9-77　6 月凤凰山阳面水平监测剖面 13 d 水汽模拟

3. 阴面水平监测剖面

凤凰山阴面水平监测剖面的水汽运移规律和阳面水平监测剖面的一致,为水汽从岩体浅表向岩体深部运移(见图 9-78 ~ 图 9-80)。

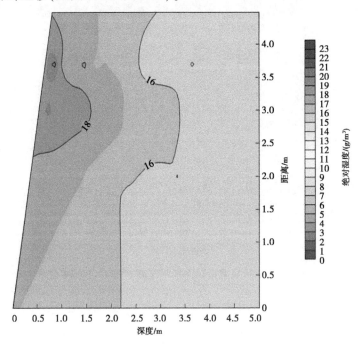

图 9-78　6 月凤凰山阴面水平监测剖面 1 d 水汽模拟

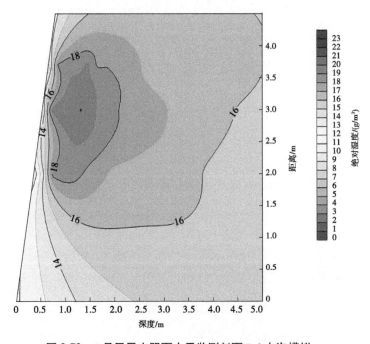

图 9-79　6 月凤凰山阴面水平监测剖面 7 d 水汽模拟

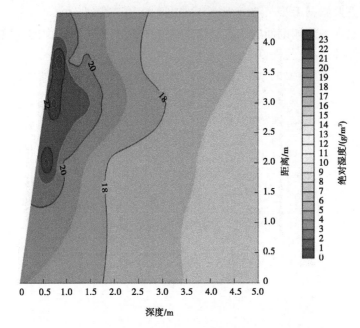

图 9-80　6 月凤凰山阴面水平监测剖面 13 d 水汽模拟

10 植物生态需水量计算

10.1 植物生态需水理论

水分既是植物体的组成部分，又是影响植物生长发育的重要生态因子。岩体非饱和带中水分可以分为三种：一是被土壤颗粒紧密结合的结合水（吸着水和薄膜水），植物不能吸收利用；二是气态水，植物也不能吸收利用；三是存留在岩土体空隙中的毛细水，是植物可以吸收利用的。对岩体非饱和带来说，岩体裂隙中的水资源是岩壁供给植被生长的主要水分来源，是制约岩壁植被存活的重要因素。岩体非饱和带除截留大气降水补给以及过路重力水下渗外，还通过气态水凝结保证其水分的持续稳定补给。

生态需水量是一定的空间范围内生态系统需水量的总称，是生态系统为维持生物生长、发挥生态功能所需要的水资源量，植物生长的消耗性需水量是生态需水的基础。植物生态需水量并非一个定值，而是一个区间值，即存在着上限和下限。本次研究在计算和评价植物生态需水量时，划定两个临界值，即最小生态需水量和适宜生态需水量。

植物最小生态需水量是指保证植被维持基本生长需要、生态环境不会退化条件下的水量，是保证岩体非饱和带植被维持基本生长的水量最低限。当基质中水分含量较低时，在干旱胁迫作用下，植物将通过改变生理形态、关闭气孔等措施来增强其抗旱能力，从而使其生态需水量减小。而当生态需水量低于某一下限值时，植物根系可吸收水量低于其凋萎需水量，植物获得的水量无法维持其生存需要，植物将会出现萎蔫死亡现象，生态环境将发生退化。

植物适宜生态需水量是保持植被处于正常生存状态、满足生态系统功能正常运行的水量。在研究区域，若植物的水量获取较充分，则含水量将不会对植物生长构成制约，植被处于良好的生存状态，生态系统各生态功能相互协调，处于稳定状态；若岩体非饱和带中所含水量无法满足其最小生态需水量，不能提供足够植物生长的生态水量，植被无法从岩体中获得维持生长所需的水量，势必会出现萎蔫死亡，则地境再造技术无法满足植物自然生长及岩体覆绿的需要；若岩体非饱和带中所含水量介于植物最小生态需水量和适宜生态需水量之间，那么植物虽然可以维持基本生态需水，但不能满足蒸散消耗，植物会调整生理形态特性以抵御干旱，保证植物在干旱胁迫下减少蒸腾量，提高植物的水分利用率，消耗最少量的水分来维持自身生长，但这种耐旱性是有一定限度的，若长期得不到水分补给，则植物无法达到良好的生长状态，无法达到生态系统的稳定状态；若岩体非饱和带中所含水量大于植物适宜生态需水量，岩体含水量可以满足植物蒸散消耗，植物可以正常生长,最终达到良好的生长状态。

10.2　计算方法与原理

10.2.1　计算方法

计算植物生态需水量的方法较多,各有不同的适用条件及优缺点,常用的有:改进的彭曼-蒙蒂斯公式法、面积定额法、水量平衡法、生物量法、基于遥感技术的生态需水量计算法等。但涉及岩壁面这一垂向环境下的生态需水量计算,目前尚没有一个权威的计算方法。

10.2.1.1　改进的彭曼-蒙蒂斯公式法

改进的彭曼-蒙蒂斯公式法是目前最常用的一种方法,在理论上比较成熟,实际应用中也具有较高的可操作性。该方法适用于计算供水及肥料充分、无病虫害等条件下植物的需水情况。凤凰山试验场植物栽种时,其填土基质保证了养分充足,且生长至今无病虫害现象发生。张杨等采用该方法对高陡岩质边坡植物生态需水量进行了计算,贾昊冉采用该方法分析裂隙基质中水分含量对植物生长的影响。实际植物生长情况表明该计算方法有一定的合理性,本次研究选用该方法进行生态需水量计算。

采用彭曼-蒙蒂斯公式通过对参考作物蒸散发量 ET_0 进行植被系数 K_c 和土壤水分系数 K_s 修正,计算得到植被实际蒸散发量 ET。其公式为

$$ET = ET_0 K_c K_s \tag{10-1}$$

1. 参考作物蒸散发量 ET_0 的确定

借助常规气象资料即可求得 ET_0,计算公式精度高,即

$$ET_0 = \frac{0.408\Delta(R_n - G) + \gamma \dfrac{900}{T_{mean} + 273}\mu_2(e_s - e_a)}{2a} \tag{10-2}$$

式中:ET_0 为参考作物蒸散发量,mm/d;Δ 为饱和水汽压曲线斜率,kPa/℃;R_n 为地表净辐射,MJ/(m·d);G 为土壤热通量,MJ/(m²·d);γ 为干湿表常数,kPa/℃;T_{mean} 为日均温度,℃;μ_2 为 2 m 高处风速,m/s;e_s 为饱和水汽压,kPa;e_a 为实际水汽压,kPa。

(1)Δ 为在日均气温为 T 时的饱和水汽压曲线斜率,其计算公式如下:

$$\Delta = \frac{4\,098 \times \left(0.610\,8 \times \exp\dfrac{17.27T}{T + 237.3}\right)}{(T + 237.3)^2} \tag{10-3}$$

(2)R_n 值的计算公式:

$$R_n = R_{ns} - R_{nl} \tag{10-4}$$

式中:R_{ns} 为收入的短波辐射;R_{nl} 为支出的净长波辐射。R_{ns} 计算公式为

$$R_{ns} = (1 - \alpha)R_s \tag{10-5}$$

$$R_s = \left(a_s + b_s\frac{n}{N}\right)R_a \tag{10-6}$$

式中：R_s 为太阳辐射；$\alpha = 0.23$；a_s、b_s 为回归系数，$a_s = 0.25$，$b_s = 0.5$；n 为实际日照时数，h；N 为最大可能日照时数，h。

R_{nl} 值的计算公式：

$$R_{nl} = \sigma \left(\frac{T_{max}^4 + T_{min}^4}{2} \right) (0.34 - 0.14\sqrt{e_a}) \left(1.35 \frac{R_s}{R_{20}} - 0.35 \right) \tag{10-7}$$

式中：σ 为斯蒂芬-玻尔兹曼常数，$\sigma = 4.903 \times 10^{-9}$ W/(K⁴·m²·d)；T_{max}、T_{min} 分别为日最高温度、日最低温度，℃。

（3）G 值夜间是 R_n 的 50%，白天是 R_n 的 0.1 倍，其计算公式为

$$G = 0.1 \left(\frac{H_{白天}}{H_{白天} + H_{夜间}} \right) R_n + 0.5 \left(\frac{H_{夜间}}{H_{白天} + H_{夜间}} \right) R_n \tag{10-8}$$

式中：$H_{夜间}$ 为夜间小时数；$H_{白天}$ 为白天小时数。

（4）γ 值的计算

$$\gamma = 0.665 \times 10^{-3} P \tag{10-9}$$

$$P = 101.3 \times \left(\frac{293 - 0.0065z}{293} \right)^{5.26} \tag{10-10}$$

式中：P 为大气压；z 为当地海拔高度。

（5）T_{mean} 值的计算公式为

$$T_{mean} = \frac{T_{max} + T_{min}}{2} \tag{10-11}$$

（6）μ_2 值的计算。由于风速多为距地面 10 m 处的风速，需要转换为距地面 2 m 的风速，其公式为

$$\mu_2 = \mu_z \frac{4.87}{\ln(67.8z - 5.42)} \tag{10-12}$$

式中：μ_2 为 2 m 高处风速；μ_z 为 10 m 高处风速；$z = 10$ m。

（7）e_s 的计算公式为

$$e_s = \frac{e(T_{max}) + e(T_{min})}{2} \tag{10-13}$$

$$e(T_{max}) = 0.6108 \times \exp\left(\frac{17.27 T_{max}}{T_{max} + 237.3} \right) \tag{10-14}$$

$$e(T_{min}) = 0.6108 \times \exp\left(\frac{17.27 T_{min}}{T_{min} + 237.3} \right) \tag{10-15}$$

（8）e_a 值的计算公式为

$$e_a = RH \times e_s \tag{10-16}$$

式中：RH 为相对湿度。

2. 植被系数 K_c 与土壤水分系数 K_s 计算

植被系数 K_c 是植物适宜需水蒸散量与最大可能蒸散量的比例系数，是反映植被类型、生长状况对耗水量影响的关键指数。该值随植物种类不同而不同，一般是通过试验取得，其公式为

$$K_c = \frac{ET_c}{ET_0}$$ （10-17）

式中：ET_0 为参考作物蒸散发量，mm；ET_c 为植物实际蒸散发量，mm。

土壤水分系数 K_s 反映在供水不充分时，植物的实际蒸散发量受土壤供水情况的影响程度，与土壤质地有关。其计算公式为

$$K_s = \frac{\ln\left(\dfrac{s - s_w}{s^* - s_w} + 1\right)}{\ln 101}$$ （10-18）

式中：s 为土壤实际含水质量分数，g/kg；s_w 为土壤凋萎含水质量分数，g/kg；s^* 为土壤临界含水质量分数，g/kg。

我国科研工作者在一些行政区对 K_c 和 K_s 进行了试验研究。贺康宁通过对北京市怀柔区生态用水量计算，认为平原地区不同类型林木的植被系数分别为：杨树 0.78、刺槐 0.76、苹果 0.71、油松 0.70、侧柏 0.63，乔木的植被系数取值范围为 0.63~0.78。王辉通过研究柴达木盆地植被的生态用水，并通过香日德农场试验站试验研究，确定柴达木盆地不同类型林草植被的植被系数，得到 K_c 值如下：新疆杨 0.73、白桦 0.72、云杉 0.72、祁连圆柏 0.71、青杨 0.69、梭梭 0.69、沙棘 0.67、胡杨 0.62、柠条 0.61，乔木的植被系数取值范围为 0.61~0.73。常博通过对青海祁连山地区的生态用水研究，按不同市级行政区划分，对不同地区的林木植被系数 K_c 进行确定，得到市级行政区及各县级行政区的 K_c 值，其取值范围为 0.60~0.73。余新晓、陈丽华等在晋西黄土区对乔木、灌木耗水进行对比观测，确定乔木林地、灌木林地的植被系数分别为 0.757 和 0.63。本次研究未对 K_c 和 K_s 进行试验和研究，无实测资料，参考上述学者对植被系数的研究成果，结合试验场岩壁所种植的 9 种植物物种和环境条件，对研究区种植的乔木植被系数 K_c 取值 0.60~0.78；灌木植被系数 K_c 取值 0.48~0.63；试验场种植了金银花、凌霄、爬山虎等藤本植物，属于多年生大型木质藤本植物，K_c 按灌木取值计算，对不同植物类型的需水量进行估算。试验场栽种植物选取的种植土为砂壤土，根据何永涛对黄土高原地区森林植被生态需水的研究结果，认为植物暂时凋萎含水量（S_s）和生长阻滞含水量（S_r）分别是能保证其基本生存和正常生长时土壤含水量的下限，可以将相应的植物耗水量作为植物最小生态需水量和适宜生态需水量，将 $s = S_s$ 和 $s = S_r$ 代入式（10-18），得到相应的 K_s 值，其中最小生态需水量的 $K_s = 0.556\,4$，适宜生态需水量的 $K_s = 0.903\,8$，对试验场岩壁不同类型植物最小和适宜生态需水量进行进一步计算。

10.2.1.2　面积定额法求植物生态需水量

植被的盖度面积与其生态需水定额的乘积即为该植被的单株生态需水量，各植被单株生态需水量之和即为植物生态需水总量，公式如下：

$$W = \sum W_i = \sum A_i \mathrm{ET}_i \times 10^{-3}$$ （10-19）

式中：W 为植物生态需水总量，kg；W_i 为植被类型 i 的单株生态需水量，kg；A_i 为植被类型 i 的盖度面积，m^2，植被单株个体盖度面积通过野外调查确定；ET_i 为植被类型 i 的生态需水定额，mm，将各植物的实际蒸散发量视为生态需水定额。

10.2.2　植物生态需水与蒸腾作用的关系

使用改进的彭曼-蒙蒂斯公式法的一个重要前提就是植物根系吸水量绝大部分由蒸腾作用散失到大气中,对于岩壁面处于生长初期的植物来说,植物根系吸收的水分中,仅有一小部分用于生长代谢,绝大部分通过蒸腾作用散失到大气中。诸多学者在计算植物生态需水量时,近似地将植物蒸散发量作为植物生态需水量,如郑冬燕等认为植物在生长发育的过程中要消耗大量的水分,且主要是植物的蒸腾作用所消耗;陈丽华等认为植物的基础生理需水量只占植物生态需水量的小部分,在计算植被生态需水量时,直接通过计算植被的蒸散发耗水量来确定;刘钰等通过对华北平原植物的研究验证改进的彭曼-蒙蒂斯公式法中的植被系数,研究认为该方法在华北平原有良好的适用性;孙林等通过对银杏的蒸腾作用强度进行测定,发现蒸腾耗水量与其生长所需水量基本相当;贾悦等对华北平原的生态需水定额进行多模型的验证计算,认为蒸散发量是植物生态需水的主要部分。结合凤凰山试验场的实际,植物种植工作于2021年3月完成,种植植物为扦插幼苗,至6月植物调查工作时尚处于适应岩壁生存环境阶段,转化为生物量累积于植物体内所需的水分较少,蒸腾作用散失水量占据植物生态需水量的绝大部分。根据以上研究成果,本次研究选用改进的彭曼-蒙蒂斯公式法和面积定额法相结合的方法进行植物蒸散发量的计算,并将其结果视为植物生态需水量。

10.3　植物生态需水量确定

试验场岩壁种植植物生长发育阶段,随时间推移,植物茎叶数量增加、叶面积增大,蒸腾作用逐渐增强,植物最小及适宜生态需水量也随之增大。植物生态需水量的计算依赖于野外调查资料,课题组于3月和6月进行了两次植物盖度调查和数据计算:3月植物处于从冬季休眠期向春季萌发期过渡的阶段,植物盖度较小,生长活动微弱,生态需水量较小,处于全年较低的阶段;而6月的植物处于旺盛生长期,植物盖度较大,生态需水量较大,处于全年最大值的时期。计算3月和6月的生态需水量,即可基本确定该年植物生态需水量的范围大小。

10.3.1　植物盖度调查

2021年3月进行植物栽种时,选取植物进行调查并标记;2021年6月随机选取植株进行植物盖度调查,主要测量各物种植物的盖度数据、对于栽种数量少于5棵的植物,对其全部进行统计;对于栽种数量较多的植物,选取不少于10株进行样本统计,作为岩壁面全部植物的参考数据。计算盖度时,需测量植物茎叶范围的长轴(a)、短轴(b),然后计算每个植物样本的盖度,盖度以椭圆的面积来代替(面积为 $\pi ab/4$)。把每种类型植物的盖度均值作为该岩壁该类植物的平均盖度(见表10-1),黄栌3月平均盖度为846.36 cm²,6月为1 316.96 cm²;火炬树3月平均盖度为1 683.57 cm²,6月为2 551.44 cm²;黑松3月平均盖度为491.82 cm²,6月为655.02 cm²;迎春3月平均盖度为870.52 cm²,6月为1 083.85 cm²;连翘3月平均盖度为961.96 cm²,6月为1 874.48 cm²;金银花3月平均盖度为 610.57 cm²，6 月为 954.26 cm²；凌霄 3 月平均盖度为 184.86 cm²，6 月为 235.62 cm²；紫穗槐 3 月平均盖度为 940.46 cm²，6 月为 1 465.03 cm²；扶芳藤 3 月平均盖度为 284.17 cm²，6 月为 348.72 cm²。

表 10-1　试验场植物种植及盖度情况统计

植物种类	名称	调查/种植数量/株	3 月平均盖度/cm²	6 月平均盖度/cm²
乔木	黄栌	10/129	846.36	1 316.96
	火炬树	12/99	1 683.57	2 551.44
	黑松	10/49	491.82	655.02
灌木	迎春	11/45	870.52	1 083.85
	连翘	13/86	961.96	1 874.48
	金银花	15/84	610.57	954.26
藤本	凌霄	3/3	184.86	235.62
	紫穗槐	5/5	940.46	1 465.03
	扶芳藤	4/4	284.17	348.72

10.3.2　试验场参考作物蒸散发量计算

采用联合国粮食及农业组织开发的软件——ET_0 计算器对新乡市参考作物蒸散发量进行计算。ET_0 计算器具有物理基础，并纳入了生理学和空气动力学参数，可利用气象数据并结合彭曼–蒙蒂斯方程对参考作物蒸散发量进行计算。该程序可以处理每日的气候数据，当缺少某些天气变量的数据时，该程序可根据"气候变化法"中概述的方法，根据温度数据或特定气候条件估算缺失的气候数据，同时大大简化了计算流程，且结果数据可靠。

使用 ET_0 计算器对试验场的参考作物蒸散发量进行计算（见图 10-1）。通过收集试验场附近的气象站资料（平均气温、平均相对湿度、风速、日照时数等数据），得到试验场 2009—2019 年的每日各气象数据平均值。利用收集到的各项数据，计算 2009—2019 自 1 月 1 日至 12 月 31 日的每日平均参考作物蒸散发量，绘制每日 ET_0 柱状图、每月 ET_0 柱状图（见图 10-2、图 10-3）。

通过 10 年年平均气象数据，计算得到新乡市全年参考植物蒸散发量为 1 072.3 mm；1~ 12 月逐月蒸散发量为 31.9 mm、43.7 mm、86.3 mm、118.0 mm、147.4 mm、160.6 mm、128.0 mm、119.1 mm、87.5 mm、70.0 mm、45.4 mm、34.4 mm；日蒸散发量范围为 0.8~6.4 mm。

10.3.3　乔木、灌木及藤本最小和适宜生态需水定额计算

依据植被系数（K_c）和土壤水分系数（K_s）的经验值，分别计算乔木、灌木及藤本植物的实际蒸散发量，并将其视为最小和适宜生态需水定额。

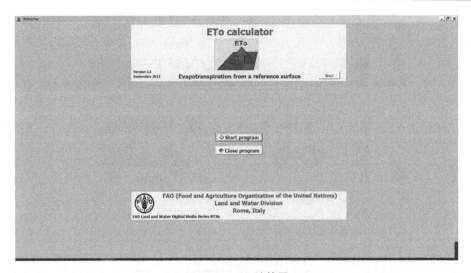

图 10-1 ET_0 计算器

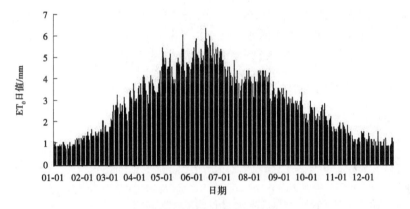

图 10-2   新乡市平均 ET_0 日值

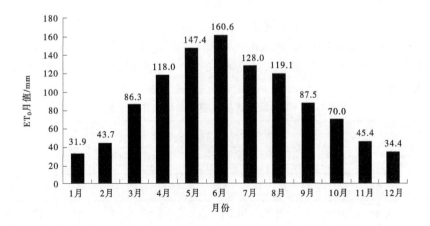

图 10-3   新乡市平均 ET_0 月值

3 月参考作物蒸散发量 ET_0 为 86.3 mm,土壤水分系数 K_s 取值为 0.556 4,乔木植被系数 K_c 为 0.60~0.78,最小生态需水定额 ET_{min} 为 28.81~37.45 mm,灌木、藤本的植被系数 K_c 均为 0.48~0.63,最小生态需水定额 ET_{min} 为 23.05~30.25 mm。计算植物适宜生态需水量时,其他参数不变,土壤水分系数 K_s 取值 0.903 8,乔木的适宜生态需水定额为 46.80~60.84 mm,灌木、藤本适宜生态需水定额为 37.44~49.14 mm(见表 10-2)。

表 10-2　乔木、灌木、藤本最小及适宜生态需水定额值　　　　单位:mm

计算类型	3 月	6 月
乔木最小生态需水定额	28.81~37.45	53.61~69.70
灌木、藤本最小生态需水定额	23.05~30.25	42.89~56.30
乔木适宜生态需水定额	46.80~60.84	87.09~113.22
灌木、藤本适宜生态需水定额	37.44~49.14	69.67~91.44

6 月参考作物蒸散发量 ET_0 为 160.6 mm,乔木的最小生态需水定额 ET_{min} 为 53.61~69.70 mm,灌木、藤本的最小生态需水定额 ET_{min} 为 42.89~56.30 mm,乔木的适宜生态需水定额为 87.09~113.22 mm,灌木、藤本的适宜生态需水定额为 69.67~91.44 mm。

10.3.4　试验场岩体植物生态需水量计算

计算试验场不同植物类型单株生态需水量,其公式为

$$W_{单株} = ET \times A \times \rho \times 10^{-7} \tag{10-20}$$

式中:$W_{单株}$ 为该类型植物的单株生态需水量,kg;A 为该植物类型的平均盖度,cm^2;ρ 为水的密度,kg/m^3。

试验场不同岩壁面植物总生态需水量计算公式为

$$W_{总} = \sum W_{单株} \tag{10-21}$$

式中:$W_{总}$ 为岩壁面整体的生态需水量,kg。

凤凰山试验场岩壁不同类型植物最小及适宜生态需水量见表 10-3、图 10-4,岩壁植物总体最小生态需水量及适宜生态需水量见表 10-4。乔木和灌木的生态需水量较高,藤本的生态需水量较小。

表 10-3　试验场不同类型植物单株生态需水量　　　　单位:kg

植物类别	3 月		6 月	
	最小生态需水量	适宜生态需水量	最小生态需水量	适宜生态需水量
黄栌	2.44~3.17	3.96~5.15	7.06~9.18	11.47~14.91
火炬树	4.85~6.30	7.88~10.24	13.68~17.78	22.22~28.89
黑松	1.42~1.84	2.30~2.99	3.51~4.57	5.70~7.42

续表 10-3

植物类别	3 月		6 月	
	最小生态需水量	适宜生态需水量	最小生态需水量	适宜生态需水量
迎春	2.01~2.63	3.26~4.28	4.65~6.10	7.55~9.91
连翘	2.22~2.91	3.60~4.73	8.04~10.55	13.06~17.14
金银花	1.41~1.85	2.29~3.00	4.09~5.37	6.65~8.73
凌霄	0.43~0.56	0.69~0.91	1.01~1.33	1.64~2.15
紫穗槐	2.17~2.84	3.52~4.62	6.28~8.25	10.21~13.40
扶芳藤	0.66~0.86	1.06~1.40	1.50~1.96	2.43~3.19

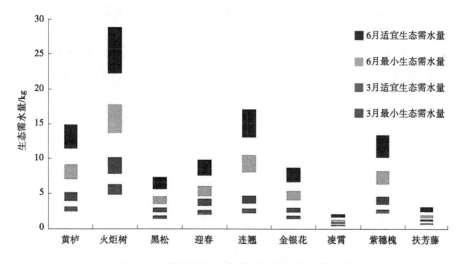

图 10-4 试验场不同类型植物单株生态需水量

表 10-4 凤凰山试验场植物生态需水总量

单位:kg

试验场植物总生态需水量	3 月	6 月
植物最小总生态需水量	1 330.50~1 733.00	3 818.23~4 981.02
植物适宜总生态需水量	2 159.38~2 817.07	6 202.37~8 091.80

试验场种植的乔木中,火炬树需水量最高,黄栌次之,黑松最低。火炬树 3 月的最小生态需水量为 4.85~6.30 kg,适宜生态需水量为 7.88~10.24 kg;6 月的最小生态需水量为 13.68~17.78 kg,适宜生态需水量为 22.22~28.89 kg。黄栌 3 月的最小生态需水量 2.44~3.17 kg,适宜生态需水量 3.96~5.15 kg;6 月的最小生态需水量 7.06~9.18 kg,适宜生态需水量 11.47~14.91 kg;黑松 3 月的最小生态需水量 1.42~1.84 kg,适宜生态需水量 2.30~2.99 kg;6 月的最小生态需水量 3.51~4.57 kg,适宜生态需水量 5.70~7.42 kg。

试验场种植的灌木中,连翘需水量最高,迎春次之,金银化最低。连翘 3 月的最小生态需水量 2.22~2.91 kg,适宜生态需水量 3.60~4.73 kg;6 月的最小生态需水量 8.04~10.55 kg,适宜生态需水量 13.06~17.14 kg。迎春 3 月的最小生态需水量 2.01~2.63 kg,适宜生态需水量 3.26~4.28 kg;6 月的最小生态需水量 4.65~6.10 kg,适宜生态需水量 7.55~9.91 kg。金银花 3 月的最小生态需水量 1.41~1.85 kg,适宜生态需水量 2.29~3.00 kg;6 月的最小生态需水量 4.09~5.37 kg,适宜生态需水量 6.65~8.73 kg。

试验场种植的藤本中,紫穗槐需水量最高,扶芳藤次之,凌霄最低。紫穗槐 3 月的最小生态需水量 2.17~2.84 kg,适宜生态需水量 3.52~4.62 kg;6 月的最小生态需水量 6.28~8.25 kg,适宜生态需水量 10.21~13.40 kg。扶芳藤 3 月的最小生态需水量为 0.66~0.86 kg,适宜生态需水量 1.06~1.40 kg;6 月的最小生态需水量 1.50~1.96 kg,适宜生态需水量 2.43~3.19 kg。凌霄 3 月的最小生态需水量 0.43~0.56 kg,适宜生态需水量 0.69~0.91 kg;6 月的最小生态需水量 1.01~1.33 kg,适宜生态需水量 1.64~2.15 kg。

试验场岩壁面种植的 9 种植物生态需水量从大到小依次为火炬树>黄栌>连翘>紫穗槐>迎春>金银花>黑松>扶芳藤>凌霄。9 种植物总生态需水量为岩壁种植孔中各单株植物生态需水量之和,3 月的最小生态需水量 1 330.50~1 733.00 kg,适宜生态需水量 2 159.38~2 817.07 kg;6 月的最小生态需水量 3 818.23~4 981.02 kg,适宜生态需水量 6 202.37~8 091.80 kg。

11 复绿植物地境微生物群落变化

11.1　研究意义

土壤微生物具有指示土壤健康的作用,比如土壤微生物能够较早地预测土壤质量的变化,是土壤质量变化最敏感的指标,是土壤健康的决定性因素。前人研究表明,微生物多样性越低则土壤质量越低,微生物多样性越丰富则土壤越健康。

植被多样性与土壤微生物多样性相互联系、密不可分。植物通过对土壤环境如含水量、pH、碳、氮、磷含量及比例等的影响,作用于土壤微生物的生存环境,从而对微生物多样性产生效应。土壤微生物是生态系统中重要的组成成分,土壤微生物多样性代表着微生物群落的稳定性,对植物的生长发育和群落结构的演替具有重要作用。同时,地上植被也影响土壤微生物多样性,地上植被和地下微生物间具有协同作用和正负反馈效应的互作机制。

土壤微生物与植物根系之间存在稳定的动态平衡,相互作用,相互影响。植物根系为土壤微生物提供所需营养成分,土壤微生物能够加速植物根系发育,促进植物生长。根际土壤微生物促进植物生长的作用方式不同:一是根际土壤中具有固氮作用的微生物可将空气中的氮气转化为氨,为植物提供有机和无机氮源,陈家欣等发现固氮菌对菜心具有明显促生作用;二是根际土壤中可使不溶性无机盐转化成可溶性无机盐供植物吸收利用,例如芽孢杆菌属(Bacilus)、假单胞菌属(Pseudomonas)和土壤杆菌属(Agrobacterium)均具有较强的分解能力;三是根际土壤微生物在繁殖过程中可合成氨基酸、生长素、赤霉素等,加快种子萌发速率和根系发育,利于植物生长;四是根际土壤微生物可通过竞争及拮抗作用抑制或杀灭土壤中的植物病原菌,Lakshmanan 等研究发现,番茄叶片受到病原菌侵染后,可通过调节根系分泌物,使有益菌向根际聚集,通过生态位竞争,抑制病原菌繁殖。

国内外学者将环境因子对微生物群落组成的影响进行了研究,植物群落、物质循环、生态系统管理措施、外源化学物质、气候环境地理环境等因素都对微生物功能群有很大的相互作用。如 Matsumoto 等对林地土壤微生物功能群,特别是与碳、氮和磷循环密切相关功能群的动态进行了研究,认为植物演替影响微生物功能群的组成;Torres 等对林地枯枝落叶化学组成与微生物功能群间的相关性进行了研究,认为枯枝落叶上微生物的演替受枯枝落叶化学组成的影响,固氮微生物与氨化微生物间有协同作用;罗明等研究了不同用量的氮磷化肥对棉田土壤微生物及活性的影响,结果表明适宜的施肥可以促进土壤中各生理类群微生物数量显著增加;刁治民报道了高寒草地微生物氮素生理区系的研究结果,认为这些生理类群具有明显的垂直分布规律,随土层深度的增加而递减;韩玉竹等研究了冬季祁连山不同草地类型中土壤微生物功能群的分布特征,表明微生物功能群与草地类型密切相关,高寒草地主要生理类群为硝酸细菌,其次为硝化细菌。

11.2　取样及测定方案

11.2.1　土壤样品采集与处理

2020年12月,在凤凰山试验场苗圃中,按照对角线法采集了不同种植植物容器深度0~10 cm的土壤样品,将采集的土样混合均匀,剔除残留的植物根、茎和石块等杂质后置入无菌密封袋中,排出空气后密封(4 ℃保温箱)带回实验室进行预处理,-20 ℃冷冻保存,进行高通量测序并预留备份样品。各样品标记为"植物首字母-01",如黄栌,HL-01;核桃,HT-01;迎春,YC-01;金银花,JYH-01;花椒,HJ-01;黑松,HS-01;爬山虎,PSH-01;连翘,LQ-01;火炬树,HJS-01;臭椿树,CCS-01。

2021年3月,在凤凰山试验场栽植现场,对种植植物再次采集了土样样品,编号为:黄栌,HL-02;迎春,YC-02;金银花,JYH-02;黑松,HS-02;爬山虎,PSH-02;连翘,LQ-02;火炬树,HJS-02;凌霄,LX-02;扶芳藤,FFT-02;紫穗槐,ZSH-02。对种植场土壤同步采集了样品。

2021年6月,根据试验场植物分布及长势情况,在凤凰山试验场选取先锋植物6种、石井村先锋植物3种,随机采集同种先锋植物根部土壤3个,然后混合为一个复合样品,采用四分法分装复合土样,重复4份,3份27个土壤样品(9种先锋植物×3个)放于-20 ℃冷冻保存,留作高通量测序和备份,用于土壤微生物测定;1份9个土壤样品储存于4 ℃冰箱,用作土壤理化性质的测定。各样品标记为:黄栌,HL-03;金银花,JYH-03;黑松,HS-03;爬山虎,PSH-03;连翘,LQ-03;火炬树,HJS-03;核桃,HT-03;五角枫,WJF-03;臭椿树,CCS-03。

11.2.2　土壤理化性质测定

土壤含水量(moisture content,MC)及pH测定在中国地质大学(武汉)环境学院生物化学与分子生物学实验室分析完成;土壤氮、磷、钾相关指标的测试在武汉健博雅翰生物科技有限公司完成,包括土壤总氮(total nitrogen,TN)、土壤总碳(total carbon,TC)、土壤有机碳(soil organic carbon,SOC)、土壤全磷(total phosphorus,TP)、土壤全钾(total kalium,TK)。

11.2.2.1　土壤pH

采用电位法测定土壤pH,将土壤与蒸馏水按1:2.5的质量比制作溶液,将酸度计分别在 pH 为 6.87、4.01 和 9.18 的标准缓冲溶液中校准,依次测定各样品 pH。

11.2.2.2　土壤含水量

采用烘干法测定土壤含水量,先称土壤鲜重,放入烘箱中烘至恒重后测定土壤干重,其差值除以土壤鲜重即为土壤含水量。

11.2.2.3　土壤总碳、有机碳及总氮

通过土壤总碳总氮分析仪分析测定,缓慢地将 2 mol/L 的盐酸滴入一定质量的土样,直至不再产生气体,烘干土壤测定土壤质量,减少的土壤质量为土壤无机碳含量。将相同质量的土样用总碳总氮分析仪测定土壤总碳和总氮含量,减去无机碳含量即为有机碳含量。

11.2.2.4　土壤全磷

土壤样品与氢氧化钠熔融,使土壤中含磷矿物及有机磷化合物全部转化为可溶性的正磷酸盐,用水和稀硫酸溶解熔块,在规定条件下样品溶液与钼锑抗显色剂反应,生成磷钼蓝,用分光光度法定量测定。

11.2.2.5　土壤全钾

土壤中的有机物先用硝酸和高氯酸加热氧化,然后用氢氟酸分解硅酸盐等矿物,硅与氟形成四氟化硅逸去。继续加热至剩余的酸被排尽,使矿质元素变成金属氧化物或盐类。用盐酸溶液溶解残渣,使钾转变为钾离子。经适当稀释后用火焰光度法或原子吸收分光光度法测定溶液中的钾离子浓度,再换算为土壤全钾含量。

11.2.3　高通量测序

种植植物根部土壤微生物(细菌)群落的测序与部分生物信息分析由上海派森诺生物科技有限公司(中国上海)完成,公司操作过程包括样本检测、PCR 扩增、纯化、建库、测序及信息分析,高通量测序的实验及分析流程为:

细菌通过 16s rRNA 基因进行鉴定,土壤细菌使用通用引物。分析非根际土的细菌多样性时采用通用引物 515F(5'-GTGCCAGCMGCCGCGGTAA-3')和 806R(5'-GGACTACVSGGGTATCTAAT-3'),采用 lumina MiSeq 测序平台进行测序。

下机数据为 Raw PE,用 FLASH(V1.2.7)对每个样本的 reads 进行拼接,并通过 Qiime(V1.7.0)进行拼接和质控,得到 Clean Tags,再通过 UCHIME Algorithm 与数据库(Gold database)进行比对,检测并去除嵌合体序列,最终得到有效数据(effective tags)。使用 QIIME 软件,调用 UCLUST 序列比对工具,对获得的高质量序列按 97% 的序列相似度进行归并和 OTU 划分,并选取每个 OTU 中丰度最高的序列作为该 OTU 的代表序列,注释数据库为 Greengenes(Release 13.8)。

最后对各样本的数据进行均一化处理,以样本中数据量最少的为标准进行均一化处理,Alpha 多样性分析和 Beta 多样性分析都是基于均一化处理后的数据。

11.2.4　数据处理与分析

获得 OTU 丰度矩阵之后,计算每个样本群落的 Alpha 和 Beta 多样性。

Alpha 多样性是指局部均匀生境下的物种在丰富度(richness)、多样性(diversity)和均匀度(evenness)等方面的指标,也被称为生境内多样性(within-habitat diversity),如使用QIIME 软件绘制稀释曲线(rarefaction curve),并分别对每个样本计算 Chaol、Observed_species、Shannon 和 Simpson 等多样性指数;丰度等级曲线通过将每个样本分组中的 OTU 按其丰度大小沿横坐标依次排列,可以直观地反映群落中高丰度和稀有 OTU 的数量。

Beta 多样性是指沿着环境梯度变化的不同群落之间,物种组成的相异性或物种沿环境梯度的更替速率,主要目的是考察不同样本之间群落结构的相似性。对 bray-curtis 距离矩阵采用 UPGMA 算法(聚类方法为 average)进行聚类分析(clustering analysis),对群落数据结构进行自然分解并通过对样本排序,观测样本之间的相似度。通过 Excel 对非根际土的 OTU 进行中位数排序,观察优势门、目和科等。

将测定及计算得到的土壤理化因子数据按样地等整理成电子表格,并进行冗余分析(Redun-dancy Analysis,RDA),研究试验场植物非根际土壤微生物群落差异及环境因子对非根际土壤微生物(细菌)群落分布的影响。

11.3　研究区微生物群落特征

11.3.1　育苗期植物根部微生物多样性

2020 年 12 月,苗圃各植物正处于发根时期,植物需要合适的温度、湿度和适宜的光照,也需要添加适量的植物激素,保证植物快速发根,确保水分、营养等植物所需的成分通过根系吸收进入到植物组织内,为后期植物的芽、叶、茎的生长提供充分的能量与动力。

对于植物根部微生物高通量测序结果,按照 QIIME2 dada2 分析流程进行序列去噪或 OTU 聚类,采用 QIIME2 的 classify-sklearn 算法,对于每个 ASVs 的特征序列或每个 OTU 的代表序列,在 QIIME2 软件中使用默认参数,使用预先训练好的 Naive Bayes 分类器进行物种注释。测序共装配出细菌 OTU 686 360 个,采用平均每个样本的 56 347 个 OTU 来评价苗圃植物根部土壤细菌丰富度和多样性,样品相同 OTU 个数为 258,占比为 8.63%,占比较小(见图 11-1)。

11.3.1.1　丰度前 10 的微生物

微生物在门分类水平上,丰度前 10 的微生物为:放线菌门(Actinobacteria)相对丰度 25.58%~33.39%,变形菌门(Proteobacteria)相对丰度 23.57%~33.60%,绿弯菌门(Chloroflexi)相对丰度 11.22%~22.97%,酸杆菌门(Acidobacteria)相对丰度 8.12%~14.91%,芽单胞菌门(Gemmatimonadetes)相对丰度 2.23%~5.26%,拟杆菌门(Bacteroidetes)相对丰度 1.64%~5.78%,厚壁菌门(Firmicutes)相对丰度 0.91%~4.06%,蓝细菌门(Cyanobacteria)相对丰度 0.37%~6.31%,己科河菌门(Rokubacteria)相对丰度 0.66%~2.93%,髌骨细菌门(Patescibacteria)相对丰度 0.54%~1.88%(见图 11-2)。

微生物在科分类水平上,丰度前 10 的微生物为:子群(Subgroup_6)相对丰度

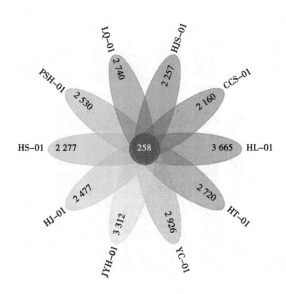

图 11-1 2020 年 12 月植物根部土壤微生物 OTU 图

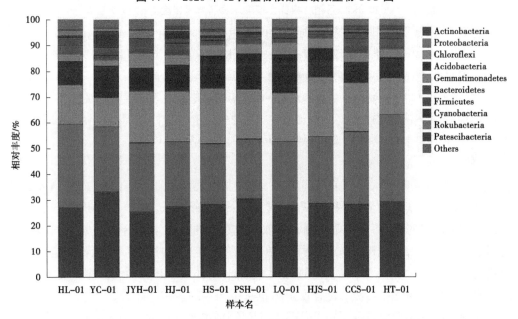

图 11-2 2020 年 12 月植物根部土壤微生物门水平丰度前 10 柱状图

3.93%~7.63%,小单孢菌科(Micromonosporaceae)相对丰度 1.35%~6.08%,A4b 相对丰度
1.14%~6.39%,KD4-96 相对丰度 2.13%~3.74%,芽单胞菌科(Gemmatimonadaceae)相
对丰度 1.59%~3.23%,诺卡氏菌科(Nocardioidaceae)相对丰度 1.83%~2.74%,微球菌
科(Micrococcaceae)相对丰度 0.63%~6.30%,SBR1031 相对丰度 0.50%~3.59%,
Geminicoccaceae 相对丰度 0.79%~6.46%,鞘脂单胞菌科(Sphingomonadaceae)相对丰度
1.13%~2.25%(见图 11-3)。

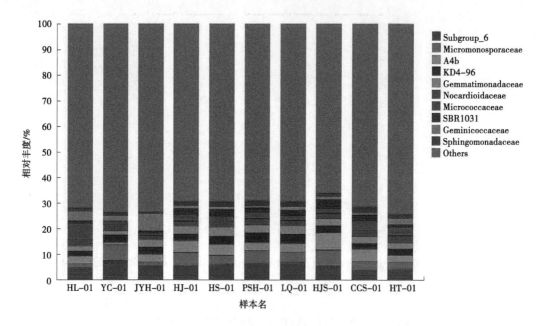

图 11-3　2020 年 12 月植物根部土壤微生物科水平丰度前 10 柱状图

微生物在属分类水平上,丰度前 10 的微生物为:子群(Subgroup＿6)相对丰度 3.93%~7.63%,A4b 相对丰度 0.99%~5.93%,KD4-96 相对丰度 2.13%~3.74%, SBR1031 相对丰度 0.50%~3.59%,盖勒氏菌属(Gaiella)相对丰度 1.20%~2.58%,MB-A2-108 相对丰度 0.75%~2.15%,JG30-KF-CM45 相对丰度 0.97%~1.87%,67-14 相对丰度 0.94%~1.77%,MND1 相对丰度 0.87%~1.76%,土壤红杆菌属(Solirubrobacter)相对丰度 0.68%~1.82%(见图 11-4)。

11.3.1.2　微生物 Alpha 多样性

Alpha 多样性指数的大小与使用的 OTU 表的抽平深度有关,为了探究样本 Alpha 多样性随抽平深度的变化趋势,绘制稀疏曲线(rarefaction curve)。稀疏曲线是生态学领域的一种常用方法,通过从每个样本中随机抽取一定数量的序列,即在不超过现有样本测序量的某个深度下进行重抽样,可以预测样本在一系列给定的测序深度下,所可能包含的物种总数及其每个物种的相对丰度。通过绘制稀疏曲线,还可以在相同的测序深度下,比较不同样本中 OTU 数的多少,在一定程度上衡量每个样本的多样性高低。

稀疏曲线的平缓程度反映了测序深度对于观测样本多样性的影响大小,曲线越平缓,测序结果越能反映当前样本所包含的多样性,继续增加测序深度再无法检测到大量的尚未发现的新 OTU;反之,则表明 Alpha 多样性尚未接近饱和。Chao 1 稀疏曲线较为平缓,测序结果反映各植物样本根部微生物多样性,随着抽平深度增加,各植物 OTU 数在增长,相对于其余植物,黄栌根部土壤鉴定的 OTU 数较少,其根部土壤微生物多样性不高,其余植物根部土壤微生物多样性相当,差异不大(见图 11-5)。

与稀疏曲线不同,丰度等级曲线(rank abundance curve)将每个样本中的 OTU 按其丰度大小沿横坐标依次排列,并以各自的丰度值为纵坐标,用折线或曲线将各 OTU 互相连

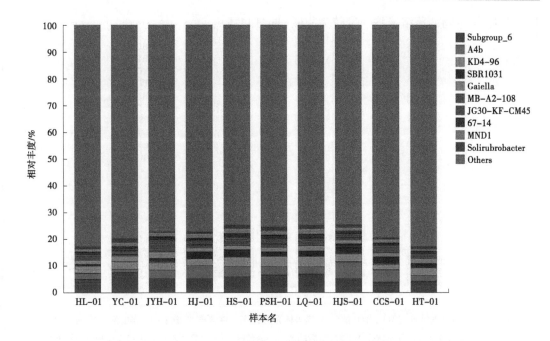

图 11-4　2020 年 12 月植物根部土壤微生物属水平丰度前 10 柱状图

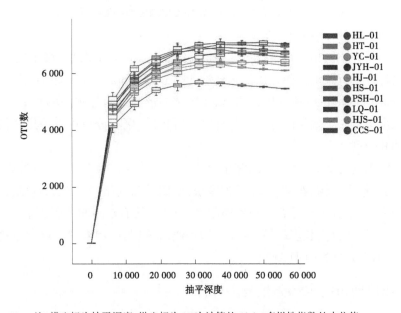

注:横坐标为抽平深度,纵坐标为 10 次计算的 Alpha 多样性指数的中位值。

图 11-5　2020 年 12 月植物根部土壤微生物 Chao 1 稀疏曲线

接,从而反映各样本中 OTU 丰度的分布规律。对于微生物群落样本,该曲线可以直观地反映群落中高丰度和稀有 OTU 的数量。折线的平缓程度,反映了群落组成的均匀度,折线越平缓,群落中各 OTU 间的丰度差异越小,群落组成的均匀度越高;折线越陡峭,均匀度越低。从折线图起伏程度可以看出,在栽培初期,各植物根部土壤鉴定出的 OTU 数量差异不大,微生物群落组成均匀度较为相似(见图11-6)。

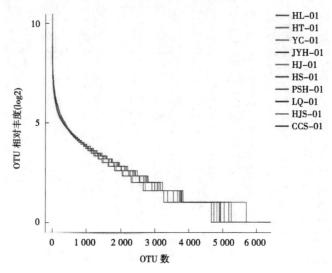

注:横坐标为按丰度大小排列的 OTU 的序号;纵坐标为每个 OTU 在该样本/分组中的丰度值/均值经 log2
对数转换(log10 转化,百分比转化或不转化)后的值;每条折线代表一个样本/分组,折线在横轴上的长度
反映了该样本/分组具有该丰度的 OTU 的数目。

图 11-6 2020 年 12 月植物根部土壤微生物丰度等级曲线

11.3.1.3 微生物 Beta 多样性

为进一步研究不同植被调查样本的相似程度,根据试验所得的土壤微生物数量测定,对不同植被样本进行聚类分析。Beta 多样性聚类分析对 bray-curtis 距离矩阵采用层次聚类(Hierarchical clustering)的分析方法,以等级树的形式展示样本间的相似度,通过聚类树的分枝长度衡量聚类效果的好坏。与排序分析相同,聚类分析可以采用任何距离评价样本之间的相似度。

在聚类距离为 0.2 时,各样本已完全分类,10 个样本分为 7 类;第一类包括连翘、爬山虎;第二类包括火炬树、花椒;第三类为黑松;第四类为臭椿树;第五类包括核桃、黄栌;第六类为迎春;第七类为金银花。在聚类距离为 0 时,所有样本间才有关系。根据聚类距离的性质,样本间的分支长度越短,两样本越相似,金银花植物根部土壤微生物与其余植物根部微生物相似度较小(见图11-7)。

11.3.2 栽植期植物根部微生物多样性

栽植期共装配出细菌 OTU 1 063 575 个,采用平均每个样本的 59 786 个 OTU 来评价待栽种植物根部土壤细菌丰富度和多样性,样品相同 OTU 个数为 57,占比仅为 2.87%,相比于 2020 年 12 月测序中,样本微生物特异性增强(见图11-8)。

11.3.2.1 各分类学水平

与凤凰山试验场苗圃(12 月)测序结果相比,植物土壤微生物组成上没有产生较大变化,变形菌门与放线菌门仍为最优势门,这两种细菌丰度之和高达 70%。

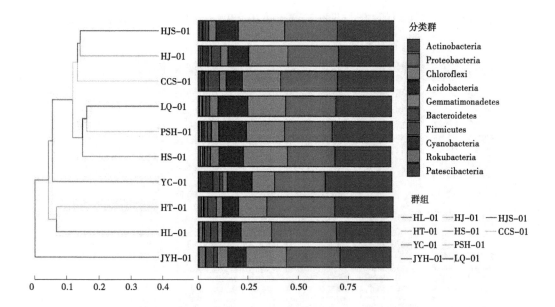

注:图中,左边为层次聚类树图;右边为丰度排名前10的门的堆叠柱状图。

图11-7　2020年12月植物根部土壤微生物层次聚类分析

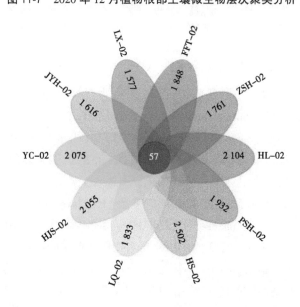

图11-8　2021年3月植物根部土壤微生物OTU韦恩图

微生物在门分类水平上,丰度前10的微生物为:变形菌门(Proteobacteria)相对丰度
31.48%~44.91%,放线菌门(Actinobacteria)丰度16.58%~27.18%,酸杆菌门
(Acidobacteria)丰度5.45%~17.21%,绿弯菌门(Chloroflexi)丰度5.01%~14.42%,拟杆
菌门(Bacteroidetes)丰度2.86%~13.20%,芽单胞菌门(Gemmatimonadetes)丰度2.29%~
7.51%,厚壁菌门(Firmicutes)丰度0.72%~3.87%,髌骨细菌门(Patescibacteria)丰度

0.42%~3.14%,已科河菌门(Rokubacteria)丰度 0.09%~1.24%,蓝细菌门(Cyanobacteria)丰度 0.14%~2.88%(见图 11-9)。

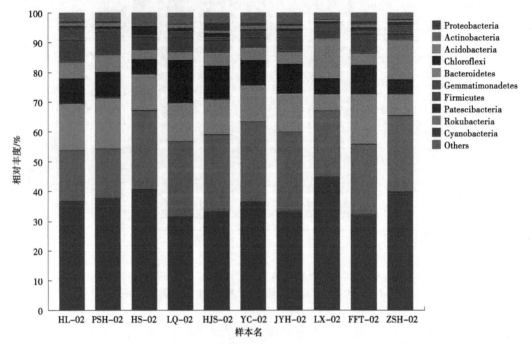

图 11-9　2021 年 3 月植物根部土壤微生物门水平丰度前 10 柱状图

微生物在科分类水平上,丰度前 10 的微生物为:子群(Subgroup_6)丰度 1.51%~8.54%,鞘脂单胞菌科(Sphingomonadaceae)丰度 1.88%~7.74%,黄单胞菌科(Xanthomonadaceae)丰度 0.28%~9.70%,芽单胞菌科(Gemmatimonadaceae)丰度 1.43%~4.47%,小单孢菌科(Micromonosporaceae)丰度 1.69%~4.23%,伯克氏菌科(Burkholderiaceae)丰度 0.77%~8.07%,亚硝化单胞菌科(Nitrosomonadaceae)丰度 0.98%~3.83%,诺卡氏菌科(Nocardioidaceae)丰度 0.42%~2.43%,黄杆菌科(Flavobacteriaceae)丰度 0.28%~4.95%,纤维弧菌科(Cellvibrionaceae)丰度 0.08%~8.14%(见图 11-10)。

微生物在属分类水平上,丰度前 10 的微生物为:子群(Subgroup_6)丰度 1.51%~8.54%,鞘脂单胞菌属(Sphingomonas)丰度 0.75%~6.73%,溶杆菌属(Lysobacter)丰度 0.07%~6.25%,KD4-96 丰度 0.32%~2.03%,RB41 丰度 0.07%~2.73%,盖勒氏菌属(Gaiella)丰度 0.14%~1.78%,A4b 丰度 0.02%~2.30%,MND1 丰度 0.18%~1.66%,MB-A2-108 丰度 0.09%~1.75%,67-14 丰度 0.51%~1.61%(见图 11-11)。

11.3.2.2　微生物 Alpha 多样性

栽植期,黑松在培养 3 个月后,根部土壤微生物多样性下降,与其他植物根部土壤微生物相比,多样性低,均匀度差;金银花、凌霄、紫穗槐根部土壤微生物 OTU 数量较多,均匀度较高,其余植物土壤微生物均匀度都高于上述 4 种(见图 11-12、图 11-13)。

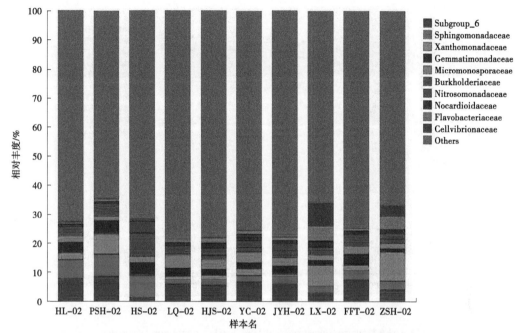

图 11-10　2021 年 3 月植物根部土壤微生物科水平丰度前 10 柱状图

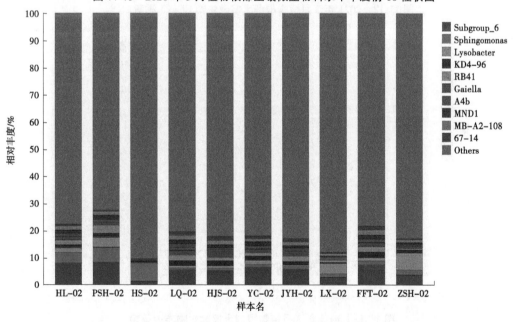

图 11-11　2021 年 3 月植物根部土壤微生物属水平丰度前 10 柱状图

11.3.2.3　微生物 Beta 多样性

栽植期,在聚类距离为 0.4 时,各样本已完全分类,10 个样本分为 7 类;第一类包括紫穗槐、凌霄;第二类包括扶芳藤、连翘;第三类为火炬树;第四类为金银花;第五类包括爬山虎、黄栌;第六类为迎春;第七类为黑松。在聚类距离为 0 时,所有样本间才有关系。黑松根部土壤微生物明显与另 9 种植物根部土壤微生物差异较大,凌霄、紫穗槐根部土壤微

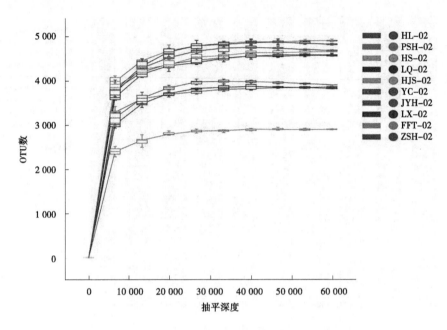

注:横坐标为抽平深度,纵坐标为 10 次计算的 Alpha 多样性指数的中位值。

图 11-12　2021 年 3 月植物根部土壤微生物 Chao 1 稀疏曲线

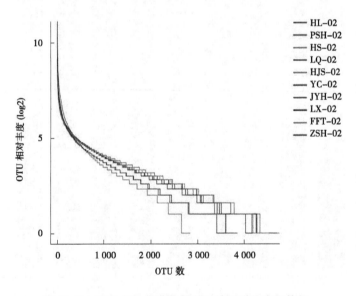

图 11-13　2021 年 3 月植物根部土壤微生物丰度等级

生物相似度最高其原因是在培育过程中,黑松根部分泌物与培养环境不兼容,导致根部土壤微生物产生变化(见图 11-14)。

11.3.3　生长期先锋植物根部微生物多样性

生长期从 27 个土壤样得到 4 464 922 条输出序列,去除嵌合体后,得到 2 628 248 条

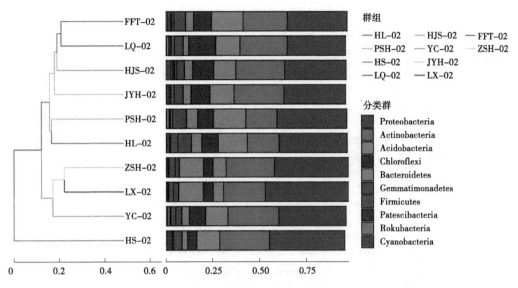

注:图中,左边为层次聚类树图;右边为丰度排名前 10 的门的堆叠柱状图。

图 11-14　2021 年 3 月植物根部土壤微生物层次聚类

高质量序列。

11.3.3.1　各分类学水平丰度前 10

在门水平上,根据物种或功能相对丰度,绘制所有样本结构组分比较柱状图(见图 11-15)。颜色对应门分类学水平下各物种名称,不同色块宽度表示不同物种相对丰度比例。根据样品中相似程序进行排布,绘制了反映样本中功能组分的柱状图(见图 11-16)。

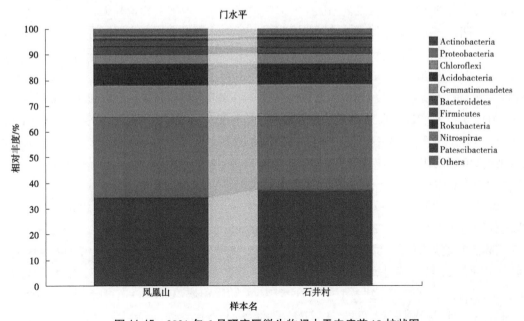

图 11-15　2021 年 6 月研究区微生物门水平丰度前 10 柱状图

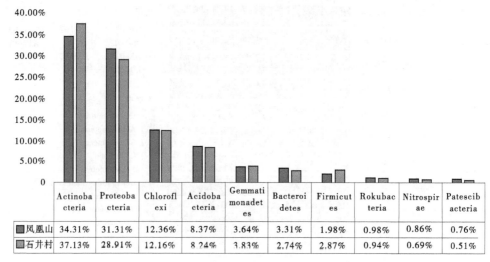

	Actinoba cteria	Proteoba cteria	Chlorofl exi	Acidoba cteria	Gemmati monadet es	Bacteroi detes	Firmicut es	Rokubac teria	Nitrospir ae	Patescib acteria
凤凰山	34.31%	31.31%	12.36%	8.37%	3.64%	3.31%	1.98%	0.98%	0.86%	0.76%
石井村	37.13%	28.91%	12.16%	8.24%	3.83%	2.74%	2.87%	0.94%	0.69%	0.51%

■凤凰山 ▨石井村

图 11-16　研究区微生物丰度对比柱状图及数据

生长期,试验区植物根部土壤细菌群落组成中,前10门的相对丰度之和高达98%,含量相当。但一些主要门在不同样本类型中的丰度变化呈现不同的趋势,石井村试验场放线菌门丰度(37.13%)明显高于凤凰山试验场的丰度(34.31%);芽单胞菌门丰度(3.83%)、厚壁菌门丰度(2.87%)也略高于凤凰山的;其余细菌丰度均低于凤凰山的,如变形菌门(28.91%、31.31%)、绿弯菌门(12.16%、12.36%)、酸杆菌门(8.24%、8.37%)、拟杆菌门(2.74%、3.31%)、己科河菌门(0.94%、0.98%)、硝化螺旋菌门(0.69%、0.86%)、髌骨细菌门(Patescibacteria)(0.51%、0.76%)两地细菌含量并无较大差异。

生长期,研究区凤凰山、石井村试验场微生物在科水平上丰度前10的为:微球菌科(Micrococcaceae)相对丰度分别为6.15%、4.95%;子群(Subgroup_6)丰度分别为4.21%、4.38%;诺卡氏菌科(Nocardioidaceae)丰度分别为3.73%、4.29%;芽单胞菌科(Gemmatimonadaceae)丰度分别为2.70%、2.73%;黄单胞菌科(Xanthomonadaceae)丰度分别为2.43%、2.72%;根瘤菌料(Rhizobiaceae)丰度分别为2.39%、1.81%;JG30-KF-CM45丰度分别为1.89%、2.30%;鞘脂单胞菌科(Sphingomonadaceae)丰度分别为1.80%、2.06%,KD4-96丰度分别为1.96%、1.88%;微单孢菌科(Micromonosporaceae)丰度分别为1.69%、2.05%。科水平丰度基本无太大差异(见图11-17)。

生长期,凤凰山、石井村试验场微生物在属水平上丰度前10的为:子群(Subgroup_6)丰度分别为4.21%、4.38%;诺卡氏菌属(Nocardioides)丰度分别为1.95%、2.33%;JG30-KF-CM45丰度分别为1.82%、2.30%;KD4-96丰度分别为1.96%、1.88%;67-14丰度分别为1.89%、2.92%;芽生球菌属(Blastococcus)丰度分别为1.31%、1.67%;土壤红杆菌属(Solirubrobacter)丰度分别为1.43%、1.52%;盖勒氏菌属(Gaiella)丰度分别为1.46%、1.44%;A4b丰度分别为1.58%、1.27%;链霉菌属(Streptomyces)丰度分别为1.44%、1.19%。属水平丰度基本无太大差异(见图11-18)。

248

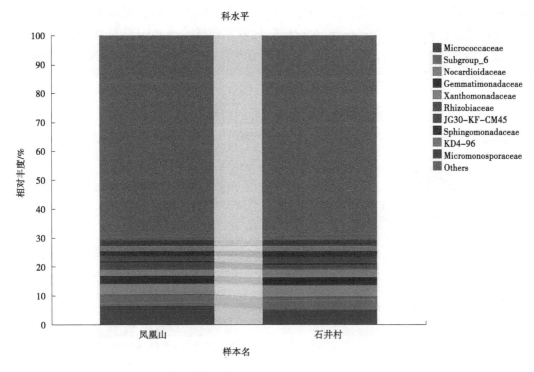

图 11-17　2021 年 6 月凤凰山、石井村试验场微生物科水平丰度前 10 柱状图

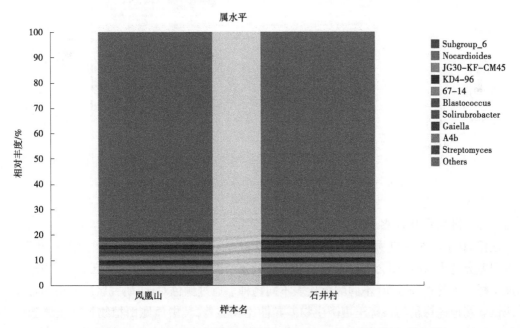

图 11-18　2021 年 6 月凤凰山试验场微生物属水平丰度前 10 柱状图

11.3.3.2　微生物 Alpha 多样性

以多样性指数(Chao 1 指数)和观测物种指数(Observed species 指数)表征丰富度,以香农(Shannon)和辛普森(Simpson)指数表征多样性($p<0.05$)。Simpson 指数($p=0.045$)

凤凰山试验场植物根部微生物多样性差异显著,而丰度差异不显著(见图 11-19),两地微生物丰富度都比较高。在相同的测序深度下,比较不同样本中 OTU 数的多少,从而在一定程度上衡量每个样本的多样性高低,两试验场土壤 OTU 数相差不大,随着抽平深度增加,OTU 数增长(见图 11-20)。

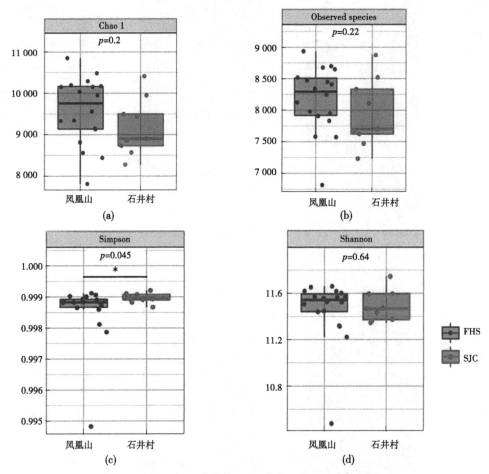

注:(a)、(b)、(c)、(d)分别以 Chao 1 指数、Observed species 指数、
Simpson 指数和 Shannon 指数为参考指数。$p<0.05$,差异显著。

图 11-19 Alpha 多样性指数图

11.3.3.3 微生物 Beta 多样性

依据 2021 年 6 月植物根部土壤微生物层次聚类图见图 11-21,左侧是相似性树状图,样本间差异越小,样本便会处在相近的同一个分支,样本颜色按分组信息区分;右侧柱状图展示样本中的物种分布,不同颜色代表不同物种。通过颜色对比,研究区凤凰山和石井村两试验场地先锋植物根部土壤微生物差异性比较显著,其中凤凰山植物根部土壤微生物能更好地聚类,表明其差异性较小,主要来源于植物根系的影响。

11.3.4 土壤理化性质

研究区凤凰山和石井村试验场所采集的 9 种植物根部土壤样理化性质见表 11-1,pH

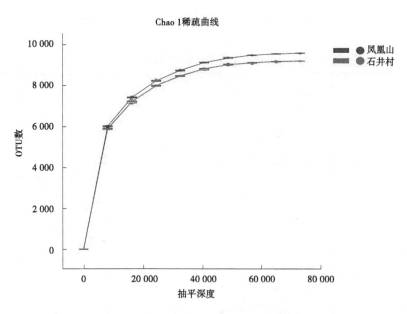

注:横坐标为抽平深度,纵坐标为 10 次计算的 Alpha 多样性指数的中位值。

图 11-20　Chao 1 指数稀疏曲线

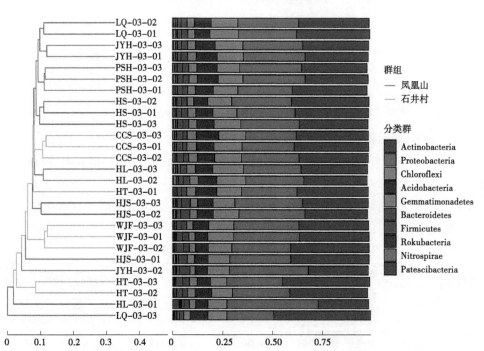

注:图中,左边为层次聚类树图;右边为丰度排名前 10 的门的堆叠柱状图。

图 11-21　2021 年 6 月植物根部土壤微生物层次聚类图

为 7.84~8.25,属于弱碱性土壤;全氮(TN)含量为 0.778 3~1.112 mg/g,属于中至中上水平;全磷(TP)含量为 0.661 7~0.803 1 g/kg,属于中等水平;全钾(TK)含量为 13.263~

14.784 g/kg,属于中上水平;土壤质量含水率在 14.70%~21.54%,而沙壤土最优含水率 12%~15%。

表 11-1   土壤理化性质数据统计

土壤样品编号	指标						
	pH	有机碳/ (g/kg)	总碳/ %	全氮/ (mg/g)	全磷/ (g/kg)	全钾/ (g/kg)	质量 含水率/%
五角枫 WJF-03	8.11	9.689	2.296 4	1.060 1	0.803 1	14.479	19.10
火炬树 HJS-03	8.07	9.068	2.396 6	0.998 8	0.719 4	14.269	17.40
臭椿树 CCS-03	8.16	8.809	1.901 7	0.867 6	0.729 9	14.650	21.54
爬山虎 PSH-03	8.25	8.119	1.989 0	0.885 3	0.766 2	14.784	14.70
连翘 LQ-03	8.01	8.511	2.033 7	0.990 8	0.748 8	14.540	16.79
金银花 JYH-03	8.17	6.482	2.188 2	0.778 3	0.679 1	13.754	18.90
黄栌 HL-03	8.14	7.190	1.701 0	0.797 0	0.661 7	13.263	19.84
核桃 HT-03	7.89	11.043	2.666 7	1.112 0	0.708 2	14.458	20.77
黑松 HS-03	7.84	6.626	1.726 7	0.771 0	0.694 1	14.231	15.70

11.4   微生物与植物生长的关系

11.4.1   微生物多样性与植物的相关关系

11.4.1.1   固氮细菌群落及主要菌群

2021 年 6 月的 27 个土壤样鉴定出 4 464 922 条原始序列,去噪后得到 3 862 006 条有效序列。连翘根部土壤有效序列注释到门水平细菌个数最多(57),火炬树根部土壤有效序列注释到门水平细菌个数最少(40),各植物根部土壤有效序列注释到属水平的个数差异较小(见表 11-2、表 11-3)。

表 11-2   各样本鉴定序列量及聚类 OTU 数目统计

试验场名	植物名	原始序列量	有效序列量	OTU 数目
凤凰山	爬山虎	163 433	141 037	7 873
	火炬树	164 474	143 263	8 211
	金银花	163 268	141 935	8 140
	黄栌	180 903	157 429	8 955
	连翘	167 576	145 263	9 664
	黑松	163 896	142 137	8 652

续表 11-2

试验场名	植物名	原始序列量	有效序列量	OTU 数目
石井村	臭椿	147 384	126 081	7 049
	核桃	176 192	152 518	10 053
	五角枫	161 180	137 673	7 953

注:表中鉴定序列量及聚类 OTU 数目为 3 个样品平均值。

表 11-3　各植物土壤根部微生物物种分类学注释

植物名称	门(phylum)	科(family)	属(genus)
臭椿树	44	1 363	5 099
五角枫	42	1 537	5 257
核桃	50	1 549	5 928
爬山虎	47	1 531	5 520
火炬树	40	1 579	5 588
金银花	44	1 586	5 428
黄栌	44	1 547	5 552
连翘	57	1 563	5 593
黑松	45	1 518	5 586

注:表中分类学注释个数为 3 个样品平均值。

27 个样品固氮细菌群落所鉴定出的门水平丰度前 10 中,固氮细菌群落一共鉴定到 4 门,包括放线菌门(Actinobacteria)、变形菌门(Proteobacteria)、厚壁菌门(Firmicutes)、芽单胞菌门(Gemmatimonadetes),丰度之和达 70% 以上(见图 11-22),归因于菌群对环境变化较强的适应能力;种植在两试验场的植物根部土壤的全氮含量为 0.92 mg/g,固氮细菌门发挥了重要作用。

连翘根部土壤样本放线菌门(Actinobacteria)丰度最高(40.04%),黄栌根部土壤样本变形菌门丰度最高(34.62%),臭椿树根部土壤绿弯菌门丰度最高(13.65%),另外酸杆菌门(Acidobacteria)丰度 6.81%~9.76%,芽单胞菌门(Gemmatimonadetes)丰度 2.99%~4.55%,拟杆菌门(Bacteroidetes)丰度 2.29%~4.44%,厚壁菌门(Firmicutes)丰度范围 1.64%~3.03%,己科河菌门(Rokubacteria)丰度范围 0.75%~1.22%,硝化螺旋菌门(Nitrospirae)丰度范围 0.63%~0.91%,髌骨细菌门(Patescibacteria)丰度范围 0.37%~1.55%(见图 11-22),含量相对较少。

11.4.1.2　植物根部土壤微生物 Alpha 多样性

土壤微生物群落中物种的多样性取决于物种数量及其分布的均匀度,多样性指数的差异反映了土壤微生物多样性的不同侧面。对于微生物群落而言,有多种指数来反映其

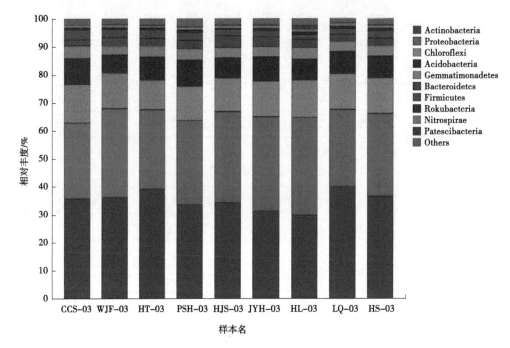

图 11-22 2021 年 6 月植物根部土微生物门水平丰度前 10 柱状图

Alpha 多样性,常用的度量指数包括侧重于体现群落丰富度的 Chao 1 指数和 Observed species 指数,以及兼顾群落均匀度的 Shannon 指数和 Simpson 指数。Chao 1 和 Observed species 指数越大,微生物群落的丰富度越高;Simpson 指数反映了微生物群落中最常见的物种,常见物种越多,Simpson 指数也越大,Simpson 指数降低,微生物群落的多样性降低;Shannon 指数越高,微生物群落的均一性越高;Shannon 指数和 Simpson 指数值越高,群落的多样性越高。当 Chao 1 指数($p=0.53$)、Observed species 指数($p=0.31$)、Shannon 多样性指数($p=0.34$)、Simpson 指数($p=0.13$)时,各植物根部土壤微生物综合群落物种丰富度和均匀度差异不显著,黄栌根部土壤微生物群落的丰富度高于其他植物(见图 11-23)。

11.4.1.3　不同时期的土壤微生物优势种群比较

依据育苗期、种植期及生长期的土壤微生物样品门水平分析数据,各期丰度前 4 的细菌组成均为放线菌门(Actinobacteria)、变形菌门(Proteobacteria)、绿弯菌门(Chloroflexi)、酸杆菌门(Acidobacteria),但各自组成相对丰度上存在差异(见图 11-24)。3 个时期,放线菌门相对丰度分别为 28.58%、23.65%、35.25%,变形菌门相对丰度分别为 26.90%、36.58%、30.51%,绿弯菌门相对丰度分别为 18.10%、8.68%、12.29%,酸杆菌门相对丰度分别为 11.02%、12.33%、8.32%。

各菌群相对丰度在不同时期的差异,是由于采样季节不同,细菌对温度气候的适应性不同造成的,如土壤放线菌最适生长温度为 25~30 ℃,变形菌门最适生长温度为 20 ℃,在 10~43 ℃均可生长。

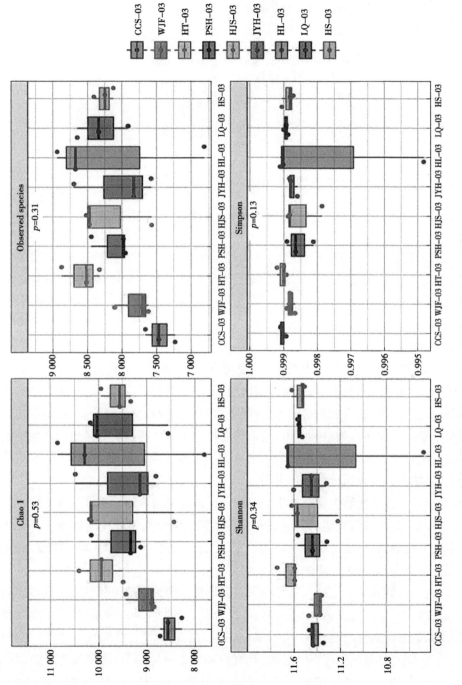

注：每个镶嵌图对应一种 Alpha 多样性指数，在其顶端灰色区域标识。
每个镶嵌图中，横坐标为分组标签，纵坐标为相应 Alpha 多样性指数的值。

图 11-23　Alpha 多样性指数

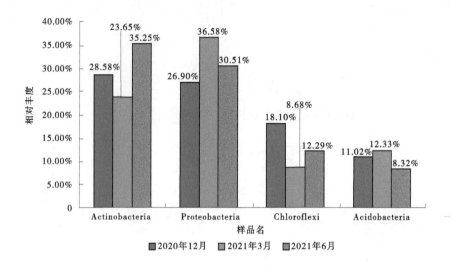

图 11-24　三个时期门水平丰度前 4 比较

河南省地处北亚热带—暖温带过渡区,气候过渡性明显,地区差异性显著,地质条件复杂,形成了特定的土地资源。放线菌最喜欢生活在有机质丰富的微碱性土壤中,经研究,河南省土壤放线菌多样性丰富,且蕴含丰富的稀有放线菌资源,这与鉴定结果相同。

放线菌是农业土壤微生态环境的重要生物因子,在农林业具有抑菌、杀虫、植物生长调节等功能。放线菌可产生多种胞外酶降解土壤中的几丁质、纤维素和动植物残体等,或是通过产生蛋白质生物合成抑制剂或调节剂等影响其他土壤微生物代谢,形成稳定的土壤微生态环境。近年来的研究表明,土壤放线菌也是重要的促进植物生长根际微生物,可通过产生噬铁素、固氮作用、合成植物激素等途径,直接或间接地促进植物生长,增强植物抗逆性,部分土壤放线菌在植物根际定殖,能与引起植物土传病害的病原微生物产生拮抗和竞争作用,或通过产生溶菌酶、抗菌化合物来抵御病原微生物对植物的侵染,土壤放线菌也是重要的植物病害生物防治微生物资源。

放线菌的有益菌群还能够大量释放出土壤中固化的有机磷和钾元素,以及钙、镁、锌、钼、锰、硫等中微量元素,分解固化的有机质和营养元素。部分类型放线菌还可以补充土壤有机质,激发土壤活力,促进土壤团粒结构形成,改良土壤理化性质,缓解土壤板结,提高土壤透气度、保水性,平衡土壤酸碱度,有效修复土壤。

变形菌门是该区域相对丰度第二高的细菌。变形菌门因其内部细菌形态极为多样而得名,该门成员均为革兰氏阴性菌。变形菌门广泛分布于各种自然环境下,代表了整个细菌域中最为庞大的一个类群,其物种和遗传多样性极为丰富。该类群涵盖了极为广泛的生理代谢类型,如既有好氧菌也存在厌氧菌,既有自养型也有异养型,既存在光能型也存在化能型。变形菌门内的物种在农业、环保等领域具有重要应用价值,广泛用于氮肥促进利用、植物病虫害防治、土壤修复和复杂污染物降解等。

绿弯菌门是相对丰度排第三位的细菌。目前,对绿弯菌门的研究并不完善,绿弯菌不但形态多样,营养方式和代谢途径也十分丰富,参与了碳、氮、硫等一系列重要生源元素的生物地球化学循环过程;可以吸收同化环境中生物和非生物来源的多种有机酸物质,可以用于解决日益严重的环境污染问题。

酸杆菌门丰度仅次于绿弯菌门。酸杆菌在土壤和其他环境中广泛大量存在,由于其难培养和生长缓慢,对其在自然环境中的功能还知之甚少。酸杆菌门的主要生态功能为:能降解植物残体多聚物,部分酸杆菌具有纤维素降解功能;在富铁的酸性环境条件下含量高,在各种生态环境的铁循环中起到一定的作用。

放线菌门、变形菌门、酸杆菌门及绿弯菌门能参与土壤修复,降解污染物,改善土质,不仅能有效促进后续移栽植物生长,而且能参与植物的碳、氮、硫循环,对矿山土壤的修复有利。

11.4.2 微生物多样性与环境因子的相关关系

土壤理化性质数据的均值、标准差、极值统计值见表11-4,研究区采集的植物根部土壤 pH 为 7.84~8.25,属于弱碱性土壤。根据《第二次土壤普查养分分级标准》,试验场种植的植物根部土壤的全氮含量能达一级水平,全钾含量为中下水平,全磷含量较低,土壤质量含水率为18.30%,适宜耐旱植物生存,种植条件基本满足前期植物生长需要。

7个理化性质解释了土壤微生物群落78.45%的变异。全钾(TK)和全磷(TP)是影响土壤微生物的显著因子,除含水量影响较弱外,其余环境因子对土壤微生物群落都有较大影响。放线菌门(Actinobacteria)与总碳(TC)、总氮(TN)、总磷(TP)、有机碳(SOC)4个因子正相关,与 pH 负相关。含水量与酸杆菌门(Acidobacteria)、绿弯菌门(Chloroflexi)、芽单胞菌门(Gemmatimonadetes)、厚壁菌门(Firmicutes)、硝化螺旋菌门(Nitrospirae)的正相关性较小(见表11-5、图11-25)。

表 11-4　土壤理化因子统计

土壤理化因子	均值	标准差	最小值	最大值
pH	8.07	0.13	7.84	8.25
有机碳 SOC/(g/kg)	8.39	1.40	6.48	11.04
总碳 TC/%	2.10	0.30	1.70	2.67
全氮 TN/(mg/g)	0.92	0.12	0.77	1.11
全磷 TP/(g/kg)	0.72	0.04	0.66	0.80
全钾 TK/(g/kg)	14.27	0.45	13.26	14.78
含水率 MC/%	18.30	2.18	14.70	21.54

表 11-5　试验场地土壤环境因子冗余因子统计

环境因子	解释度/%	p
pH	49.97	0.141
有机碳(SOC)	42.33	0.219
总碳(TC)	37.96	0.252
全氮(TN)	59.07	0.084
全磷(TP)	20.78	0.472
全钾(TK)	63.51	0.054
含水量(MC)	1.12	0.962

　　pH 与变形菌门(Proteobacteria)、绿弯菌门(Chloroflexi)、酸杆菌门(Acidobacteria)、芽单胞菌门(Gemmatimonadetes)、拟杆菌门(Bacteroidetes)、厚壁菌门(Firmicutes)、已科河菌门(Rokubacteria)、硝化螺旋菌门(Nitrospirae)、髌骨细菌门(Patescibacteria)的相关性都较大(见图 11-25)。

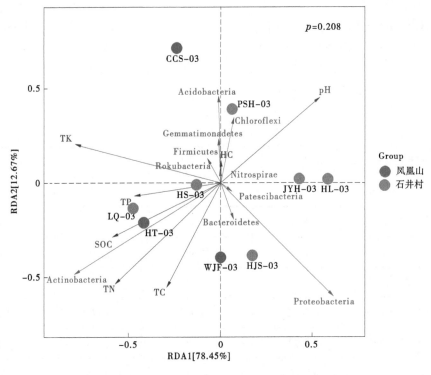

注:蓝色箭头为理化因子,红色箭头为微生物种类,○点为取样点。

图 11-25　RDA 分析

从土壤理化性质与植物根部微生物的 RDA 分析来看,不同植物根部微生物群落的影响因子也不同,核桃、连翘、黑松和全钾(TK)、全磷(TP)、有机碳(SOC)、总碳(TC)的相关性明显高于其他植物,是由于养分和各种理化性质的影响,植物根系选择了最适合自己的微生物种类,根际微生物通过改变根际营养状况和影响植物体内激素含量来改变植物体内生理生化过程,使根际与细菌的相互作用更加有利于双方的生存和发展。

影响土壤微生物群落的结构组成和多样性的因素有很多,包括自然因素和人为因素。自然因素包括植被、土壤类型、温度、水分、pH 及海拔等;人为因素包括农药、施肥及土壤耕作方式等人类对土壤的管理方式。

在较大空间尺度下,土壤 pH 通常是影响细菌分布的关键因子。土壤 pH 对细菌分布的影响不仅存在于自然生态系统中,在受到人为扰动较大的农田生态系统以及干扰生态系统中也是如此。土壤 pH 对细菌群落的影响主要在酸性及中性土壤环境,在碱性环境下其土壤性状起到了主导作用。在本试验场中,土壤为弱碱性土壤,虽然尺度并不是很大,但 pH 仍是影响微生物群落的主要因子。

土壤生物和非生物因素间的反馈作用是相互影响的。土壤生物影响有机质降解、团聚体形成、氮循环等诸多生物地球化学过程,反过来,土壤非生物因素也影响着土壤生物功能的发挥,如在养分较低的情况下,植物根部土壤微生物可以帮助植物吸收养分,产生正反馈;在养分较高的条件下,植物对于根部土壤微生物的依赖性会降低,向地下投入的碳源会减少,植物根部土壤微生物的数量及活性会降低,会与植物竞争养分,产生中性甚至负反馈。干旱对土壤细菌的群落组成影响很大,但在干旱条件下,植物会选择适应干旱环境的微生物类群,如增加放线菌的丰度,当再次受到干旱胁迫时,这些微生物的正反馈作用能够帮助植物更好生长。

12 结束语 >>

12.1 结 论

12.1.1 生态地质评价

选用干度因子、湿度因子、温度因子评价植被的地上生境条件,采用水解性氮、有机质、全盐量、有效磷、速效钾评价地境指数,构建评价模型对研究区生态地质问题进行评价。西北部人类活动程度弱,东南部、南部人类活动程度逐渐增强,生态地质条件等级可达到 L7 水平,局部地区可以达到 L1、L2、L4 水平。南部及东南部区域地质环境条件复杂,其中卫辉市、辉县市及凤泉区城区生态地质条件等级多为 L8、L9 水平。露天开采矿区土壤侵蚀严重,生态地质条件等级为 L10 水平,农田、城镇周边生态地质条件等级可达 L2、L3 水平,即地境指数较高,而植被地上生境指数较低。

12.1.2 石漠化的认识与治理

(1)石漠化即石质性荒漠化,是指在可溶岩地区特殊的生态地质环境条件下,由于人类不合理社会经济活动导致的土壤侵蚀、植被破坏、基岩裸露、地表呈现类似于荒漠化景观的演变过程。

(2)选取植被、基岩、温度、坡度 4 个石漠化评价指标,通过主成分分析法确定权重并构建研究区石漠化综合指数(CIRD)模型,确定了石漠化分级评价标准。通过 ENVI 5.3 和 ArcGIS 10.2 平台进行植被覆盖度、基岩裸露率、地表坡度、地形坡度 4 个因子的反演并进行主成分分析,得到 1987 年、1995 年、2009 年、2020 年 4 期的前两个主成分的贡献率分别达到 94.19%、94.33%、94.23%、93.98%。基于数学统计分析方法和空间分析方法研究石漠化的时空分布和变化规律为:近 33 年来,研究区石漠化问题 1987—1995 年快速恶化,1995—2020 年期间不断缓慢改善;石漠化区域多集中于研究区东南部、南部、西北部等靠近农田、城镇、矿区区域附近,无石漠化区域多集中于研究区西北部、北部边界局部区域。动态监测为:1987—1995 年,石漠化恶化区域主要分布在西北部、南部靠近城镇、农田、风景区和矿区等区域以及南部低海拔山地,石漠化改善区域集中于研究区西部和北部高海拔区域;1995—2009 年,石漠化问题有所改善,以改善 1~2 个等级为主,分布在研究区内除西北部、北部以外的大片区域;2009—2020 年,大部分区域石漠化程度没有改变,小部分区域石漠化问题逐渐改善,面积为 257.29 km²,以改善 1~2 个等级为主,分布在研究区西北部、南部靠近城镇、农田、风景区和矿区等区域以及南部低海拔山地。

12.1.3 地境再造技术及植物成活率

基于植物地境再造技术,在调查本地植物优势种及地境结构特征、岩体体裂隙率的基础上,在新乡市凤泉区凤凰山矿山公园和辉县石井村试验场进行了破损山体和石漠化生态修复试验。凤凰山试验场选用的植物为黄栌、火炬树、黑松、连翘、金银花、凌霄、紫穗槐、迎春、爬山虎、扶芳藤,乔木以火炬树长势最好,总成活率为 96%,黑松、黄栌长势较好,成活率分别为 88%、87.6%;灌木以连翘、紫穗槐长势最好,总成活率均为 100%,扶芳藤长势一般,总成活率为 78%,迎春长势较差,总成活率为 62.25%;藤本以爬山虎长势最好,总成活率为 97%,金银花、凌霄长势较好,总成活率分别为 96.5%、92%。石井村试验场选用的植物为黄栌、火炬树、花椒、五角枫、核桃、黑松、金银花、连翘、臭椿,乔木以五角枫长势最好,成活率为 100%,臭椿、黑松、核桃长势较好,成活率分别为 94.12%、90.38%、87%,火炬树长势一般,成活率为 80%,黄栌长势较差,成活率为 65.33%,花椒长势非常差,成活率仅为 16.67%;种植灌木连翘长势较好,成活率为 100%;藤本为金银花,长势较好,成活率为 94.67%。

12.1.4 裂隙岩体水汽场监测与模拟

(1)裂隙岩体内水汽运移受温度和大气分压驱动,水汽大循环具有季节性特征,夏、秋季节水汽呈由外向内的运移规律,春、冬季节水汽呈由内向外的运移规律,岩体内部的不同深度、不同部位、不同时间还存在着局部的水汽内循环。

(2)裂隙岩体非饱和带凝结水的形成受水分、热量制约。将相对湿度大于 100% 作为判断凝结水形成的标志,采用欠饱和、饱和、过饱和划分岩体内水分的时空分布规律。岩体内全年都有欠饱和带、近饱和带和过饱和带分布,变化趋势随着季节和昼夜的变化而变化。凝结水的形成与水汽的饱和状态、温度等有关,在不同时间段会在岩体的不同深度形成。

(3)利用微分法计算出凤凰山试验场裂隙岩体不同月份的含水量,3—6 月试验场岩体含水量持续下降,总体下降了 1 027.51 kg,处于水分散失阶段;7—12 月试验场岩体含水量持续升高,总体增加了 760.2 kg,处于水分补给阶段。岩体含水率范围为 2.16% ~ 2.39%。岩体内水分分布变化最明显的区域为岩体浅表,岩体浅表与外界环境直接接触,是连通外界环境与岩体深部的缓冲区域,外界环境的温度变化对岩体浅表产生直接影响,岩体深部存在滞后性,强度不如浅表区域明显。

(4)用二维变饱和带 Richards 方程刻画剖面上的水汽运移过程,并利用 HYDRUS 2D 软件对该过程进行了数值模拟。

12.1.5 植物生态需水量

运用改进彭曼-蒙蒂斯公式法计算凤凰山试验场种植植物的生态需水量。适宜生态需水量按从大到小排序为火炬树>黄栌>连翘>紫穗槐>迎春>金银花>黑松>扶芳藤>凌霄。试验场岩壁面总生态需水量为岩壁种植孔中各单株植物生态需水量之和,凤凰山试验场 3 月种植植物的最小生态需水量为 1 330.50～1 733.00 kg,适宜生态需水量为 2 159.38～2 817.07 kg;6 月的最小生态需水量为 3 818.23～4 981.02 kg,适宜生态需水量为 6 202.37～8 091.80 kg。

12.1.6 植物地境微生物群落变化

(1)凤凰山试验场土壤微生物群落组成前 10 门之和高达 98%,分别是放线菌门(Actinobacteria)、变形菌门(Proteobacteria)、绿弯菌门(Chloroflexi)、酸杆菌门(Acidobacteria)、芽单胞菌门(Gemmatimonadetes)、厚壁菌门(Firmicutes)、拟杆菌门(Bacteroidetes)、己科河菌门(Rokubacteria)、硝化螺旋菌门(Nitrospirae)、Patescibacteria。凤凰山和石井村两地土壤均为弱碱性土壤。

(2)2020 年 12 月、2021 年 3 月及 6 月所采样品中,门水平丰度前 4 的细菌组成为放线菌门(Actinobacteria)、变形菌门(Proteobacteria)、绿弯菌门(Chloroflexi)、酸杆菌门(Acidobacteria),在各自组成相对丰度上存在差异。3 个时期,放线菌门相对丰度分别为 28.58%、23.65%、35.25%,变形菌门相对丰度分别为 26.90%、36.58%、30.51%,绿弯菌门相对丰度分别为 18.10%、8.68%、12.29%,酸杆菌门相对丰度分别为 11.02%、12.33%、8.32%。在不同生长时期,温度对于细菌丰度有影响。

(3)研究区种植的黄栌、爬山虎、黑松、连翘、火炬树、金银花、臭椿树、五角枫、核桃根部土壤理化性质差异不大,pH 为 7.84～8.25,全氮(TN)含量为 0.77～1.11 mg/g,全磷(TP)含量为 0.66～0.80 g/kg,含水率为 14.70%～21.54%。所鉴定出的微生物组成相似,连翘根部土壤样本放线菌门(Actinobacteria)丰度最高(40.04%),黄栌根部土壤样本变形菌门丰度最高(34.62%),臭椿树根部土壤绿弯菌门丰度最高(13.65%),微生物多样性差异不大,由于培养土肥沃,种植 3 个月后仍能为微生物提供养分。

(4)不同植物的土壤环境因子与微生物多样性存在一定关系,全钾(TK)和全磷(TP)是影响土壤微生物的较显著因子,没有最显著因子。放线菌门(Actinobacteria)与总碳(TC)、总氮(TN)、总磷(TP)、有机碳(SOC)4 个因子正相关,与 pH 负相关,而 pH 与变形菌门(Proteobacteria)、绿弯菌门(Chloroflexi)、酸杆菌门(Acidobacteria)、芽单胞菌门(Gemmatimonadetes)、拟杆菌门(Bacteroidetes)、厚壁菌门(Firmicutes)、己科河菌门(Rokubacteria)、硝化螺旋菌门(Nitrospirae)、Patescibacteria 的相关性都较大。含水量与酸杆菌门(Acidobacteria)、绿弯菌门(Chloroflexi)、芽单胞菌门(Gemmatimonadetes)、厚壁菌门(Firmicutes)、硝化螺旋菌门(Nitrospirae)的正相关性较小。

12.2 展 望

12.2.1 破损山体生态修复

我国经过多年的破损山体生态修复实践,已经取得了举世瞩目的成就,在许多地方实现了"绿水青山就是金山银山"的生态目标,有效地修复了生态系统的结构、提高了生态系统的功能。对破损山体生态修复的理论进行了有益的研究探索,一些新理论、新技术逐步成熟。随着科技水平的进步、对矿山生态的深入认识,今后破损山体生态修复的理论研究与修复实践将在以下几个方面取得新的突破:

(1)生态修复实践与"双碳"目标的有机结合。我国将在 2060 年实现碳达峰,碳减排毫无疑问将成为近些年的重点方向。生态修复在实现生态系统结构与功能逐步恢复的同时,随着植物物种多样性的增加、植物群落的逐步完善、植物个体的逐渐增长,植物群落的固碳能力将不断提升,植物地境的碳增汇水平也将逐步提高。生态修复与"双碳"目标的有机结合将是今后破损山体生态修复科研和生产实践的主要方向之一。

(2)破损山体生态修复的生态过程研究。生态修复是近些年新兴的一门学科,其学科归属还存在着争议,甚至一些基本概念还没有公认的定义,理论探讨无疑是将来研究的关键内容和方向。破损山体生态系统从完全破坏到人工辅助使其结构逐步得到恢复的生态过程是怎样的?其恢复是从植物的地境适应开始还是从植物的生理生态适应开始?抑或是二者协同进行?这些科学问题都需要得到答案。

(3)破损山体生态修复的后期生态效果评估。生态修复工程通过验收并不意味着项目的终结,因为生态系统的恢复是一个长期的过程,从植物物种的演替到土壤微生物群落的变化,再到局域小气候的变化等,都对生态系统的恢复有着影响。加强项目后期生态效益的评估,从科学理论角度论证生态修复工程的中长期生态效果。

(4)破损山体生态修复的植物演替过程研究。生态修复是一个长时间的、系统的生态过程,在这个过程中物种会发生一定的演替,如在大部分的生态修复工程中物种选择过多地考虑了成活率和景观需求,对植物的生境适宜性考虑不够,对本地的优势物种选择相对较少,在植物生态系统恢复过程中必然会有本地种的入侵、演替,最终形成相对稳定的植物群落,对此生态过程进行研究,分析植物的生理生态适应过程和变化过程、演替规律是未来的研究重点之一。

12.2.2 石漠化治理

石漠化的研究走过的历程并不久,但是取得了丰硕的成果,尤其是以袁道先院士为首的团队在石漠化形成的动力过程、治理模式等方面的研究成果,为我国西南地区的石漠化治理提供了科学的示范。但是,我国石漠化的治理还有许多问题需要深入研究。

(1)我国北方地区石漠化研究。我国北方岩溶与南方岩溶的发育有所不同,石漠化的形成从岩溶动力过程、生态过程、水土条件的变化过程等方面都与西南地区有所不同。对我国北方石漠化的认识首先应从其内涵开始,其次对其岩溶动力过程进行研究,并逐步形成北方石漠化的研究理论体系。

(2)新的石漠化治理模式研究。西南地区石漠化治理模式是基于西南地区的治理实践所总结出来的,与北方地区的气候特征、石漠化发育特征、物种特征、土壤理化性质等都有极大的不同,如果照搬西南地区的模式,其治理效果会大打折扣,探索石漠化新的治理模式将是未来的重点研究方向。

(3)北方石漠化治理的生态过程研究。北方地区石漠化程度较西南地区而言相对较轻,水土流失的严重程度也不同,那么在治理过程中的物种选择、地境再造及植物生态适应过程等方面也与西南地区不同,加强这方面的研究,不仅是未来的研究方向之一,也是治理实践的迫切需求。

(4)石漠化治理的固碳增量研究。"双碳"社会建设不仅有重要的政治意义,也有重要的生态意义和社会意义,通过石漠化治理将荒漠变绿洲,有重要的固碳价值,其固碳水平及其价值量的计算评估、参与未来碳交易的路径选择,将是未来主要研究重点之一。

参考文献

[1] 饶戎.城市采石山体破损的生态景观建筑修复研究[J].建设科技,2008(12):44-48.

[2] 陈灵素,陈建新,吴钟亲,等.黎母山破损山体生态修复现状调查与修复对策[J].热带林业,2021,49(3):37-43.

[3] 宋知刚.嵯峨山破损山体景观生态修复研究[D].西安:西安建筑科技大学,2019.

[4] 王小兵,许云飞,刘犇.基于模糊评价法的城市山体生态修复评估研究——以西宁市为例[C]//面向高质量发展的空间治理——2020中国城市规划年会论文集(08城市生态规划),2021:566-578.

[5] 陈海兵.武汉市凤凰山破损山体植被修复效果研究[D].武汉:华中农业大学,2012.

[6] 丰瞻,李少丽,周明涛.裸露山体生态修复技术研究[J].三峡大学学报（自然科学版）,2008,30(2):48-51.

[7] 肖华,熊康宁,张浩,等.喀斯特石漠化治理模式研究进展[J].中国人口·资源与环境,2014,24(3):330-334.

[8] 徐涵秋.城市遥感生态指数的创建及其应用[J].生态学报,2013,33(24):7853-7862.

[9] 宋慧敏,薛亮.基于遥感生态指数模型的渭南市生态环境质量动态监测与分析[J].应用生态学报,2016,27(12):3913-3919.

[10] 吴志杰,王猛猛,陈绍杰,等.基于遥感生态指数的永定矿区生态变化监测与评价[J].生态科学,2016,35(5):200-207.

[11] MCHARG I.Design with nature[M].New York：Natural History Press,1969.

[12] 黄润秋,许向宁.地质环境评价与地质灾害管理[M].北京：科学出版社,2008.

[13] 邹长新,沈渭寿,刘发民.矿山生态环境质量评价指标体系初探[J].中国矿业,2011,20(8):56-59,68.

[14] 赖芳.大渡河中下游沿岸生态环境脆弱性时空分布及地质影响因素研究[D].成都:成都理工大学,2020.

[15] 周爱国,周建伟,梁合诚,等.地质环境质量评价[M].武汉:中国地质大学出版社,2008.

[16] 付建新,曹广超,郭文炯.1998—2017年祁连山南坡不同海拔、坡度和坡向生长季NDVI变化及其与气象因子的关系[J].应用生态学报,2020,31(4):1203-1212.

[17] 李薇,谈明洪.太行山区不同坡度NDVI变化趋势差异分析[J].中国生态农业学报,2017,25(4):509-519.

[18] 徐恒力,汤梦玲,马瑞.黑河流域中下游地区植物物种生存域研究[J].地球科学,2003(5):551-556.

[19] 盛茂银,熊康宁,崔高仰,等.贵州喀斯特石漠化地区植物多样性与土壤理化性质[J].生态学报,2015,35(2):434-448.

[20] 徐涵秋.区域生态环境变化的遥感评价指数[J].中国环境科学,2013,33(5):889-897.

[21] 岳文泽,徐建华,徐丽华. 基于遥感影像的城市土地利用生态环境效应研究——以城市热环境和植被指数为例[J]. 生态学报, 2006(5):1450-1460.

[22] 李小雁. 干旱地区土壤-植被-水文耦合、响应与适应机制[J]. 中国科学:地球科学,2011,41(12):1721-1730.

[23] MA X D, CHEN Y N, ZHU C G, et al. The variation in soil moisture the appropriate groundwater table for desert riparian forest along the Lower Tarim River[J]. Journal of Geographical Sciences, 2011,21(1):150-162.

[24] 李明. 盐边县桐子林镇生态地质环境质量评价[D].成都:成都理工大学, 2017.

[25] 徐涵秋. 水土流失区生态变化的遥感评估[J].农业工程学报,2013,29(7):91-97,294.

[26] 尹占娥. 现代遥感导论[M].北京:科学出版社, 2016.

[27] 张安定. 遥感原理与应用题解[M].北京:科学出版社,2016.

[28] Crist E P. A TM Tasseled Cap Equivalent Transformation for Reflectance Factor Data[J]. Remote Sensing of Environment,1985,17:301-306.

[29] Chander G, Markham B. Revised Landsat-5 TM Radiometric Calibration Procedures and Post-calibration Dynamic Ranges[J]. Transactions on Geoscience and Remote Sensing, 2003, 41(11):2674-2677.

[30] 杨永健. 基于遥感生态指数的生态质量变化分析[D].西安:长安大学, 2019.

[31] 赵燕红,侯鹏,蒋金豹,等. 植被生态遥感参数定量反演研究方法进展[J]. 遥感学报,2021,25(11):2173-2197.

[32] Rikimaru A, Roy P S, Miyatake S. Tropical forest cover density mapping[J]. Tropical Ecology,2002, 43(1):39-47.

[33] Xu H Q. A new index for delineating built-up land features insatellite imagery[J]. International Journal of Remote Sensing,2008,29(14):4269-4276.

[34] 李博,杨持,林鹏. 生态学[M]. 北京:高等教育出版社, 2000.

[35] 兰国玉,雷瑞德,陈伟. 秦岭华山松群落特征研究[J]. 西北植物学报,2004(11):2075-2082.

[36] 马克平,黄建辉,于顺利,等. 北京东灵山地区植物群落多样性的研究Ⅱ:丰富度、均匀度和物种多样性指数[J]. 生态学报, 1995(3):268-277.

[37] 许驭丹,董世魁,李帅,等. 植物群落构建的生态过滤机制研究进展[J]. 生态学报, 2019, 39(7):2267-2281.

[38] Kraft N J B, Adler P B, Godoy O, et al. Community assembly, coexistence and the environmental filtering metaphor[J]. Functional Ecology, 2015,29(5):592-599.

[39] 胡正华,于明坚. 古田山青冈林优势种群生态位特征[J]. 生态学杂志, 2005(10):1159-1162.

[40] 袁道先. 袁道先院士在美国科技促进年会(AAAS)上的学术报告[R]. 1981.

[41] 杨汉奎. 喀斯特荒漠化是一种地质-生态灾难[J].海洋地质与第四纪地质,1995(3):137-147.

[42] 苏维词,朱文孝,熊康宁.贵州喀斯特山区的石漠化及其生态经济治理模式[J].中国岩溶,2002(1):21-26.

[43] 罗中康.贵州喀斯特地区荒漠化防治与生态环境建设浅议[J].贵州环保科技,2000(1):7-10.

[44] 张殿发,王世杰,周德全,等.贵州省喀斯特地区土地石漠化的内动力作用机制[J].水土保持通报, 2001(4):1-5.

[45] 李玉田. 岩溶地区石漠化综合治理研究——桂西区域经济发展研究之三[J].广西右江民族师专学报,2002(1):61-65.

[46] 屠玉麟.贵州土地石漠化现状及成因分析[C]//李箐:石灰岩地区开发治理.贵阳:贵州人民出版

社,1996,58-70.

[47] 王明章.论岩溶石漠化地质背景及其研究意义[J].贵州地质,2003(2):63-67.

[48] 生态环境部.全国生态状况调查评估技术规范——生态问题评估:HJ 1174—2021[S].北京:生态环境部,2021.

[49] 王德炉,朱守谦,黄宝龙.石漠化的概念及其内涵[J].南京林业大学学报(自然科学版),2004(6):87-90.

[50] 王世杰,李阳兵.喀斯特石漠化研究存在的问题与发展趋势[J].地球科学进展,2007(6):573-582.

[51] 王世杰,李阳兵,李瑞玲.喀斯特石漠化的形成背景、演化与治理[J].第四纪研究,2003(6):657-666.

[52] 朱震达.中国土地荒漠化的概念、成因与防治[J].第四纪研究,1998(2):145-155.

[53] 李智佩.中国北方荒漠化形成发展的地质环境研究[D].西安:西北大学,2006.

[54] 徐恒力,等.环境地质学[M].北京:地质出版社,2009.

[55] 戴全厚,严友进.西南喀斯特石漠化与水土流失研究进展[J].水土保持学报,2018,32(2):1-10.

[56] 李瑞玲,王世杰,熊康宁,等.喀斯特石漠化评价指标体系探讨——以贵州省为例[J].热带地理,2004(2):145-149.

[57] 兰安军.基于GIS-RS的贵州喀斯特石漠化空间格局与演化机制研究[D].贵阳:贵州师范大学,2003.

[58] 陈起伟.贵州岩溶地区石漠化时空变化规律及发展趋势研究[D].贵阳:贵州师范大学,2009.

[59] 安霞霞.喀斯特山区石漠化多源高分遥感定量评估[D].贵阳:贵州师范大学,2018.

[60] 朱林富,杨华.重庆巫山县喀斯特石漠化与土地覆被关系研究[J].重庆师范大学学报(自然科学版),2015,32(4):61-69,2.

[61] Zhu Z. Change detection using landsat time series:A review of frequencies,preprocessing,algorithms,and applications[J]. Isprs Journal of Photogrammetry & Remote Sensing, 2017, 130(aug.):370-384.

[62] De Keukelaere L, Sterckx S, Adriaensen S, et al. Atmospheric correction of Landsat-8/OLI and Sentinel-2/MSI data using iCOR algorithm:validation for coastal and inland waters[J]. European Journal of Remote Sensing, 2018, 51(1):525-542.

[63] 贾艳红,郝志强,刘秀君.基于ArcGIS的面状要素矢量化方法对比[J].测绘与空间地理信息,2013,36(1):24-26.

[64] 李森,董玉祥,王金华.土地石漠化概念与分级问题再探讨[J].中国岩溶,2007(4):279-284.

[65] 王杰,马佳丽,解斐斐,等.干旱地区遥感生态指数的改进——以乌兰布和沙漠为例[J].应用生态学报,2020,31(11):3795-3804.

[66] 程琳琳,王振威,田素锋,等.基于改进的遥感生态指数的北京市门头沟区生态环境质量评价[J].生态学杂志,2021,40(4):1177-1185.

[67] 熊康宁,黎平,周忠发,等.喀斯特石漠化的遥感—GIS典型研究[M].北京:地质出版社,2002.

[68] 吴跃,周忠发,赵馨,等.基于遥感计算云平台高原山区植被覆盖时空演变研究——以贵州省为例[J].中国岩溶,2020,39(2):196-205.

[69] 杨苏新,林卉,侯飞,等.利用高光谱混合像元分解估测喀斯特地区植被覆盖度[J].测绘通报,2014(5):23-27.

[70] Wang H Y, Li Q Z, Du X, et al. Quantitative extraction of the bedrock exposure rate based on unmanned aerial vehicle data and Landsat-8 OLI image in a karst environment[J]. Frontiers of Earth Science,2018,12(3):15-18.

[71] 张晓伦,甘淑. 基于NDRI像元二分模型的石漠化信息提取研究[J]. 新技术新工艺,2014(1):72-75.

[72] Ren T, Zhou W Q, Wang J. Beyond intensity of urban heat island effect: A continental scale analysis on land surface temperature in major Chinese cities[J]. Science of the Total Environment, 2021,791:148-334.

[73] 刘飞,范建容,郭芬芬,等. 藏北高原区DEM高程与坡度值提取的误差分析[J]. 水土保持通报,2011,31(6):148-151,242.

[74] 张亮,温俊涛. 新乡市矿山地质环境现状调查与对策[J]. 中国信息化,2013,1(8):369.

[75] 况顺达. 贵州马别河流域岩溶石漠化遥感评价及其形成机理研究[D]. 北京:中国地质大学,2007.

[76] 李森,魏兴琥,黄金国,等. 中国南方岩溶区土地石漠化的成因与过程[J]. 中国沙漠,2007(6):918-926.

[77] 李瑞玲. 贵州岩溶地区土地石漠化形成的自然背景及其空间地域分异[D]. 贵阳:中国科学院研究生院(地球化学研究所),2004.

[78] 严家騄,余晓福,王永青. 水和水蒸气热力性质图表[M]. 3版. 北京:高等教育出版社,2004.

[79] 宁立波,黄景春,徐恒力. 高陡岩质边坡覆绿地境再造技术及理论研究[M]. 北京:地质出版社,2019.

[80] 易珍莲,宁立波,尹峰,等. 水汽场中气液态水质量比的确定方法[J]. 水文地质工程地质,2019,46(1):43-49.

[81] 曲仲湘. 植物生态学[M]. 2版. 北京:高等教育出版社,1983.

[82] 杨世杰,江树人,谭向勇,等. 植物生物学[M]. 北京:科学出版社,2010.

[83] 黄昌勇,李保国,潘根兴,等. 土壤学[M]. 北京:中国农业出版社,2010.

[84] 张杨,冯文新,董宏炳,等. 高陡岩质边坡覆绿植物生态需水量计算[J]. 安全与环境工程,2019,26(6):23-28,33.

[85] 闵庆文,何永涛,李文华,等. 基于农业气象学原理的林地生态需水量估算[J]. 生态学报,2004,24(10):2131-2135.

[86] 丰华丽,郑红星,曹阳. 生态需水计算的理论基础和方法探析[J]. 南京晓庄学院学报,2005(5):50-55.

[87] 杨志峰. 生态环境需水量理论、方法与实践[M]. 北京:科学出版社,2003.

[88] 张远,杨志峰. 林地生态需水量计算方法与应用[J]. 应用生态学报,2002,13(12):1566-1570.

[89] 邓东周,范志平,李平,等. 干旱胁迫下树木的抗旱机理与抗旱造林技术[J]. 安徽农业科学,2008,36(3):1005-1009.

[90] 温琦,赵文博,张幽静,等. 植物干旱胁迫响应的研究进展[J]. 江苏农业科学,2020,48(12):11-15.

[91] 王凯悦,陈芳泉,黄五星. 植物干旱胁迫响应机制研究进展[J]. 中国农业科技导报,2019,21(2):19-25.

[92] 张丽,董增川,赵斌. 干旱区天然植被生态需水量计算方法[J]. 水科学进展,2003(6):745-748.

[93] 贾昊冉,宁立波,李明,等. 岩体裂隙的生态学意义研究:以河南省宜阳县锦屏山采石场为例[J]. 环境科学与技术,2014,37(9):48-54.

[94] 张东,贺康宁,寇中泰,等. 北京市怀柔区生态用水计算研究[J]. 水土保持研究,2010,17(1):243-247.

[95] 王辉. 柴达木盆地生态用水研究[D]. 北京:北京林业大学,2017.

［96］常博. 青海省祁连山地区生态用水研究［D］.北京:北京林业大学,2018.

［97］余新晓,陈丽华. 黄土地区防护林生态系统水量平衡研究［J］. 生态学报,1996(3):238-245.

［98］何永涛,李文华,李贵才,等.黄土高原地区森林植被生态需水研究［J］.环境科学,2004(3):35-39.

［99］黄锡荃.水文学［M］. 北京:高等教育出版社,1992.

［100］夏军,郑冬燕,刘青娥. 西北地区生态环境需水估算的几个问题研讨［J］.水文,2002(5):12-17.

［101］陈丽华.森林流域蒸散发的计算［J］.水土保持学报,1992,6(3):87-90.

［102］刘钰,Pereira. 对 FAO 推荐的作物系数计算方法的验证［J］. 农业工程学报,2000(5):26-30.

［103］李新宇,李延明,孙林,等.银杏蒸腾耗水与环境因子的关系研究［J］.北京林业大学学报,2014,36(4):23-29.

［104］贾悦,王凤春,高悦,等.华北平原典型区域典型作物 ET 估算方法研究［J］.水利水电技术,2020,51(11):68-77.

［105］史功赋,赵小庆,方静,等.土壤微生物在植物生长发育中的作用及应用前景［J］.北方农业学报,2019,47(4):108-114.

［106］Matsumoto L S, Martines A M, Avanzi M A, et al. Interactions among functional groups in the cycling of, carbon, nitrogen and phosphorus in the rhizosphere of three successional species of tropical woody trees［J］. Applied Soil Ecology, 2005,28(1):57-65.

［107］Torres P A, Abriland A B, Bucher E H. Microbial succession in litter decomposition in the semi-arid Chaco woodland［J］. Soil Biology and Biochemistry,2005,37(1):49-54.

［108］罗明,文启凯,陈全家. 不同用量的氮磷化肥对棉田土壤微生物区系及活性的影响［J］.土壤通报,2000,31(2):66-69.

［109］刁治民. 高寒草地的微生物氮素生理群系研究［J］.土壤,1996(1):49-53.

［110］韩玉竹,陈秀蓉,王国荣,等.东祁连山高寒草地土壤微生物分布特征初探［J］.草业科学,2007(4):14-18.

［111］Barka E A,Vatsa P,Sanchez L, et al. Correction for Barka et al,taxonomy,physiology, and natural products of actinobacteria［J］. Microbiology and Molecular Biology Reviews, 2016,80(1):1-43.

［112］Bonaldi M, Kunova A, Saracchi M, et al. Streptomycetes as Biological Control Agents Against Basal Drop［M］. Acta Hortic ISHS,2014.

［113］Koyama R, Matsumoto A, Inahashi Y, et al. Isolation of Actinomycetes From the Root of the Plant, Ophiopogon Japonicus and Proposal of Two New Species, Actinoallomurus Liliacearum Sp. Nov. and Actinoallomurus Vinaceus Sp. Nov.［J］. The Journal of Antibiotics, 2012,65(7):335-340.

［114］Anon. Corrections and Clarifications:Toward Automatic Reconstruction of a Highly Resolved Tree of Life［J］. Science,2006,312(5774):697.

［115］李雯,阎爱华,黄秋娴,等.尾矿区不同植被恢复模式下高效固氮菌的筛选及 Biolog 鉴定［J］.生态学报, 2014, 34(9):2329-2337.

［116］王玉凤,宋艳祥,张汀,等. 小麦叶锈病生防菌株的筛选［J］.河北农业大学学报,2011,34(3):12-17.

［117］鲜文东,张潇橦,李文均. 绿弯菌的研究现状及展望［J］.微生物学报,2020,60(9):1801-1820.

［118］Pankratov T A,Ivanova A O,Dedysh S N, et al. Bacterial Populations and Environmental Factors Controlling Cellulose Degradation in an Acidic Sphagnum Peat［J］. Environmental Microbiology,2011,13(7):1800-1814.

［119］Rinke C, Schwientek P, Sczyrba A, et al. Insights Into the Phylogeny and Coding Potential of Microbial

Dark Matter. Nature[J]. Nature, 2013, 499(7459):431-437.

[120] Lu S, Gischkat S, Reiche M, et al. Ecophysiology of Fe-cycling Bacteria in Acidic Sediments. [J]. Applied and Environmental Microbiology, 2010, 76(24):8174-8183.

[121] Blothe M, Akob D M, Kostka J E, et al. Ph Gradient-induced Heterogeneity of Fe(Ⅲ)-reducing Microorganisms in Coal Mining-associated Lake Sediments[J]. Applied and Environmental Microbiology, 2008,74(22):1019-1029.